地球大数据科学论丛　郭华东　总主编

地球三极：全球变化的前哨

李　新　车　涛　段安民　李新武　王　磊　张扬建　上官冬辉　等　著

科 学 出 版 社

北　京

内 容 简 介

本书对“时空三极环境”项目执行以来取得的成果进行总结，同时结合国内外三极地区气候、冰冻圈、生态、水文与水资源、社会经济与人文等领域已有科学研究成果，形成一份较为完整的地球三极地区环境评估报告。其面向三极治理提出应对与措施建议，以期为我国三极相关科学研究和国家战略制定提供参考。

本书可为我国的地球三极环境变化科研工作者、地球系统科学研究者、相关政府部门管理者和决策者、相关大学教师和研究生等提供有益的参考。同时，也将对国家极地治理提供信息支撑和决策支持。

图书在版编目（CIP）数据

地球三极：全球变化的前哨/李新等著. —北京：科学出版社，2021.10

（地球大数据科学论丛 / 郭华东总主编）

ISBN 978-7-03-069449-2

Ⅰ. ①地… Ⅱ. ①李… Ⅲ. ①极地-研究 Ⅳ. ①P941.6

中国版本图书馆 CIP 数据核字（2021）第 145248 号

责任编辑：杨帅英 张力群/责任校对：何艳萍

责任印制：肖 兴/封面设计：蓝正设计

科 学 出 版 社 出版

北京东黄城根北街 16 号

邮政编码：100717

http://www.sciencep.com

北京九天鸿程印刷有限责任公司 印刷

科学出版社发行 各地新华书店经销

*

2021 年 10 月第 一 版 开本：720×1000 1/16

2021 年 10 月第一次印刷 印张：15

字数：300 000

定价：145. 00 元

（如有印装质量问题，我社负责调换）

“地球大数据科学论丛”编委会

“地球大数据科学论丛”序

第二次工业革命的爆发，导致以文字为载体的数据量约每 10 年翻一番；从工业化时代进入信息化时代，数据量每 3 年翻一番。近年来，新一轮信息技术革命与人类社会活动交汇融合，半结构化、非结构化数据大量涌现，数据的产生已不受时间和空间的限制，引发了数据爆炸式增长，数据类型繁多且复杂，已经超越了传统数据管理系统和处理模式的能力范围，人类正在开启大数据时代新航程。

当前，大数据已成为知识经济时代的战略高地，是国家和全球的新型战略资源。作为大数据重要组成部分的地球大数据，正成为地球科学一个新的领域前沿。地球大数据是基于对地观测数据又不唯对地观测数据的、具有空间属性的地球科学领域的大数据，主要产生于具有空间属性的大型科学实验装置、探测设备、传感器、社会经济观测及计算机模拟过程中，其一方面具有海量、多源、异构、多时相、多尺度、非平稳等大数据的一般性质，另一方面具有很强的时空关联和物理关联，具有数据生成方法和来源的可控性。

地球大数据科学是自然科学、社会科学和工程学交叉融合的产物，基于地球大数据分析来系统研究地球系统的关联和耦合，即综合应用大数据、人工智能和云计算，将地球作为一个整体进行观测和研究，理解地球自然系统与人类社会系统间复杂的交互作用和发展演进过程，可为实现联合国可持续发展目标(SDGs)做出重要贡献。

中国科学院充分认识到地球大数据的重要性，2018 年初设立了 A 类战略性先导科技专项“地球大数据科学工程”(CASEarth)，系统开展地球大数据理论、技术与应用研究。CASEarth 旨在促进和加速从单纯的地球数据系统和数据共享到数字地球数据集成系统的转变，促进全球范围内的数据、知识和经验分享，为科学发现、决策支持、知识传播提供支撑，为全球跨领域、跨学科协作提供解决方案。

在资源日益短缺、环境不断恶化的背景下，人口、资源、环境和经济发展的矛盾凸显，可持续发展已经成为世界各国和联合国的共识。要实施可持续发展战略，保障人口、社会、资源、环境、经济的持续健康发展，可持续发展的能力建设至关重要。必须认识到这是一个地球空间、社会空间和知识空间的巨型复杂系统，亟须战略体系、新型机制、理论方法支撑来调查、分析、评估和决策。

一门独立的学科，必须能够开展深层次的、系统性的能解决现实问题的探究，以及在此探究过程中形成系统的知识体系。地球大数据就是以数字化手段连接地球空间、社会空间和知识空间，构建一个数字化的信息框架，以复杂系统的思维方式，综合利用泛在感知、新一代空间信息基础设施技术、高性能计算、数据挖掘与人工智能、可视化与虚拟现实、数字孪生、区块链等技术方法，解决地球可持续发展问题。

“地球大数据科学论丛”是国内外首套系统总结地球大数据的专业论丛，将从理论研究、方法分析、技术探索以及应用实践等方面全面阐述地球大数据的研究进展。

地球大数据科学是一门年轻的学科，其发展未有穷期。感谢广大读者和学者对本论丛的关注，欢迎大家对本论丛提出批评与建议，携手建设在地球科学、空间科学和信息科学基础上发展起来的前沿交叉学科——地球大数据科学。让大数据之光照亮世界，让地球科学服务于人类可持续发展。

郭华东
中国科学院院士
地球大数据科学工程专项负责人
2020 年 12 月

序

全球变化是世界各国共同关注的重大问题。北极、南极和青藏高原被称为地球“三极”，是全球最大的冷库和重要的碳库，三极是全球变化的敏感区，是全球变化指示器，全球变化的效应在三极表现得尤为明显。近几十年来，南极局部地区增温显著，南极半岛及西南地区频现大范围的冰架融化和崩塌现象；北极地区气温增高呈现放大效应，海冰减少，冰川冻土融化加速，植被迅速扩张；青藏高原作为地球“第三极”，也面临冰川冻土退缩严重、雪线升高、自然灾害频发、生态环境急剧变化等问题。

位于地球两端和最高点的三极气候和环境及其变化不尽相同，但相互关联和响应，是开展全球尺度全球变化研究的绝佳“场所”。由于地球系统中三极变化的时空多样性和相互关联特点，采用“三极对比”的研究模式，把三极作为统一体进行全球变化的响应和反馈异同研究，这为国际科技界研究全球变化提供了新思路，对于理解三极在全球气候和环境变化的作用、反馈的同步性和异步性，解决人类活动与全球变化的关系及影响具有重要意义。

基于此，笔者在 2009 年起负责“973”项目“空间观测全球变化敏感因子的机理与方法”和 2014 年起联合主持“中美高亚洲全球变化空间观测计划”的基础上，提出了空间观测全球变化的地球三极对比研究的概念和思路（简称为“三极遥感对比研究”），于 2016 年向科技部提交“全球变化三极遥感对比国际大科学计划”建议报告。幸运的是，2018 年中国科学院 A 类战略性科技先导专项“地球大数据科学工程”专项立项，及时部署了“时空三极环境”项目，使这一设想具备了实施的前提。

“时空三极环境”项目以服务国家的极地治理为目标，集成三极多源信息资源，形成极地综合观测数据和信息服务能力，为我国极地活动能力和治理能力提供科技支撑。该项目正在并将建立三极大数据共享和服务平台，形成先进的三极大数据挖掘分析能力，制备一系列高质量、高分辨率三极遥感产品和数据同化产品并开放共享。该项目旨在将地球的三极作为一个整体，开展系统性、关联性、全局性多要素协同分析，提升对三极地球系统科学深度认知，并在三极全球变化的遥相关特征、三极气候系统多圈层相互作用及其影响、三极千年古环境重建、极地冰冻圈和生态水文变化等领域取得原创性成果。

通过对三极开展的系统和深入研究，由“时空三极环境”项目负责人李新研究员带领项目组撰写了《地球三极：全球变化的前哨》。该书在对国内外现有三极地区气候、冰冻圈、生态、水文与水资源等领域研究成果进行系统总结的基础上，吸收“时空三极环境”项目近期的部分研究成果，形成较为完整的三极地区环境评估报告。该书对于认识三极地区的环境状况和资源分布情况、科学评估三极地区应对气候变化的脆弱性、预测极地环境时空变化，以及支撑国家科学决策和为国际谈判提供话语权具有重要意义，是目前第一份以地球三极为对象的科学评估报告。

该书对我国地球三极全球变化研究和地球科学发展具有很好的参考作用。相信该书的出版将为我国的地球三极环境变化科研工作者、地球系统科学领域研究者、相关政府部门管理者和决策者、相关大学教师和研究生等提供有益的参考。同时，也将为国家极地治理提供信息支撑和决策支持。

郭华东
中国科学院院士
2021年3月25日

前　言

地球三极研究是地球系统科学多圈层耦合研究及“未来地球”自然-社会科学交叉研究的制高点，三极的快速变化引起了一系列气候、生态、环境和资源问题，因此，科学评估这些变化及其影响非常关键，不仅有助于加深三极环境与全球变化关系的理解，也有助于确保我国极地权益、为国家决策提供基础支撑。

本书对“时空三极环境”项目执行以来取得的成果进行总结，同时结合国内外三极地区气候、冰冻圈、生态、水文与水资源、社会经济与人文等领域已有科学研究成果，形成较为完整的三极地区环境评估报告，并根据评估结果对我国未来三极科学研究提出相关建议，力争成为第一份以地球三极为对象的科学评估报告和决策者参考。

本书分为六章，第 1 章介绍了地球三极的范围和定义以及三极研究的科学意义和国家重大需求，分析了三极地区环境变化研究的发展态势，介绍了三极研究科学数据中心，最后说明了研究总体目标和结构。首席作者由中国科学院西北生态环境资源研究院车涛研究员和中国科学院青藏高原研究所李新研究员担任。

第 2 章“三极气候变化及其影响”以三极地区气候变化和气候系统多圈层相互作用为研究主题，针对地球三极历史和现代气候变化的特征和可能机制开展了较为详细的论述。首席作者由中国科学院大气物理研究所段安民研究员担任。

第 3 章“三极冰冻圈变化”针对地球三极冰冻圈关键要素如冰川/冰盖/冰架、海冰、积雪、冻土及河湖冰等，对其变化及影响等进行了详细分析与讨论。首席作者由中国科学院空天信息创新研究院李新武研究员担任。

第 4 章“三极生态变化”分析了三极地区植被和微生物的变化，特别是对不同地区的异同点进行了阐述。首席作者由中国科学院地理科学与资源研究所张扬建研究员、中国科学院青藏高原研究所孔维栋研究员、中国科学院大气物理研究所徐希燕研究员担任。

第 5 章“三极水资源变化”总结了北极格陵兰冰盖、南极冰盖和青藏高原水资源研究的已有成果，以期系统认识气候变化驱动下的三极水资源动态变化规律及其对人类用水安全的潜在影响。首席作者由中国科学院青藏研究所王磊研究员担任。

第 6 章“面向极地治理战略的应对与措施建议”基于三极研究的科学事实，

面向三极治理提出应对与措施建议，以期能为我国三极相关科学研究和国家战略制定提供参考。首席作者由中国科学院青藏高原研究所李新研究员担任。

全书写作由“时空三极环境”的项目/课题负责人及科研骨干执笔，技术编辑由中国科学院西北生态环境资源研究院晋锐研究员和赵泽斌博士担任。写作过程中不断更新素材和最新研究成果，历经七次主要修改及多轮细节完善。写作和修改过程中，得到郭华东院士、吴国雄院士、陈发虎院士、冷疏影、王泽民、马耀明、孙波等专家的悉心指导。本书是“时空三极环境”项目（XDA19070000）阶段性成果的集成，项目进展得到了地球大数据工程专项总体组和专家组的支持和指导，并得到“地球大数据科学论丛”的资助。在本书即将交付印刷之际，对他们的付出表示由衷的敬意和感谢！本书疏漏之处在所难免敬请读者批评指正！

作　者

2021 年 4 月 9 日

目 录

第1章

地球三极研究意义与发展态势

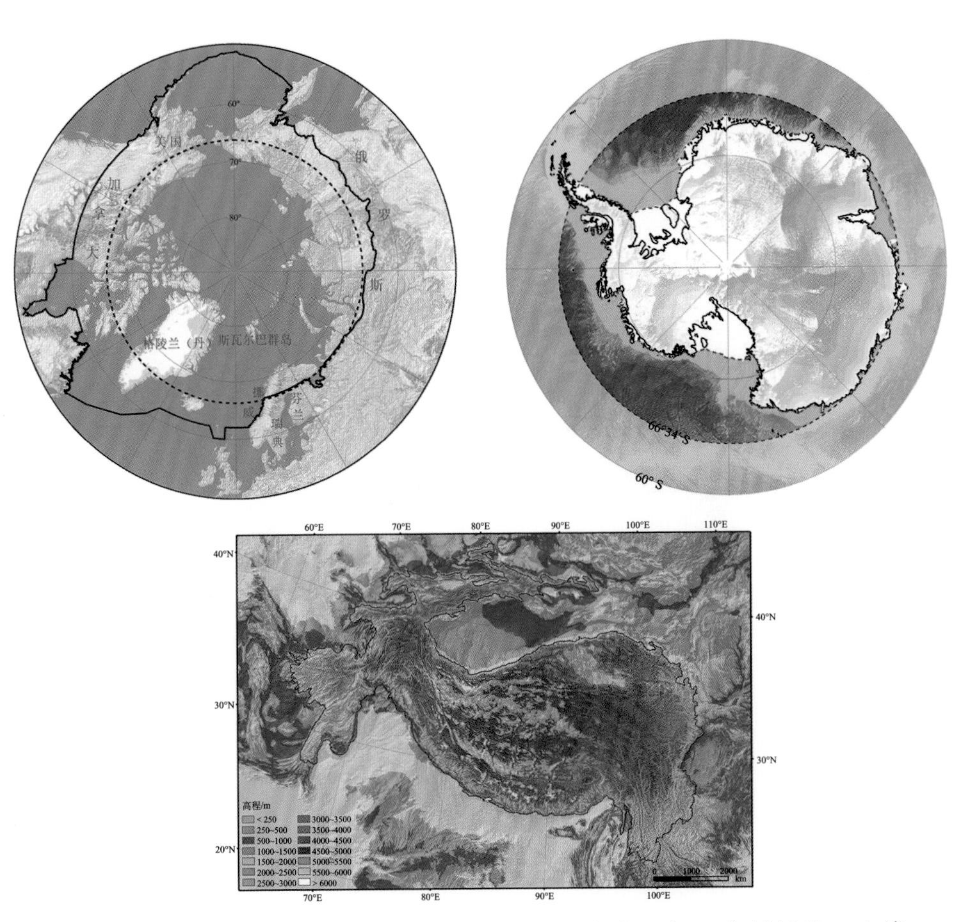

地球三极　素材提供：车涛

本章作者名单

首席作者

车　涛，中国科学院西北生态环境资源研究院

李　新，中国科学院青藏高原研究所

主要作者

安培浚，中国科学院西北生态环境资源研究院

方　苗，中国科学院西北生态环境资源研究院

潘小多，中国科学院青藏高原研究所

南极、北极和以青藏高原为主体的第三极是地球的“三极”，不仅蕴藏着全球主要的淡水资源，且油气资源丰富，是全球资源、能源开发潜在的战略性储备区域，也对我国未来发展、国家利益和安全战略具有十分特殊的重要意义。在全球变化背景下，三极地区异常的生态与环境现象不断出现，三极地区生态与环境的快速变化已引起国际社会的高度关注。掌握三极地区的资源分布状况，冰冻圈变化及影响，集成三极研究的成果形成系统性平台，科学评估三极地区应对气候变化的脆弱性和预测极地环境时空变化，不仅有助于确保我国极地权益、为国际谈判提供话语权，也能够为极地治理等国家决策提供基础支撑。

目前，国内外在三极地区已经开展了大量的观测和科学研究工作，积累了一大批基于空-天-地平台的观测数据、“水-土-气-生-人”等各类模型输出的数据、数据同化系统生成的数据以及丰富的科考记录。近年来，国际极地年（IPY，2004年）、气候和冰冻圈（CliC）、冰桥（IceBridge）计划、第三极环境计划（TPE）、全球高山生态环境观测研究计划（GLORIA）和环北极生物多样性监测计划（CBMP）、北极气候研究多学科漂流观测计划（MOSAiC）等国际计划相继实施，使得相关区域形成了联网研究（Frey et al.，2020）。特别是近十年来，国际上对于冰川、冰盖、冻土的研究在方法体系和技术手段及科学认识方面均已有长足的发展（Siegert，2017）。Sentinel 系列卫星数据的发布和 CMIP6 数据的公开，正在推动三极环境变化研究进入大数据时代。

长期以来，我国在第三极地区开展了系统、多学科的研究，积累了丰富的研究成果，为青藏高原生态保护、重大工程建设、农牧民发展致富、政府科学决策等起到了重要作用，也得到了国际社会的广泛认可。然而，相对于第三极研究，我国目前在南北极地区科学研究的水平较低，尤其存在研究基础薄弱、研究方向分散且不系统、水平有待进一步提高等问题。从全球范围来看，冰川、冰盖、冻土等冰冻圈要素在气候系统的作用目前还处于较简单的认识层面，缺乏对三极地区水循环、生态过程、气候系统变化，特别是极地多圈层过程相互作用机制的系统性、整体性的认识。

2018 年中国科学院启动了战略性先导科技专项（A 类）“地球大数据科学工程”，并专门设置了面向三极研究的项目“时空三极环境”。该项目以服务国家的“极地治理”为目标，集成“三极”多源信息资源，形成极地综合观测数据和信息服务能力，为我国极地活动能力和治理能力（北极航道、全球变化、水安全、生态安全、极地资源）提供科技支撑。该项目还将建立三极大数据共享和服务平台，形成先进的三极大数据挖掘分析能力，制备一系列高质量、高分辨率三极遥感产品和数据同化产品并开放共享。该项目旨在将地球三极作为一个整体，开展系统性、关联性的全局性多要素协同分析，提升对三极地球系统科学深度认知，并在三极全球变化的遥相关特征、三极气候系统多圈层相互作用及其影响、三极千年古环境重建、极地冰冻圈和生态水文变化等领域取得原创性成果（Li et al.，2020；Guo et al.，2020）。

本书对“时空三极环境”项目执行以来取得的成果进行总结，同时结合国内外三极环境变化研究已有成果，形成一份较为完整、系统的三极环境变化综合评估报告。本书作为第一份以地球三极为对象的环境变化评估报告，可为三极研究科学家和管理者提供地球三极环境的过去、现状和未来变化的科学参考与决策依据。

1.1 地球三极范围

北极地区：北极范围有多种定义，本书采用北极监测和评估计划（AMAP）确定的范围，该范围以北极圈（66°34′N）和 60°N 线为参考，同时考虑气候、植被、海洋以及不同国家的政治与主权等边界条件，从高北极延伸到加拿大、丹麦（格陵兰岛和法罗群岛）、芬兰、冰岛、挪威、俄罗斯、瑞典和美国的亚北极地区，且包括相关的海洋地区[图 1.1（a）]。

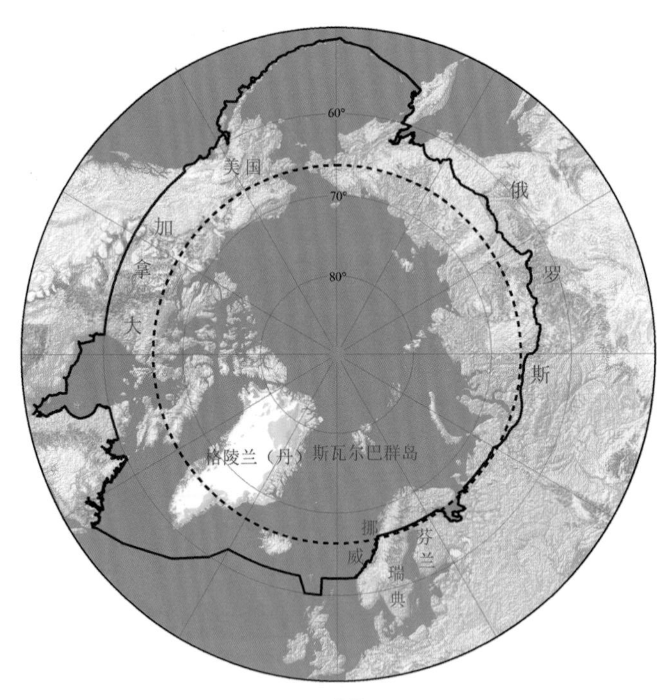

(a) 北极

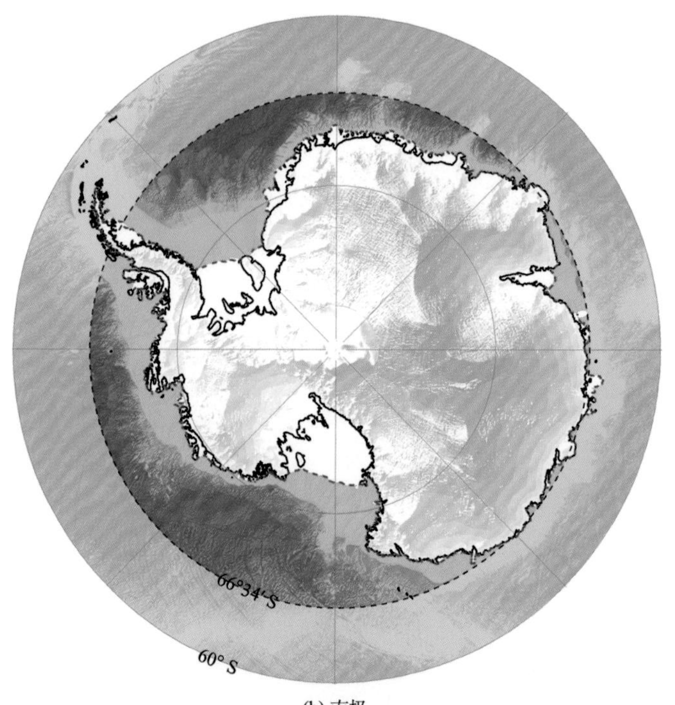

(b) 南极

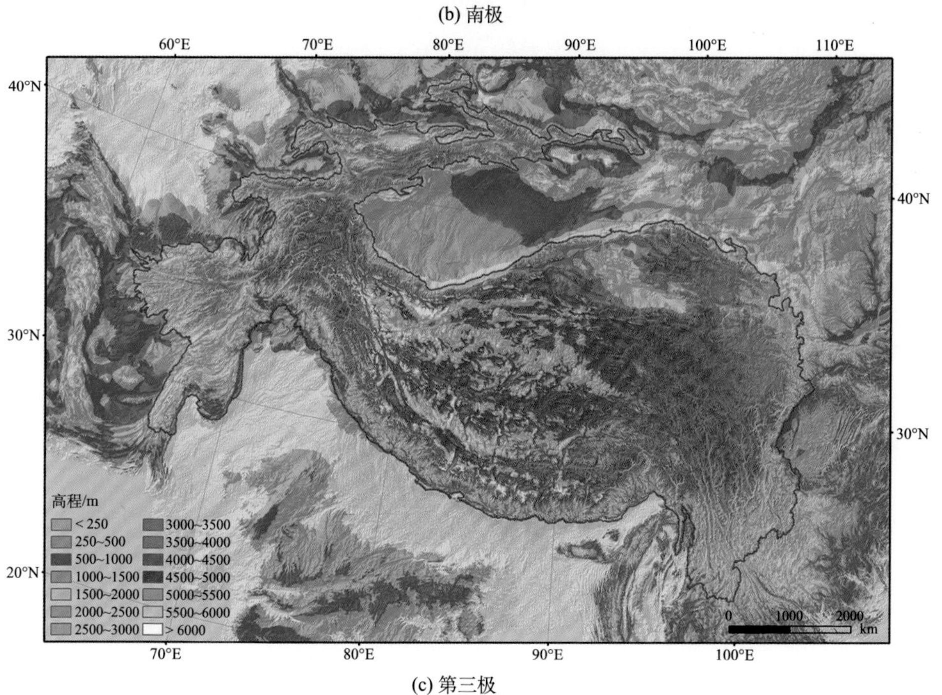

(c) 第三极

图 1.1　地球三极的范围

南极地区：定义为南极圈 66°34′S 以内的区域，同时包括南极大陆、南极冰盖和南极半岛等南极圈以外的部分[图 1.1（b）]。南极研究科学委员会（SCAR）将其感兴趣的区域定义为南极洲、其近海岛屿和周围南大洋（包括南极环极洋流，其北部边界是亚南极锋）。

第三极地区：以青藏高原为主体的亚洲高山区（High Mountain Asia），其中包括横断山脉、喜马拉雅山脉、帕米尔高原、兴都库什山脉、苏莱曼山脉、天山山脉，经纬度范围为 23°12′～45°45′N、61°29′～105°44′E[图 1.1（c）]。范围西起兴都库什山脉，东至祁连山脉东南缘—邛崃山东麓—横断山脉，南自喜马拉雅山脉南缘，北迄天山山脉北侧。该区域界线以海拔高度 2000 m 为基准，在地形、坡度、河谷等地理要素基础上，综合参考行政边界、山体、生态系统等完整性构成。

1.2　三极环境变化研究的科学与国家战略意义

三极在全球气候和环境变化中占据着重要地位。近几十年，三极是全球气候变暖最为剧烈的地区，随着气候变化叠加效应的不断积累，三极地区的生态与环境不断出现异常，特别是近几十年来三极地区出现了前所未有的变化，如全球变暖背景下的北极地区的“极地放大效应”以及第三极的“海拔依赖升温（EDW）”现象（Pithan and Mauritsen，2014；Pepin et al.，2015；Gao et al.，2019；Dai et al.，2019）、北极海冰快速减少（Parkinson and Cavalieri，2012）、南极海冰增加（Liu and Curry，2010）、海平面上升（Gardner et al.，2013；Li et al.，2019）、南极的绿化趋势（Amesbury et al.，2017）、北极植被覆盖率增加（Pearson et al.，2013）、冻土退化（Cheng and Wu，2007；Li et al.，2008；Li et al.，2012； Ran et al.，2018）、南极和格陵兰冰盖以及山地冰川退缩（Meier et al.，2007；Yao et al.，2012；Cogley，2017；Kraaijenbrink et al.，2017）、南极冰架崩解（Paolo et al.，2015）、热盐循环减慢（Chen et al.，2017）、北极径流的持续增加（Peterson et al.，2002），以及三极地区的冰冻圈退缩及水循环加强（Yao et al.，2019）等。

三极地区的环境变化还对极地地区的生物和人类活动产生深刻的影响，如北美驯鹿及企鹅数目的减少。此外，三极气候变暖对中国气候同样具有深远影响。青藏高原气候变暖以及与之相联系的大气热源变化是亚洲季风和中国气候年代际变化的重要驱动力之一（An et al.，2015）。北极海冰加速融化会进一步引起中国冬季寒潮等极端气候事件频发（Liu et al.，2012）。耦合模式预估结果表明，在未来高排放情景下，南极海冰融化速度可能在 2050 年前后加倍，进而通过大气和海洋桥影响全球和区域包括中国地区的气候异常。对于上述科学问题，国际社会既给予了高度关注，也开展了一系列科学研究计划（如 IPY、CliC、IceBridge、GLORIA、CBMP 和 MOSAiC 计划等）针对三极相关区域和科学问题进行了持续的研究。然而，限于研究积累不足，目前对三极变化的研究并未达到预期的深度和广度。三极快速变化加之一系列悬而未决的科学问题决定了三极地区气候与环境变化的研究在未来一段时间必将持续成为全球气候与环境变化研究的热点且占据重要的地位。

首先，三极研究是地球系统科学多圈层耦合研究及“未来地球”自然-社会科学交叉研究的制高点。三极是全球气候变暖最为剧烈的地区，是全球气候系统多圈层相互作用的典型区，也是影响全球气候与环境变化的关键区和敏感区，在全球能量和水分循环中发挥着重要作用，对全球和区域气候有着重要影响。同时三极具有极为独特而脆弱的生态环境，其物种和生态系统对气候变化响应具有高度的敏感性。三极地区是驱动全球环境变化的重要区域，三极气候、生态、水和能量循环的变化不仅对极地地区起着显著的作用，而且通过复杂的大气和海洋能量、质量和动量转移对其他地区产生不同程度的影响。这一问题已经成为当今国际社会科学研究的热点。如北极海冰的快速减少和变薄对全球气候变化研究、地缘政治战略等都是挑战。北极海冰变化对反照率等的影响是北极对全球气候变化响应和反馈的关键。此外，不同季节北极海冰的变化对东亚特别是中国气候的影响途径和方式亦成为目前关注的热点。南极资料缺乏、站点分布不均，对南极海-冰-气多圈层气候系统如何影响亚洲和中国气候的研究十分匮乏。

其次，三极对全球变化的反馈存在差异，其科学机理理解尚不清晰，同时，“地球三极”环境又存在着重要的关联，单极的变化不仅停留在其本身，而且具有“牵一发而动全局”的效应，现有研究多为关注单极，缺少三极整体性、系统性、关联性的全局宏观分析研究。三极地理位置特殊，空间面积大，地域分布广，传统的观测方式和数据源及单因子分析无法全面认识其耦合及联动过程，高时空分辨率无法覆盖整个三极地区。三极淡水储量巨大，其微小的扰动和变化会引起全球气候系统和生态环境的“蝴蝶效应”。长期以来，我国在以青藏高原为主体的世界第三极开展了系统的、多学科的研究，形成了丰富的研究积累。相对于青藏高原研究，我国目前在南北极地区科学研究的水平较低，存在研究基础薄弱、研究方向分散且不系统、水平低等问题。从全球范围来看，冰川、冰盖、冻土等冰冻圈要素在气候系统的作用目前还处于较简单的认识层面，冰冻圈各要素响应气候系统变化的机制和敏感性还很不清楚。

最后，地球三极的快速变化引起了一系列气候、生态、环境和资源问题，这些问题对三极地区及全球的影响急需进行科学评估和诊断。全球变暖下，三极地区冰川、冻土和海冰正在快速萎缩，南极冰盖变化产生的一系列气候、生态和环境问题备受关注，北冰洋海冰变化所引发的国际航道利用、海洋资源开发等已经引起国际社会的重视。三极冰库变化是全世界高度关注的科学问题，而三极地区是多个国际科学研究计划研究全球变化的关键地区。随着全球气温快速升高，需要对三极冰库目前的状态、三极冰库变化的时空差异开展全面的调查分析，对气候变暖下亚洲水塔的影响及存在的风险进行更深入的研究，同时还需要对全球三极冰库的融化对海平面的贡献及沿海和岛国人民生活的影响进行科学的评估。三极具有极为独特而脆弱的生态环境，在全球变暖背景下，三极生态系统的脆弱性评估和生态系统变化及其影响一直是国际社会和学术界广泛关注的核心议题。此外，随着极地地区的人类活动增加，三极地区的可持续发展也面临着巨大的挑战。而冰冻圈变化下生态系统的调节和服务功能及其对重大工程的决策支持作用及可持续发展有待评估。

综上，三极环境快速变化不仅引发深入理解极地环境变化的时空格局、机制、趋势及效应等新的科学问题，也促使利益相关者采取相应对策来应对这些前所未有的变化。可以认为，三极研究不仅仅是地球系统多圈层综合研究中的一个主要议题，而且与“未来地球”研究计划中的自然科学与社会科学交叉研究的取向相一致（Future Earth，2013；Rockström，2016）。

三极环境变化为极地研究提出了新的机遇与挑战。三极地区是全球资源、能源开发潜在的战略性储备区域，也对我国未来发展、国家利益和安全战略具有十分特殊的重要意义。在全球变化背景下，一方面，三极地区不断出现各种异常变化；另一方面，这种快速变化也为极地开发与治理带来了新的机遇，北极航道开通、北极油气资源管道和环北极公路铁路建设已提上日程。从全球地缘政治竞争角度来说，三极地区目前正面临或即将面临新一轮地缘利益争夺，国际社会已经纷纷行动，对极地保护和极地开发给予了双重的高度关注。我国极地开发的战略部署也已拉开序幕，科学认识极地，善待并合理利用极地，符合我国共筑“人类命运共同体”的战略目标。

北极地区扼守亚、欧和北美大陆的战略要冲且自然资源极为丰富，地缘政治关系也极其复杂。自从 2007 年 8 月 2 日俄罗斯“北极-2007”探险队员在北极点海底插上俄罗斯国旗并放置装有写给后代信的密封舱时起，北极的新一轮地缘政治争夺便趋向白热化。事实上，北极地区、北冰洋不可能只属于几个国家，而是要由全人类共享、共建、共治。2013 年 5 月我国正式成为北极理事会（Arctic Council）观察员国，为我国正式参与北极治理创造了条件。2015 年 9 月习近平总书记在会见丹麦首相时提出，要加强在气候变化、北极科考等国际问题上的合作。2017 年 3 月，国务院副总理汪洋在第四届国际北极论坛上表示，当前，北极正在发生历史性的快速变化。在新形势下，中国秉承尊重、合作、可持续三大政策理念参与北极事务。2017年4月，习近平总书记访问芬兰，也展现出对北极的极大重视。2017年7月，习近平总书记在莫斯科会见俄罗斯总统普京时指出：双方要加强高铁合作，推动莫斯科—喀山高铁项目，开展北极航道合作，共同打造“冰上丝绸之路”。在此基础之上，我国于2018年1月正式提出了我国的北极战略——《中国的北极政策》，阐明了中国在北极问题上的基本立场、政策目标、基本原则等，认为：北极问题攸关人类生存与发展的共同命运，中国倡导构建人类命运共同体，是北极事务的积极参与者、建设者和贡献者，中国相关部门和机构将开展北极活动和北极合作，推动有关各方更好参与北极治理，与国际社会一道共同维护和促进北极的和平、稳定和可持续发展。

相对于北极地区复杂的地缘政治关系，南极因其相对独立的自然体、无定居人口和《南极条约》等系列条约体系的限制，国际社会在南极地区的活动主要以科学研究为目的，未曾涉及复杂的领土、资源和政治纠纷，因此，我国在南极地区开展科学考察和研究的阻力相对较小。然而，南极目前虽然没有爆发明显的国际竞争，主要是因为现阶段无论是经济利益还是地缘环境，争夺南极的收益都远低于成本，所以各国的南极政策都处于战略投入期。这个阶段各国都在积蓄实力，同时加强协调避免在南极爆发“能力竞赛”。2017年5月国务院副总理张高丽出席“第40届南极条约协商会议”，会议主要议题是讨论南极条约体系运行、南极视察、南极旅游、南极生态、环境影响评估、气候变化影响、南极特别保护区和管理区以及未来工作等。张高丽副总理强调“一个和平、稳定、绿色、永续发展的南极符合全人类共同利益，是我们对子孙后代的承诺”。本届南极条约协商会议是中国自1983年加入《南极条约》、1985年成为《南极条约》协商国以来，首次担任东道国，这充分展现了我国对南极地区的高度重视以及国际社会对我国参与南极治理的肯定。

以青藏高原为中心的第三极地区其主体在我国，是我国重要生态安全屏障、战略资源储备基地、旅游资源富集区、高原特色农牧业生产基地和特色民族文化保护地。同时，第三极地区还是我国实施“一带一路”倡议的关键地区，对丝绸之路经济带具有直接的影响，中巴公路、中巴油气管道、中巴铁路等“一带一路”倡议中的重大基础设施与工程都囊括在第三极地区。此外，第三极地区还涉及我国与周边巴基斯坦等南亚与中亚国家的经济与外交。2013年5月李克强总理访问巴基斯坦时提出要建立中巴经济走廊，加强中巴之间交通、能源、海洋等领域的交流与合作，加强两国互联互通，促进两国共同发展。2019年10月，习近平总书记在加德满都会见尼泊尔总理奥利时强调，中尼应该从六个方面规划两国关系，其中就明确提到要启动中尼跨境铁路可行性研究、增加两国直航、加强珠穆朗玛峰保护合作等。

2017 年 1 月 18 日，在联合国日内瓦总部习近平主席强调：携手构建合作共赢新伙伴，同心打造“人类命运共同体”，把深海、极地、外空、互联网等领域打造成各方合作的新疆域。因此，“极地治理”是我国倡导的共筑“人类命运共同体”的重要组成部分。当前，三极环境正在经历快速且显著的变化，这些变化为北极航道的开通和运营、南极科考站点的选址与建设、中巴经济走廊的建设与维护等国家需求提供了新的机遇，同时也带来了新的挑战。尽管我国在三极地区的科学研究已经开展很长一段时间且有了一定的基础，但与发达国家相比还有一定差距。在新时代、新形势下，我国应该更加积极主动参与极地治理，加强对极地气候、生态、环境的历史、现状与未来变化的深度认知，为极地治理提供中国方案、贡献中国智慧，与全人类一道携手共筑“人类命运共同体”。

1.3 三极地区环境研究发展态势

本节通过对科技文献、项目资助以及科学数据中心建设等方面的调研，分析不同地区、不同领域近十年来三极环境变化研究的发展态势。

1.3.1 三极研究项目

基于 2009～2019 年间主要国家的重要基金机构，包括美国国家科学基金委员会（NSF）、美国国家航空航天局（NASA）、美国能源部（DOE）、英国自然环境研究委员会（NERC）、德国科学基金会（DFG）、日本学术振兴会（JSPS）、中国国家自然科学基金委员会（NSFC）以及中国国家 973 计划和国家重点研发计划资助地球三极相关研究项目的统计分析（表 1.1），可以看出美国 NSF 资助三极项目最多，且专门设立了极地计划办公室并启动了相关研究计划。2013 年，美国发布北极地区国家战略报告，将极地研究提升到战略高度。中国国家自然科学基金委员会资助项目数仅次于美国基金会，并设立了极地与海洋处。从各基金机构资助相关项目的研究区域来看，美国国家科学基金委员会、英国自然环境研究委员会、德国科学基金会、日本学术振兴会都是以南北极研究为主，其中美国国家科学基金委员会的北极相关研究项目占比更多一些，英国自然环境研究委员会、德国科学基金会、日本学术振兴会的南极相关项目更多一些。中国国家自然科学基金委员会资助的项目主要集中在第三极，此外，资助南极项目比北极项目略多。

表 1.1　2009～2019 年主要基金机构资助地球三极研究项目的数量

基金资助机构名称	研究项目数量/个					三极相关项目占比/%
	地球科学项目总数	北极	南极	第三极	三极相关	
中国国家自然科学基金委员会	30487	119	141	728	1289	4.23
美国国家科学基金委员会	14513	928	747	49	2509	17.29
美国国家航空航天局	10005	47	63	0	135	1.35
美国能源部	8166	50	9	0	63	0.77
德国科学基金会	3998	76	89	22	203	5.08
英国自然环境研究委员会	5914	184	193	3	377	6.37
日本学术振兴会	4685	17	27	5	48	1.02
中国国家 973 计划	1141	1	2	7	8	0.70
中国国家重点研发计划	3782	2	2	4	8	0.21

注：中国国家重点研发计划项目统计至 2019 年 6 月，三极相关项目除了按照区域（北极、南极和第三极）分别统计外，还有一些属于极地或者极区的项目

整体上看，美国更关注北极研究，英国、德国、日本更关注南极研究，中国重点关注第三极研究。2009～2019 年，国外主要基金机构资助三极研究项目关注的焦点是北冰洋、海冰、冰盖、气候变化、冰冻圈关键要素变化及其影响[图 1.2（a）]，同期，中国国家自然科学基金委员会资助项目以极地科学、冰冻圈地理学、气候与气候系统三个领域为主，研究项目主要集中在气候和冰冻圈变化等研究方面[图 1.2（b）]。

(a) 国外主要基金机构资助项目研究主题词（Top100）云图

(b) 我国自然科学基金会资助项目研究主题词（Top50）云图

图 1.2　国外和我国科学基金资助项目研究主题对比

1.3.2　三极研究科技论文

2009～2019 年间，三极研究相关论文总体呈现稳步增长态势，第三极研究论文增长较快，而南极研究论文增长相对缓慢（图 1.3）。从学科方向看，主要集中在地球科学、大气科学、环境科学、生态学与海洋科学。从论文产出的主要国家/地区来看，论文产出和论文总被引频次排名前五位的国家为：美国、中国、英国、德国、加拿大，其中，美国三极研究相关论文全球占比超过 30%。我国三极研究论文产出的主要机构是中国科学院青藏高原研究所与中国科学院寒区旱区环境与工程研究所（现已更名为中国科学院西北生态环境资源研究院）。北极研究方面，美国、加拿大、英国、德国、挪威的论文产出和论文影响力显示出明显优势；南极研究方面，美国、英国、德国、澳大利亚和法国论文产出和论文影响力表现明显突出；在第三极地区研究方面，中国有明显的地域优势，随后是美国、英国、德国和印度（表 1.2）。

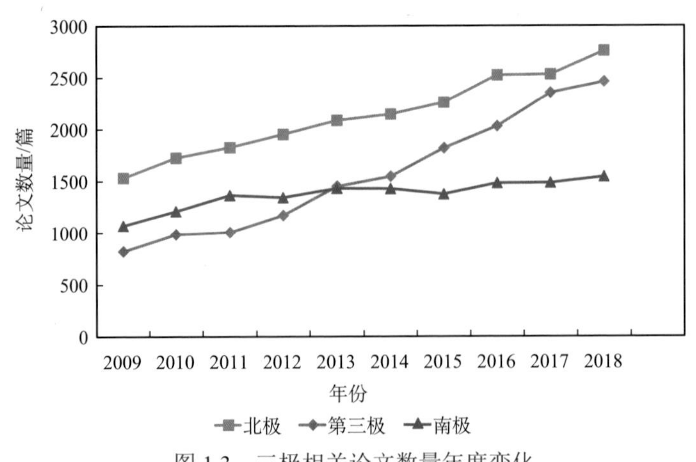

图 1.3　三极相关论文数量年度变化

表 1.2　三极主要研究机构论文数与论文被引频次

发文最多的 15 个机构	论文数	国际合作论文占比/%	论文总被引最多的 15 个机构	论文被引频次
中国科学院	7065	44.93	中国科学院	118176
亥姆霍兹联合会	2904	45.58	法国国家科学研究中心	77563
法国国家科学研究中心	2720	78.51	亥姆霍兹联合会	69814
英国自然环境研究委员会	2257	85.26	英国自然环境研究委员会	61525
中国科学院大学	2225	70.62	NASA	55536
阿尔弗雷德・魏格纳极地与海洋研究所	1918	36.49	阿尔弗雷德・魏格纳极地与海洋研究所	46733
中国科学院青藏高原研究所	1600	57.63	NOAA	45291
俄罗斯科学院	1549	76.02	科罗拉多大学波尔多分校	43653
中国科学院寒区旱区环境与工程研究所*	1513	43.30	英国南极调查局	37789
NASA	1435	50.29	阿拉斯加大学费尔班克斯分校	37049
英国南极调查局	1434	59.58	中国科学院青藏高原研究所	36156
NOAA	1326	68.34	华盛顿大学西雅图分校	35399
阿拉斯加大学费尔班克斯分校	1293	55.81	美国国家大气科学研究中心	33621
科罗拉多大学波尔多分校	1146	57.54	加州理工学院	30667
剑桥大学	1050	63.61	中国科学院大学	29405

*中国科学院寒区旱区环境与工程研究所现更名为中国科学院西北生态环境资源研究院

研究的主题词分析表明，气候变化是所有地区都最受关注的科学问题。第三极地区降水、温度、河流/湖泊、冰川、植被与碳循环关注较多[图 1.4（a）]，北极地区温度、海冰、河流/湖泊、多年冻土、碳循环、植被/生态系统、积雪关注较多[图 1.4（b）]，而南极地区南大洋、温度与海冰关注较多[图 1.4（c）]。

1.3.3　三极科学数据中心

目前已有多个国家建立了南北极数据中心，著名的有美国国家雪冰数据中心（NSIDC）、南极数据主目录（AMD）、美国 NSF 北极数据中心、英国极地数据中心等，美国正在筹建新的北极数据存储库。自然资源部中国极地研究中心负责的国家极地科学数据中心，中国科学院青藏高原研究所负责的国家青藏高原科学数据中心，中国科学院西北生态环境资源研究院负责的国家冰川冻土沙漠科学数据中心，这三个主要数据中心构成了我国三极地区生态环境相关的科学数据中心体系（表 1.3）。

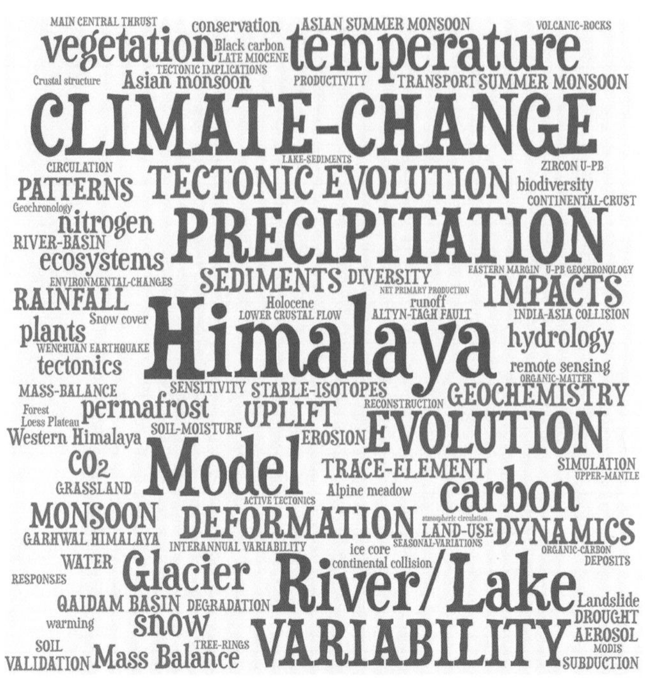

(a) 第三极地区

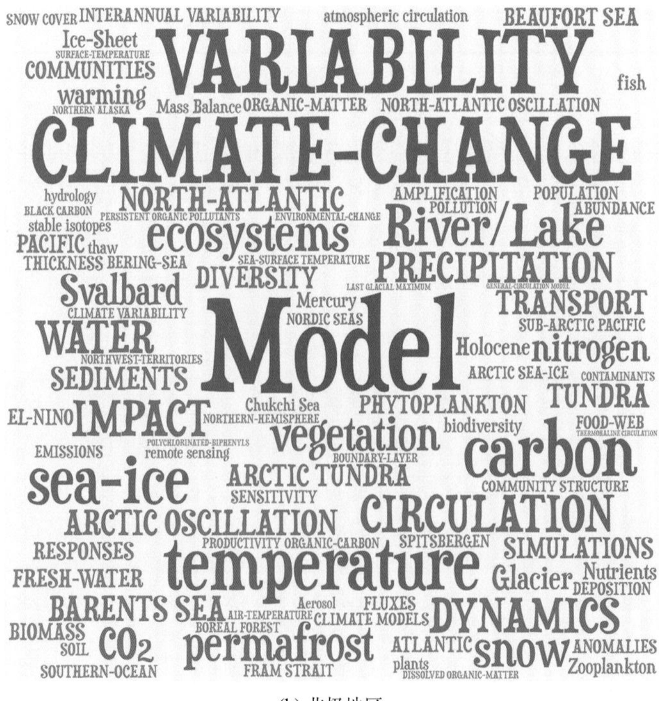

(b) 北极地区

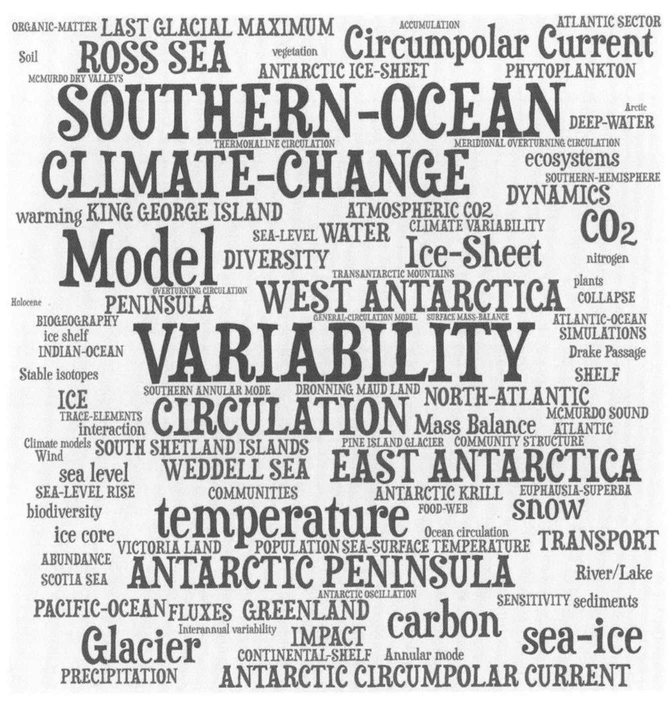

(c) 南极地区

图 1.4　三极地区科技论文主题词云图

近期，在中国科学院先导专项“时空三极环境”项目支持下建立了时空三极环境大数据平台，实现了三极地区已有数据以及项目新数据和新产品的大集成，通过与专项“大数据与云服务”和“数字地球科学平台”互操作与共享，初步形成了三极数据库-模型库-方法库的综合平台（Li et al.，2020）。表 1.3 总结了目前国际上主要的三极科学数据中心。

表 1.3　主要的三极数据中心

数据中心名称	简述	网址
时空三极环境平台	在中国科学院“地球大数据科学工程”先导专项“时空三极环境”项目的支持下，建立开放型三极科学数据中心，实现三极地区已有数据以及项目新数据和新产品的大集成，开展多方位三极信息服务。涵盖南极、北极和第三极	http://poles.tpdc.ac.cn
中国国家青藏高原科学数据中心	系统存储、整合、分析、挖掘和发布泛第三极地区的资源、环境、冰冻圈、大气、生态、水文、地球物理、遥感和社会经济统计等科学数据。涵盖第三极和泛第三极	http://data.tpdc.ac.cn/

续表

数据中心名称	简述	网址
中国国家极地科学数据中心	负责中国极地科学数据库、极地信息网络、极地档案馆、极地图书馆、样品样本库的建设与管理。涵盖南极和北极	http://www.chinare.org.cn/
中国国家冰川冻土沙漠科学数据中心	寒区旱区冰川、冻土、沙漠、大气、水土、生态、环境、资源、工程与可持续发展研究方面的野外观测、调查考察、试验实验、多源遥感等数据。涵盖三极和泛第三极	http://www.ncdc.ac.cn/portal/
美国国家雪冰数据中心	南极冰川数据中心、GLIMS（全球陆地冰空间观测计划）冰川数据中心、国际极地年数据和信息服务、美国海洋和大气局的部分数据等。涵盖南极、北极和第三极	https://nsidc.org
南极数据主目录	包括所有南极数据说明描述的中心主目录系统，属于全球变化主目录 GCMD（http://gcmd.nasa. gov/ index.html）下次一级主目录	https://www.scar.org/data-products/antarctic-master-directory/
英国极地数据中心	英国极地环境数据管理的中心。提供极地大陆的大气、生物圈、岩石圈、水圈、冰冻圈、太阳和地球相互作用的元数据和数据。涵盖南极和北极	https://www.bas.ac.uk/data/uk-pdc/
日本国家极地研究科学数据库	负责日本相关极地研究的数据仓储的管理。涵盖南极和北极	https://scidbase.nipr.ac.jp/?ml_lang=en
美国南极资源中心（USARC）	收集南极所有南极条约国的南极资料，形成电子资源	http://usarc.usgs.gov/
美国南极计划数据中心（USAP-DC）	USAP-DC 与 NSIDC 合作，为美国南极项目管理冰川学数据	http://www.usap-dc.org
澳大利亚南极数据中心（AADC）	为澳大利亚南极数据提供长期管理	https://data.aad.gov.au
南极冰芯数据库（iceREADER）	SCAR 的南极大陆冰芯的基本数据	http://www.icereader.org/icereader/
SCAR 海洋生物多样性数据库网站	提供首次南极考察以来的所有南极海洋生物多样性的相关数据。主要涵盖南极	http://www.scarmarbin.be/index.php
国际北极大气观测系统（IASOA）	提供并收集有关北极大气条件的多年连续数据	https://www.esrl.noaa.gov/psd/iasoa/dataataglance
美国 NSF 北极数据中心	NSF 极地计划北极部分的主要数据和软件资料库	https://arcticdata.io
极地科学中心（PSC）	网站提供了 PSC 项目介绍、极地相关新闻、科研人员、项目进展、出版物信息、项目获得的数据集等。涵盖南极和北极	http://psc.apl.uw.edu

参考文献

Amesbury M J, Roland T P, Royles J, et al. 2017. Widespread biological response to rapid warming on the Antarctic Peninsula. Current Biology, 27(11): 1616-1622.

An Z S, Wu G, Li J P, et al. 2015. Global monsoon dynamics and climate change. Annual Review of Earth and Planetary Sciences, 43: 29-77.

Chen C T A, Lui H K, Hsieh C H, et al. 2017. Deep oceans may acidify faster than anticipated due to global warming. Nature Climate Change, 7: 890-894.

Cheng G D, Wu T H. 2007. Responses of permafrost to climate change and their environmental significance, Qinghai-Tibet Plateau. Journal of Geophysical Research: Earth Surface, 112: F02S03.

Cogley J G. 2017. Climate science: the future of Asia's glaciers. Nature, 549: 166-167.

Dai A G, Luo D H, Song M R, et al. 2019. Arctic amplification is caused by sea-ice loss under increasing CO_2. Nature Communications, 10(1):121.

Frey K E, Comiso J C, Cooper L W, et al. 2020. Arctic Ocean primary productivity: The response of marine algae to climate warming and sea ice decline//Thoman R L, Richter-Menge J, Druckenmiller M L. Arctic Report Card 2020. https://doi.org/10.25923/vtdn-2198.

Future Earth. 2013. Future Earth Initial Design Report. Paris: International Council for Science (ICSU).

Gao K L, Duan A M, Chen D L, et al. 2019. Surface energy budget diagnosis reveals possible mechanism for the different warming rate among Earth's three poles in recent decades. Science Bulletin, 64(16): 1140-1143.

Gardner A S, Moholdt G, Cogley J G, et al. 2013. A reconciled estimate of glacier contributions to sea level rise: 2003 to 2009. Science, 340(6134): 852-857.

Guo H, Li X, Qiu Y. 2020. Comparison of global change at the Earth's three poles using spaceborne Earth observation. Science Bulletin, 65(16): 1320-1323.

Kraaijenbrink P D A, Bierkens M F P, Lutz A F, et al. 2017. Impact of a global temperature rise of 1.5 degrees Celsius on Asia's glaciers. Nature, 549: 257-260.

Li G S, Li X, Yao T D, et al. 2019. Heterogeneous sea-level rises along coastal zones and small islands. Science Bulletin, 64: 748-755.

Li X, Che T, Li X W, et al. 2020. CASEarth Poles: big data for the three poles. Bulletin of the American Meteorological Society, 101: E1475-E1491.

Li X, Cheng G D, Jin H J, et al. 2008. Cryospheric change in China. Global and Planetary Change, 62(2-3): 210-218.

Li X, Jin R, Pan X D, et al. 2012. Changes in the near-surface soil freeze-thaw cycle on the Qinghai-Tibetan Plateau. International Journal of Applied Earth Observation and Geoinformation, 17: 33-42.

Liu J, Curry J A. 2010. Accelerated warming of the Southern Ocean and its impacts on the hydrological cycle and sea ice. Proceedings of the National Academy of Sciences, 107(34): 14987-14992.

Liu J, Curry J A, Wang H, et al. 2012. Impact of declining Arctic sea ice on winter snowfall. Proceedings of the National Academy of ences, 109(17): 6781-6783.

Meier M F, Dyurgerov M B, Rick U K, et al. 2007. Glaciers dominate eustatic sea-level rise in the 21st Century. Science, 317(5841): 1064-1067.

Paolo F S, Fricker H A, Padman L. 2015. Volume loss from Antarctic ice shelves is accelerating. Science, 348(6232): 327-331.

Parkinson C L, Cavalieri D J. 2012. Antarctic sea ice variability and trends, 1979-2010. The Cryosphere, 6: 871-880.

Pearson R G, Phillips S J, Loranty M M, et al. 2013. Shifts in Arctic vegetation and associated feedbacks under climate change. Nature Climate Change, 3: 673-677.

Pepin N, Bradley R S, Diaz H F, et al. 2015. Elevation-dependent warming in mountain regions of the world. Nature Climate Change, 5: 424.

Peterson B J, Holmes R M, Mcclelland J W, et al. 2002. Increasing river discharge to the Arctic Ocean. Science, 298(5601): 2171-2173.

Pithan F, Mauritsen T. 2014. Arctic amplification dominated by temperature feedbacks in contemporary climate models. Nature Geoscience, 7: 181-184.

Ran Y H, Li X, Cheng G D. 2018. Climate warming over the past half century has led to thermal degradation of permafrost on the Qinghai-Tibet plateau. The Cryosphere, 12(2): 595-608.

Rockström J. 2016. Future Earth. Science, 351(6271): 319.

Siegert M. 2017. Glaciology: vulnerable Antarctic ice shelves. Nature Climate Change, 7: 11-12.

Yao T D, Thompson L, Yang W, et al. 2012. Different glacier status with atmospheric circulations in Tibetan Plateau and surroundings. Nature Climate Change, 2: 663-667.

Yao T D, Xue Y K, Chen D L, et al. 2019. Recent Third Pole's rapid warming accompanies cryospheric melt and water cycle intensification and interactions between monsoon and environment: multi-disciplinary approach with observation, modeling and analysis. Bulletin of the American Meteorological Society, 100: 423-444.

第 2 章

三极气候变化及其影响

中国南极科考，Dome A 气象站　素材提供：杜志恒

本章作者名单

首席作者

段安民，中国科学院大气物理研究所

主要作者

效存德，北京师范大学
周立波，中国科学院大气物理研究所
李双林，中国科学院大气物理研究所
罗德海，中国科学院大气物理研究所
刘骥平，中国科学院大气物理研究所
方　苗，中国科学院西北生态环境资源研究院
史　锋，中国科学院地质与地球物理研究所
杨　佼，中国科学院西北生态环境资源研究院
杜志恒，中国科学院西北生态环境资源研究院
胡文婷，中国科学院大气物理研究所
何　编，中国科学院大气物理研究所
庄默然，中国科学院大气物理研究所
肖志祥，广西壮族自治区气象科学研究所
朱金焕，中国科学院大气物理研究所
钟霖浩，中国科学院大气物理研究所
姚　遥，中国科学院大气物理研究所
宋米荣，中国科学院大气物理研究所
刘　娜，中国科学院大气物理研究所
韩　哲，中国科学院大气物理研究所
郑　菲，中国科学院大气物理研究所

地球三极是全球气候变化的关键区和敏感区。三极地区气候变化和气候系统多圈层相互作用是地球科学领域的前沿和热点科学问题。本章通过综述国内外相关研究成果并结合时空三极环境项目的最新研究进展，针对地球三极历史和现代气候变化的特征和可能机制开展了较为详细的论述。主要内容包括：①过去千年地球三极温度和降水变化；②近几十年“北极放大”现象和影响，北极海冰的未来变化；③近几十年南极气温、大气环流、海冰变化的特征和影响；④近几十年青藏高原气候变化的时空特征及其对东亚气候的影响。本章结果表明，地球三极气候变化既有共性，又存在明显差异，相关机制和影响仍存在较大争议。然而，从气候系统多圈层相互作用的视角，通过多学科交叉深入认识地球三极气候变化，必将产生广泛的学科影响，并为社会可持续发展提供有力的科学支撑。

2.1　三极气候变化的对比及其相互作用

三极（包括北极、南极和青藏高原）作为全球气候系统多圈层相互作用的典型区，在全球气候系统多圈层相互作用和能量水分循环中发挥着重要作用，成为气候与环境变化研究的关键区。

近 50 年来，全球气候，尤其是地球三极地区的气候变暖加剧，使得极区内海冰、冰川、冻土、积雪等冰冻圈要素发生了显著变化，对极区内陆地和海洋的生态环境安全构成严重威胁。地表温度与南、北两极冰雪变化密切相关，且是影响青藏高原地表热源或热汇的重要因素。Gao 等（2019）通过应用地表能量收支平衡方程对比三极温度变化及其归因（图 2.1），发现近几十年青藏高原和北极地区增温显著，且增长率大于全球平均水平，南极地区呈现出陆地增温而海洋降温的趋势。高原的增温主要受到晴空向下长波辐射和地表反照率的影响，且这两个因素分别受到大气垂直水汽含量增加和积雪覆盖范围减少的调控。北极和南极地表温度变化的主导因子是晴空向下长波辐射、地表反照率反馈和地表热存储，且这三个因子与海冰覆盖度及大气水汽含量密切相关。其中，海冰覆盖度有两个方面的作用：一方面通过冰-反照率-温度正反馈机制调节温度；另一方面可影响海表平均热存储能力，即海冰增加（减少），海表储存热量的能力减少（增加），在暖季大气向海表输送热量，海洋容易增温（降温），在冷季海洋向大气输送热量，海洋容易降温（增温）；而大气水汽含量调节温度则与温度—水汽含量—晴空向下长波辐射正反馈相关，水汽含量增加，晴空向下长波辐射增加，温度增加。

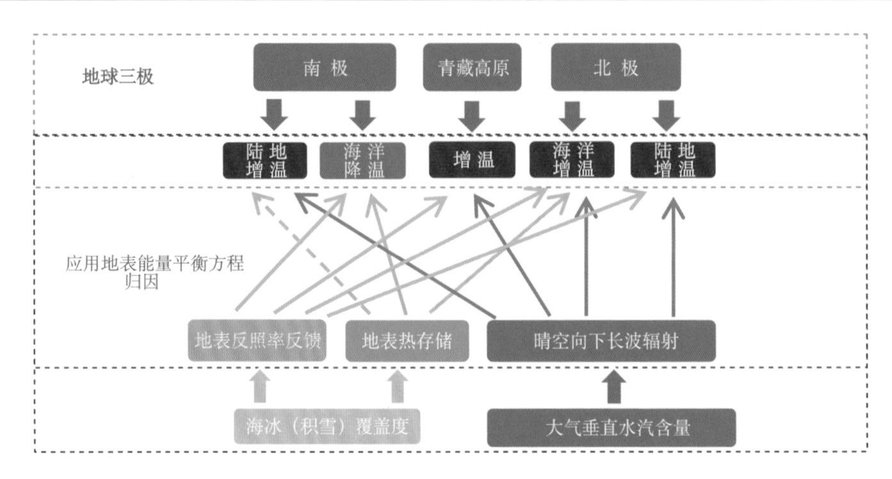

图 2.1　三极温度呈现不同变率的可能机制示意图

低温、积雪和冰川勾勒的广阔地形是该地区的共同写照。地球三极的自然环境和生态系统有很多相似之处：冰冻圈的广泛分布、独特物种的栖息、对地球水资源的庇护、对气候变化的敏感响应，这些特征决定了南极、北极和青藏高原的气候、环境和生态的快速变化可对全球气候系统产生深远的影响。已有研究表明，青藏高原气候变暖以及高原大气热源变化是其下游地区东亚气候的重要驱动力之一，可通过直接和间接效应引起东亚气候异常变化；受全球变暖的影响，北极海冰加速消融，可通过欧亚波列作用于东亚气候，导致寒潮等极端气候事件频发；南极大气环流异常可通过大气桥和海洋桥影响马斯克林高压、澳大利亚高压，从而造成跨赤道气流以及东亚气候出现异常（图 2.2）。

图 2.2　三极气候系统耦合示意图

此外，全球气候系统是一个相互联系的整体，尽管南极和北极分处地球两端、地缘分隔，两极气候变率仍然存在密切联系。在较低频时间尺度上，两极气候联系的一个代表性现象称为两极跷跷板（bipolar seesaw）（Wang et al.，2015），具体是指南极和格陵兰岛的气温在末次冰期呈显著负相关：南极偏冷（暖）时，格陵兰岛往往较暖（冷）。Lee 等（2011）研究了两极气候联系的物理机制，发现北大西洋异常偏冷可以调节大气经圈环流，从而对南大洋西风产生影响。当北大西洋存在冷源，热带辐合带向南移动，南半球副热带急流减弱，极锋急流加强，南大洋表层西风增强。在年际时间尺度上，经圈环流同样是联系北极和南极气候的重要纽带。中高纬度的热力强迫可通过调节经圈环流的位置和强度，影响热带地区的大气环流（Kang et al.，2008），从而为调节另一半球的极地气候提供了可能途径。

目前有关三极气候系统多圈层相互作用及其协同影响亚洲及东亚气候变化的研究仍处于起步阶段，进一步探讨三极气候的相互作用对于理解近几十年来全球气候剧变，以及灾害性极端天气的发生机制和预警有着重要的作用，系统性地研究三极协同影响未来东亚气候变化对于提升我国气候变化预测能力具有深远的意义（Li et al.，2020）。

2.2　极地历史气候变化

气候变化既包括构造、轨道等长尺度的变化，也包括千年、百年以及年代际等短尺度的变化。历史时期，尤其是过去一千年涵盖了自然因素主导气候变化的时期和人类活动强烈影响气候变化的时期，是探索气候变化归因的理想场景。地球三极气候是全球气候系统变化的“启动器”和“调节器”，本节从过去千年极地气温、降水和海冰重建入手，简要介绍其历史气候变化规律。

信息连续无扰动、定年准确的高分辨率代用资料是认识三极历史气候变化规律的主要途径。在代用资料的生产和集成方面，古全球变化过去 2000 年气候研究工作组（PAGES2k network）分别在 2013 年和 2017 年发布了两套经过严格质量检验的全球代用资料数据集（PAGES2k Consortium，2017），这两套数据集是目前开展古气候重建、古气候数据同化所依赖的基础资料。2017 年第二套数据集中的三极地区代用资料分布如图 2.3 所示。

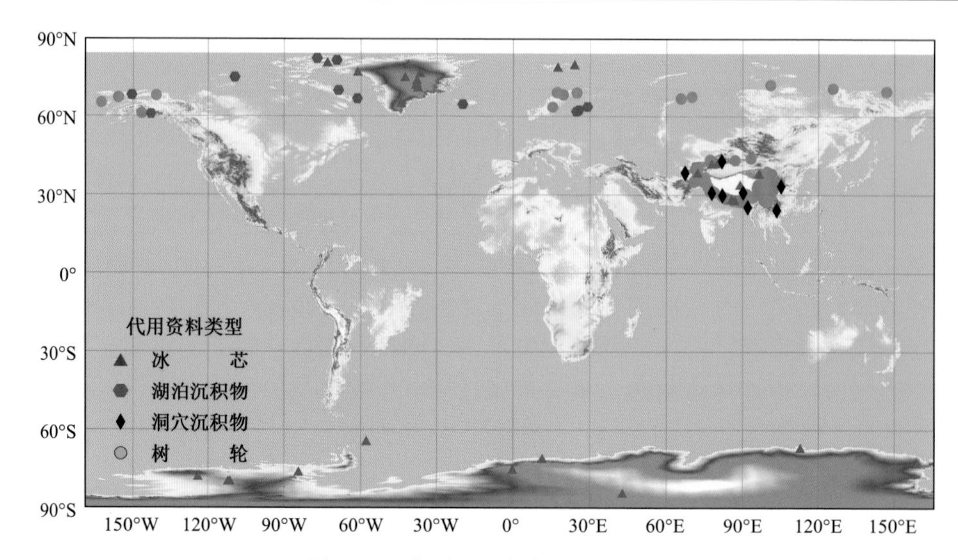

图 2.3　三极地区气候代用资料分布

2.2.1　极地气温变化

目前认识三极过去千年温度变化主要是基于冰芯等代用记录进行集成重建研究。由于冰芯处在三极核心区，成为反映温度变化的首选证据。青藏高原地区 4 支冰芯（普罗岗日冰芯、古里雅冰芯、达索普冰芯和敦德冰芯）记录常被用于表征过去千年温度变化（姚檀栋等，2006）。而北极地区格陵兰岛冰芯钻探计划等国际项目的顺利完成，为分析过去 2000 年北极温度变化提供了丰富的冰芯资料（Vinther et al.，2009）。最近，古全球变化过去 2000 年南极气候研究工作组整理了目前数量最多的冰芯氧同位素数据，集成了南极过去 2000 年的年均温序列（Stenni et al.，2017），标准化后如图 2.4 蓝线所示。

由于冰芯记录中氧同位素的指标存在多解性，三极周边地区其他类型的代用记录（如树轮等），可为冰芯重建的温度提供佐证和补充。最早，杨保和 Bräuning（2006）基于昌都树轮、达索普冰芯等记录重建了青藏高原近 1000 年来的温度变化。青藏高原周边地区的树轮宽度和青海湖沉积记录也被用于集成过去 2000 年的温度序列（Ge et al.，2013）。随后，古全球变化亚洲过去 2000 年气候研究工作组集成了两套过去千年东亚夏季温度格点资料（Cook et al.，2013；Shi et al.，2015）。其中一套树轮重建采用了当时并未对外公布的多条高质量的树轮宽度资料，因此在表征中国西部温度高频变化方面具有优势；而另一套多指标重建包括了青藏高原的冰芯、中国东部的历史文献等其他类型的代用记录，能较好地反映大范围区域尺度的温度低频变化。将两者标准化后求平均如图 2.4 黑线所示。

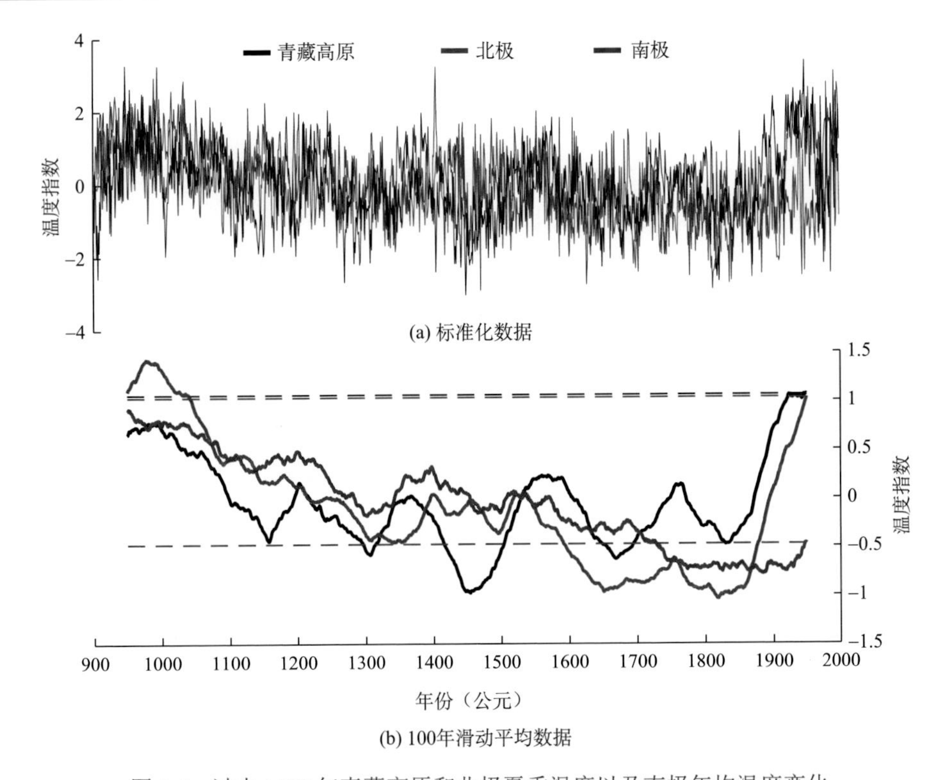

图 2.4　过去 1100 年青藏高原和北极夏季温度以及南极年均温度变化

图中青藏高原温度数据是两套格点资料（Cook et al., 2013；Shi et al., 2015）的区域平均，北极数据是三条集成序列（McKay and Kaufman，2014；Shi et al.，2012；Werner et al.，2018）的平均，南极数据来自：Stenni et al.，2017

Kaufman 等（2009）将北极 10 年分辨率的夏季温度集成序列（Overpeck et al.，1997）扩展到过去 2000 年。之后学者在集成方法和所用数据上有所不同，进步之处在于得到了年分辨率的过去 2000 年温度变化序列（McKay and Kaufman，2014；Shi et al.，2012；Werner et al.，2018）。将三者标准化后求平均如图 2.4 红线所示。从过去 1100 年（900～1999 AD）的三极温度标准化指数[图 2.4（a）]可以看出，工业革命前，过去千年地球三极温度标准化指数变化一致性较好，工业革命后三者的差异较大。100 年时间窗口做滑动平均的结果[图 2.4（b）]显示，20 世纪是青藏高原过去 1100 年最暖的时期，但北极中世纪暖期相比 20 世纪夏季更为温暖；而南极 17 世纪以前的百年平均年均温都比 20 世纪温度高，且存在长期下降趋势，相关机理目前尚缺乏共识。

2.2.2　极地降水变化

相对于极地气温重建，极地降水变化的重建工作所遇到的困难相对较多，主因除降水本身空间相关性较低外，还包括指示降水的代用资料匮乏、空间分布极度不均匀、时间分辨率不确定性大（Ljungqvist et al.，2016）。当前极地降水重建主要集中于北极和青藏高原地区，南极过去千年尺度以上降水重建相对较少，但是南极大陆目前有超过 10 条冰芯资料，从其中提取的冰川累积量（率）变化是研究南极地区过去千年降水的直接证据。

北极地区过去千年尺度的降水重建主要集中在加拿大、阿拉斯加、格陵兰岛、芬诺斯坎迪亚等地区（Linderholm et al.，2018；Viau and Gajewski，2009），代用资料主要是冰芯、花粉、湖泊沉积物、树轮等。从北极千年降水曲线来看[图 2.5（a）]，在中世纪气候异常期（MCA，约为 900～1250 AD），Linderholm 等（2018）的结果显示湿润期的持续时间相对较短，而 Ljungqvist 等（2016）的重建结果显示湿润期持续时间较长。在百年际尺度，重建和模拟都表明在 1000～1250 AD 期间是

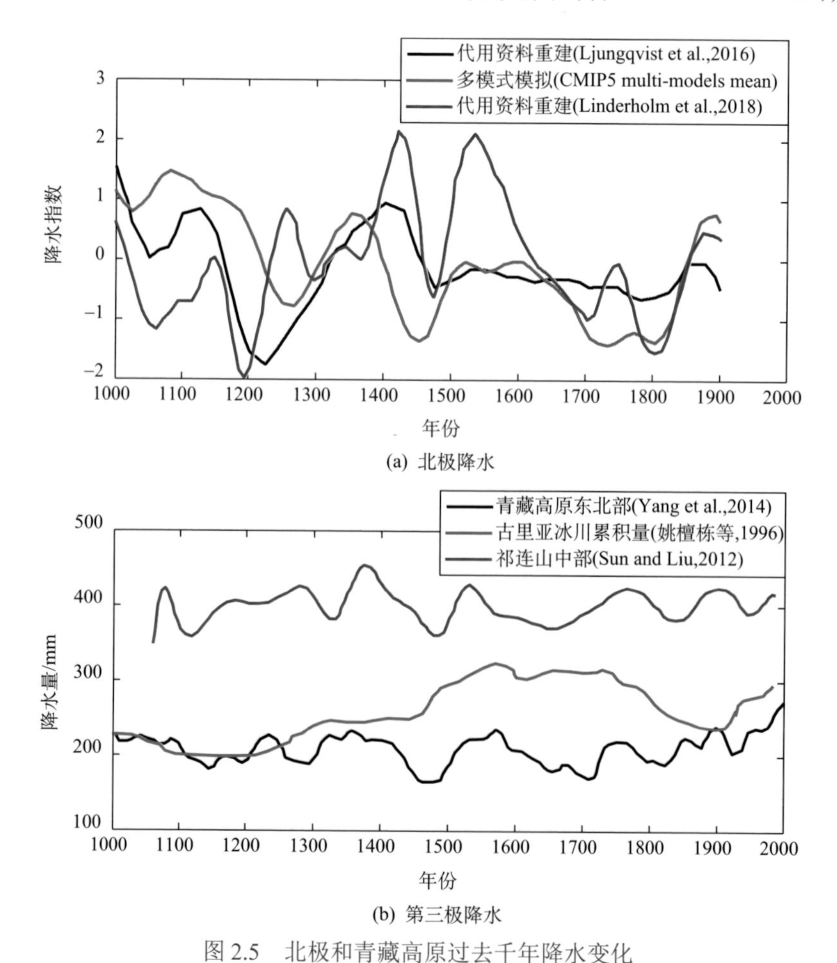

图 2.5　北极和青藏高原过去千年降水变化

一个持续的干旱期，1250～1550 AD 是一个湿润期，1600～1850 AD 又是一个干旱期。此外，Linderholm 等（2018）的结果表明，在 15 世纪和 17 世纪有两个显著的湿润期。总的来说，在 MCA 早期，三组数据都呈现一个湿润期，在 MCA 中后期呈现一个干旱期；而在小冰期（LIA，约为 1400～1850 AD），三组数据早期都表现出湿润期，在 LIA 中后期都表现出一个干旱期。

青藏高原地区过去千年降水重建主要集中在青藏高原中东部、西部、东北部，尤其是祁连山地区（姚檀栋等，1996；邵雪梅等，2004；Sun and Liu，2012；Yang et al.，2014）（图 2.5（b））。在过去千年尺度，祁连山中部（祁连县南部，位于青藏高原北缘）的降水明显高于整个青藏高原东北部和青藏高原西昆仑山（古里亚冰芯），而三组数据都无明显的上升或者下降趋势。总体来看：①青藏高原西昆仑山地区在 LIA 期间（1450～1850 AD）呈现出一个明显的湿润期，在 MCA 期间呈现出一个干旱期，在 1900 AD 以后降水呈增加趋势。②青藏高原东北部在 1900 AD 以前没有明显趋势，在 1900 AD 以后呈现上升趋势。③祁连山中部地区在过去千年没有明显趋势，其在暖湿化时间上要明显滞后于青藏高原西部和东北部地区。千年平均降水量方面，青藏高原北部（祁连县地区）>青藏高原西昆仑山地区（古里亚冰芯）>青藏高原东北部地区。

2.2.3　极地海冰变化

过去千年海冰变化主要取自于两极冰芯和北极地区树轮资料。自 1990 年代以来，研究发现冰芯中的海冰代用指标有海盐气溶胶、甲基磺酸（MSA）、雪积累率、稳定同位素、卤素、有机酸等。

北极海冰重建研究主要在北欧海、巴伦支海、喀拉海等地区。Fauria 等（2010）利用斯瓦尔巴德地区的冰芯 δ^{18}O 和斯堪的纳维亚地区的树轮宽度作为代用资料，重建了北欧海区过去 800 年的海冰最大范围，结果表明北欧海区海冰范围在 20 世纪经历了前所未有的减少。Zhang 等（2018）基于冰芯和树轮资料重建的巴伦支-喀拉海海冰范围结果表明，18 世纪后期以来，巴伦支-喀拉海海冰范围退缩程度的持续时间和速率，都是过去 700 多年来前所未有的，这很可能与工业革命以来大规模的人类活动影响有关；1970 年代之后是海冰范围退缩最显著的时期，其减小速率是之前平均的 6 倍，1970 年代后北极海冰范围很可能是近千年来的最低值。对于整个北极地区，近 50 年夏末北极海冰的持续减少趋势是过去千年前所未见的（图 2.6）（Kinnard et al.，2011）。

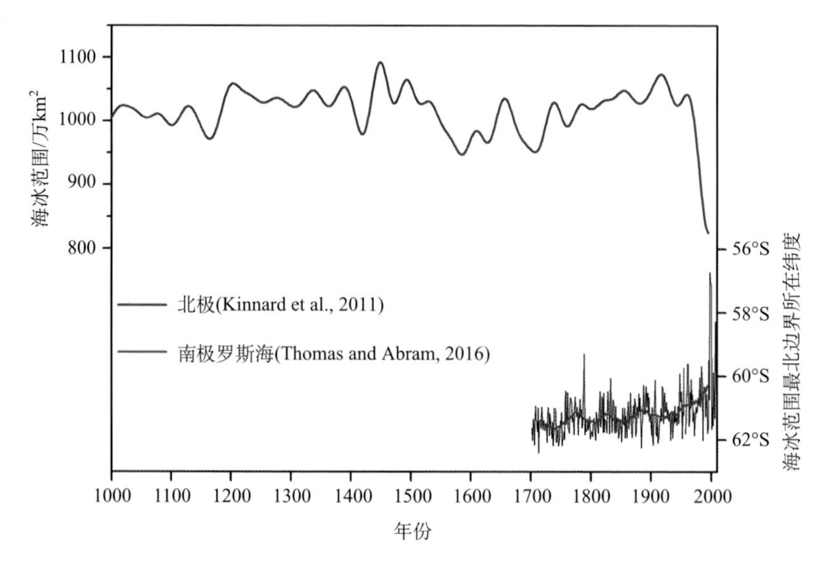

图 2.6　北极和南极罗斯海扇区海冰范围变化

高分辨的南极海冰代用资料主要分布在南极大陆沿岸地区，由于受到沉积过程的显著影响，可用作指代海冰变化的高分辨率冰芯较少，并且不同冰芯的代用指标和时间长度各异，年分辨率海冰范围重建研究中时间尺度最长的可以追溯到 1702 AD。基于冰芯 MSA 指标可以恢复过去 300 年南印度洋和罗斯海扇区的冬季海冰范围变化，结果表明，自 1950 年以来东南极海冰相对于历史时期减少了 20%（Curran，2003；Xiao et al.，2015）；阿蒙森海-罗斯海的冬季海冰范围纬度自 1702 年向北扩张大约 1.3°，而在 20 世纪海冰范围纬度向北扩张 1°，20 世纪中期（1950 年代）之后海冰范围出现了过去 300 年未见的异常增长（图 2.6）（Thomas and Abram，2016）。冰芯代用资料和历史资料重建可以反映过去 100 年别林斯高晋海和威德尔海的海冰变化情况。基于南极半岛冰芯的 MSA 和积累率记录重建的 20 世纪别林斯高晋海地区冬季海冰范围结果显示，20 世纪以来别林斯高静海海冰范围持续减小（Abram et al.，2010），1970 年之后减小速率最大（Porter et al.，2016）。威德尔海的冬季海冰范围在 20 世纪略呈减小趋势（Murphy et al.，2014；Thomas et al.，2019）。此外，探险船舶日志和捕鲸记录重建结果表明，1897～1917 年间，威德尔海的夏季海冰北边界纬度向北扩张了 1°～1.7°（Edinburgh and Day，2016），自 1960 年代起纬度向后退缩 3°～7.9°（Cotté and Guinet，2007）。

2.3　近几十年北极气候变化及其影响

近年来北极气候变化已成为研究热点，有关北极变化的原因、机制及其带来的气候效应和经济影响受到了人们的广泛关注。本节将相关研究结果分三个小节进行概括：①北极海冰和气温变化；②北极增暖对中纬度天气气候的影响；③未来排放情景（RCP4.5、RCP6.0 和 RCP8.5；RCP，典型浓度路径）下北极海冰变化及其气候影响。

2.3.1　北极海冰和气温变化

近几十年，在全球增暖的背景下，北极地区出现了比全球平均增温幅度快 2～3 倍的变暖现象，被称为“北极放大”效应，且增温放大趋势在冬季最为显著（Manabe and Wetherald，1975）。在加速增暖的同时，北极海冰加速融化，以秋季最为明显（Walsh，2014）。1979～2012 年间北极年均海冰范围下降趋势大致在每 10 年 3.5%～4.1%范围内。1979 年以来北极海冰范围在所有季节均呈现下降的趋势，人类活动很可能是原因之一（图 2.7）（IPCC，2014）。北极海冰的范围、面积、厚度和空间分布的变化速度和幅度是前所未有的，过去 10 年以来海冰范围和体积是自 1970 年代有卫星观测以来最低的 10 年，尤其在 2012 年夏季海冰范围创下了历史最低水平的记录。2015～2018 年，北极冬季海冰最大范围均处于历史最低水平，卫星记录中最低的 12 个海冰范围最低值都发生在过去 12 年。值得注意的是，9 月北极海冰体积自 1979 年以来下降了 75%，海冰从大多数冰层很厚的多年冰转变为更薄的季节性海冰。泛北极圈观测显示，自 1970 年代有观测记录以来，沿海的陆地海冰长期减少，影响了当地社区的狩猎、出行和沿海保护（NOAA，2019）。

北极地区的气候异常对北半球中纬度乃至全球的气候变化具有重要影响。例如，1990 年代以来，北极急剧增温，海冰加速融化，北美和欧亚大陆却出现了显著的低温异常（Cohen et al.，2014）和频发的极端低温事件（龚道溢和王绍武，2000；丁一汇等，2008）。这些极端低温事件往往导致重大人员和经济损失。因此，揭示冬季北极增暖和海冰融化的内在物理机制，是亟待解决的科学问题。

学术界对于北极增暖与海冰减少的关系一直存在不同观点，这是当前北极研究的重大挑战。一般认为，“北极放大”效应主要由以下两类机制导致。

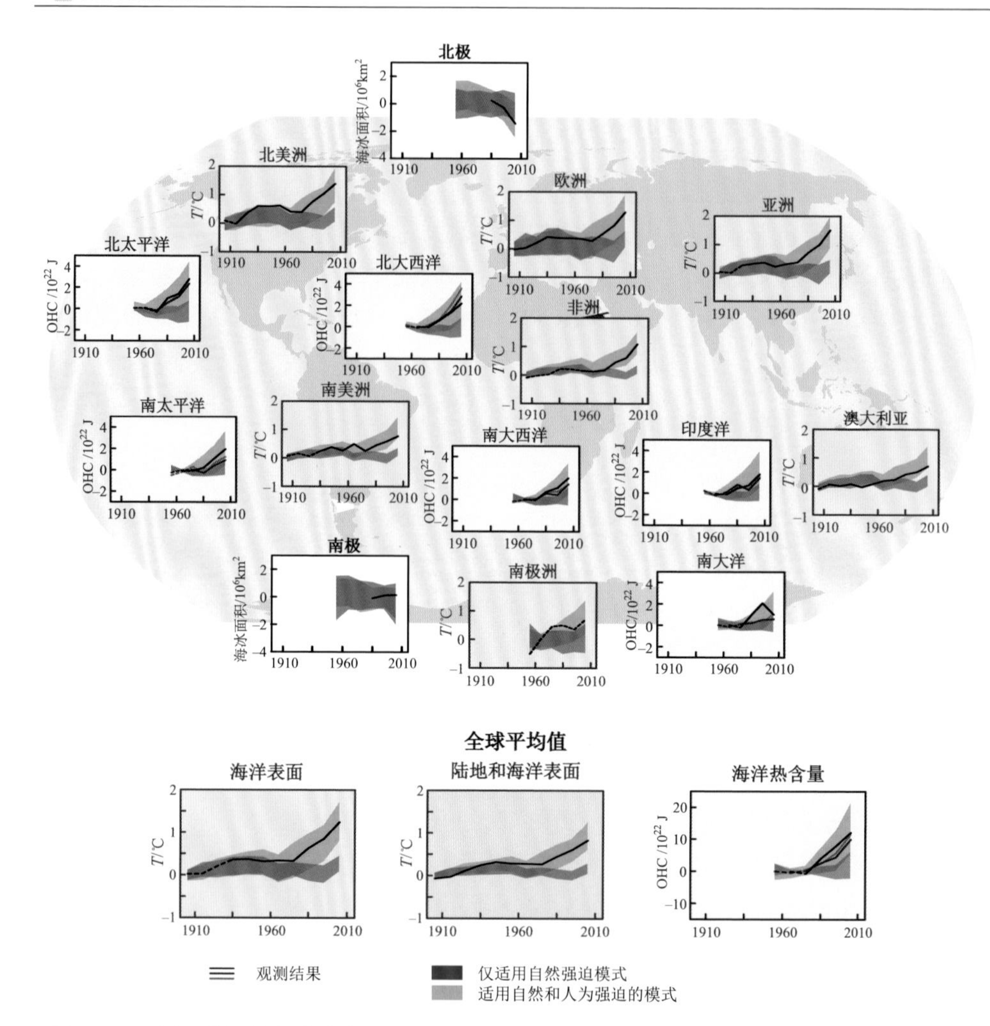

图 2.7　观测和模拟的大陆地表气温（黄色部分）、北极和南极 9 月海冰面积（白色部分）以及主要洋盆的海洋上层热含量（蓝色部分）等方面的变化比较（IPCC，2014）

气温图中如研究区域空间覆盖率低于 50%用虚线表示。在海洋热含量和海冰图中，实线为资料覆盖完整且质量更高的部分，虚线是指仅资料覆盖充分的部分。其中模式结果来自 CMIP5 多模式集合范围，阴影带表示 5%～95%信度区间

第一种机制是北极的冰雪反照率变化引发的正反馈（Serreze and Barry，2011）。这类观点主要强调夏季海冰的加速融化导致了冬季更多的无冰海面暴露在冷空气下，海洋和大气的温度和湿度差异导致夏季存储在海水中的热量在冬季以长波辐射通量、感热通量和潜热通量的形式进入大气，大气吸收了来自海水的热量并增温后，又将热量以长波辐射的方式返回到地表[图 2.8（b）]。在这种机制

的作用下，“北极放大”的主要贡献来自冷季增温（Dai et al.，2019）[图 2.8（a）]。当北极夏季海冰完全消失后，热量的季节性储存和释放将不复存在，冬季“北极放大”现象也将消失[图 2.8（c）]。由于无冰海面的海水所释放的水汽主要在低层大气累积，其吸收长波辐射后会造成低层大气的进一步增温，因此冬季“北极放大”效应主要发生在对流层低层（Screen and Simmonds，2010）。增加的向下长波辐射进一步导致海冰融化加剧，使得更多的海面暖水暴露在冷空气之下，从而触发正反馈过程。无论是在观测还是模式中，北极海冰减少的空间分布与增加的湍流热通量，以及表面温度趋势存在相当的一致性[图 2.8（a）]，这表明“北极放大“现象只发生在北极海冰迅速减少的区域。进一步通过模式模拟来印证，当模式中的海冰固定时，上述的热量在海水中跨季节尺度的储存和释放过程不复存在，“北极放大”现象消失。

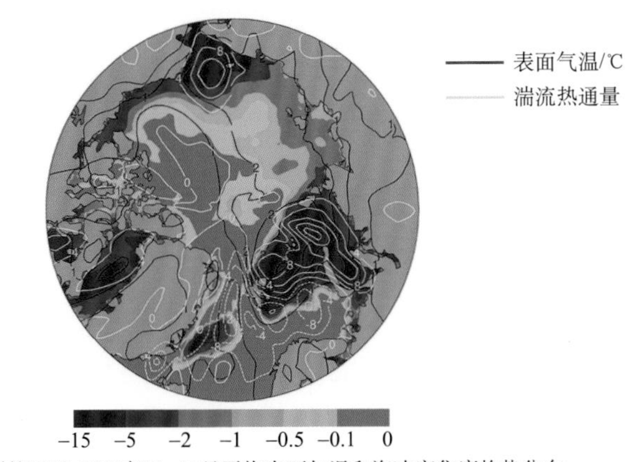

(a) 观测的1979~2017年11~12月平均表面气温和海冰密集度趋势分布

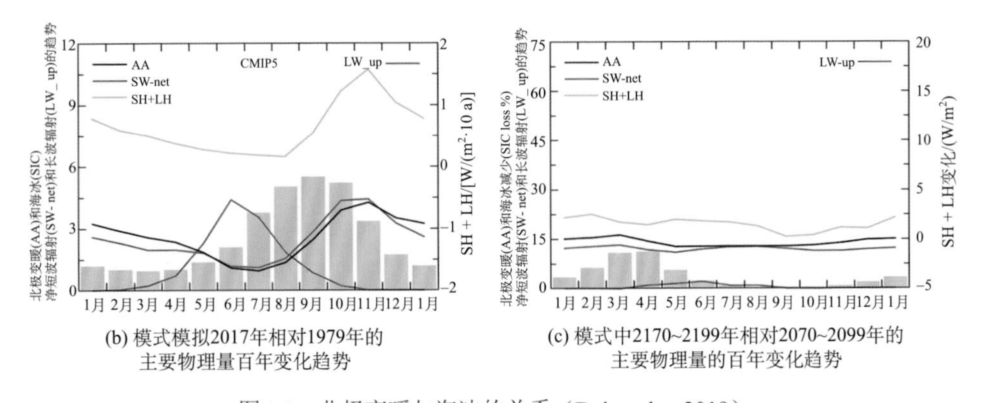

(b) 模式模拟2017年相对1979年的主要物理量百年变化趋势

(c) 模式中2170~2199年相对2070~2099年的主要物理量的百年变化趋势

图 2.8　北极变暖与海冰的关系（Dai et al.，2019）

海冰：灰色柱状图；净短波辐射：红线，向下为正；长波辐射：紫线，向上为正；潜热+感热：蓝线，向上为正；黄线，湍流热通量

第二种机制是极地外能量通过海洋或大气的向极输送。Woods 等（2013）发现来自极地外的水汽输送事件可解释约 45%的北极冬季增暖，而其中与大气阻塞系统密切相关的强水汽向极输送事件是造成北极增暖的主要物理过程（Luo et al.，2017a）。Francis 等（2005）证明向下长波辐射是冬季北极增温最主要的因素。进一步，Zhong 等（2018）发现极地向下长波辐射仅仅与极地以外的水汽向极输送存在显著相关，而与极地内部水汽贡献基本没有相关性（表 2.1）。也就是说，北极冬季增暖的触发因素在很大程度上可以归结为大气环流主导的向极地水汽输送问题（Park et al.，2015；Luo et al.，2017a）。

表 2.1　W_{all}、W_{BKS}、W_{EXT}、IR、SIC、SAT 相互间的相关系数（Zhong et al.，2018）

指标	W_{all}	W_{BKS}	W_{EXT}	IR	SIC	SAT
W_{all}	—	-0.27^{**}	0.96^{**}	0.91^{**}	-0.57^{**}	0.82^{**}
W_{BKS}	—	—	-0.49^{**}	**0.01**	-0.45^{**}	$\mathbf{0.20}^{*}$
W_{EXT}	—	—	—	0.83^{**}	-0.40^{**}	0.70^{**}
IR	—	—	—	—	-0.71^{**}	0.96^{**}
SIC	—	—	—	—	—	-0.83^{**}

*（**）代表相关系数通过了 $P<0.05$（$P<0.01$）的显著性检验

注：W_{all} 为 BKS 总的水汽；W_{BKS} 为 BKS 局地水汽；W_{EXT} 为外源水汽；IR 为向下长波辐射；SIC 为海冰密集度；SAT 为地表气温

而对于影响北极增暖的大气环流，大致也存在两种观点：一种观点认为热带对流激发的向极传播的 Rossby 波列是造成向极能量输送的主要环流型（Lee et al.，2011；Ding et al.，2014），这种观点将北极增暖与大气季节内振荡以及 ENSO（厄尔尼诺/南方涛动）变率联系起来。另一种观点则认为中纬度大西洋海温异常激发的 Rossby 波列是导致北极增暖的主要环流型（Luo et al.，2016，2017a，2017b；Zhong et al.，2018）。如图 2.9（a）所示，当这种中纬度波列的环流异常在上下游分别对应北大西洋涛动（NAO）正位相（+）和乌拉尔阻塞（UB）时，将形成向北极输送水汽的最优环流型，进而造成巴伦支-喀拉海地区的强烈增温和海冰融化。而 NAO– -UB 与 NAO0–UB 的环流配置对表面气温的影响相对较弱[图 2.9（b）和图 2.9（c）]。

2.3.2　北极增暖对中纬度天气气候的影响

伴随北极快速增暖，爆发性寒潮、热浪、洪水和持续干旱等极端气候和天气事件的发生频率在北半球中纬度地区显著增加（Cohen et al.，2014；Mori et al.，

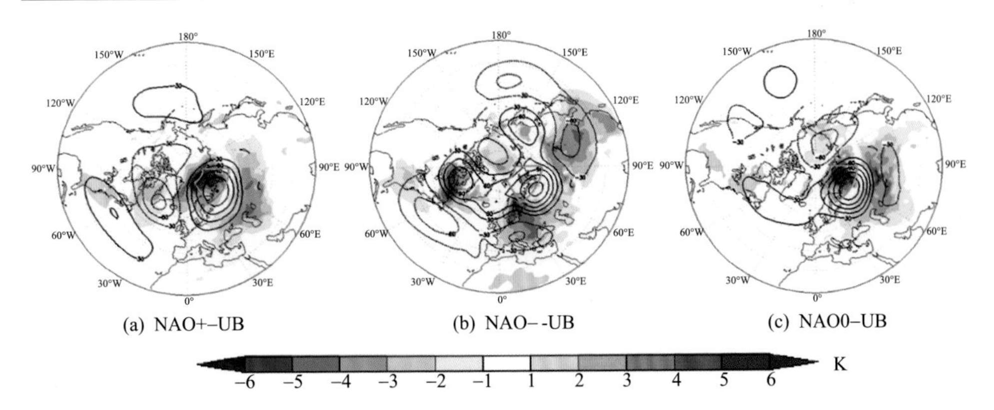

图 2.9　与正位相北大西洋涛动-乌拉尔阻塞（NAO+–UB）、负位相北大西洋涛动-乌拉尔阻塞（NAO– -UB）、无北大西洋涛动-乌拉尔阻塞（NAO0–UB）相关的时间平均（Lag–5 到 Lag5）的 500hPa 位势高度和表面温度距平合成场（Luo et al.，2017a）

2015；Yao et al.，2017）。Cohen 等（2014）发现，1990 年后，欧亚大陆和北美大陆都有变冷的趋势，其中以欧亚大陆的变冷趋势最为显著。许多学者将北半球频繁出现的北极增暖和中纬度陆地变冷现象称为“暖北极-冷大陆”（Overland et al.，2011；Mori et al.，2015）。

许多研究认为，中纬度极端天气气候的变化可能与北极增暖有关（Zhang and Walsh，2006；Wang and Overland，2012；Francis and Vavrus，2012；Cohen et al.，2014；Luo et al.，2016）。也有一些学者认为，北极增暖对中纬度极端天气气候的影响微弱，甚至没有影响（Blackport et al.，2019）。对于未来不同排放情景的模拟研究表明（Dai and Song，2020），北极放大效应可以增加极区降水，减弱 45ºN 以北中低层经向温度梯度，但对北极外气候影响甚微。然而，中纬度变冷与北极增暖无关的观点都是基于模式研究的结果，缺乏有力的理论支撑。国际上的主流观点认为北极增暖可以影响中纬度天气和气候的变化，并提出了以下几种北极增暖与中纬度天气气候相联系的物理过程（Francis and Vavrus，2012；Cattiaux et al.，2016）：①北极增暖可以通过影响大气的经向温度梯度从而影响大尺度行星波的位置和特征（图 2.10），进而改变中纬度的天气气候（Yao et al.，2017）；②北极增暖可以通过调制平流层-对流层相互作用，从而影响中纬度天气气候（Kolstad and Charlton-Perez，2011）；③北极增暖可以减小北极和中纬度之间的经向位涡梯度，有利于阻塞环流的维持，从而改变中纬度极端事件的持续性、强度和发生频率（Chen and Luo，2019；Luo et al.，2018）。

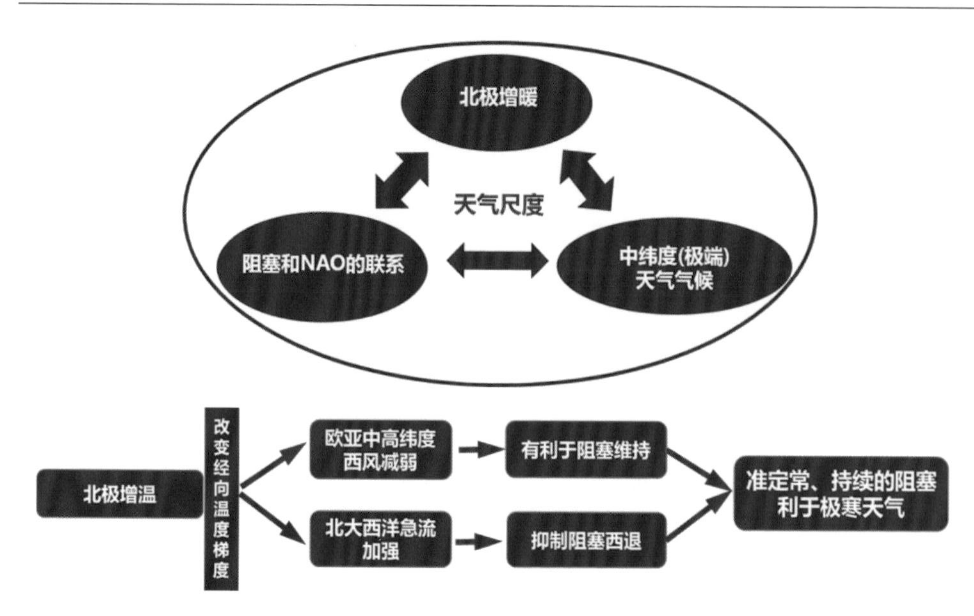

图 2.10　北极增暖与中纬度天气的关系示意图

Luo 等（2018，2019）用非线性多尺度相互作用模型导出一个能表示阻塞的非线性和频散性的物理量——经向位涡梯度。他们发现，较小的经向位涡梯度可以通过减小频散性和增强非线性使阻塞的生命变长，进而有利于中纬度极寒事件的爆发（Chen and Luo，2019）。在一定程度上，可以将强经向位涡梯度看作一种屏障，它能抑制北极冷空气南侵（Luo et al.，2019）。因此，利用经向位涡梯度这个物理量，也可以建立北极增暖与中纬度环流或极端天气之间的联系，为加深理解北极增暖对中纬度天气、气候的影响机制和物理过程提供了一个新的视角。当然，北极增暖的影响不仅仅是北半球中纬度，有研究表明，低纬度、赤道甚至是南半球，都可能会受到北极变暖的影响，如通过跨赤道的遥相关信号，大洋环流的能量输运等大尺度的过程（Tomas et al.，2016），这里就不再展开叙述。

综上，北极增暖与中纬度天气气候之间存在复杂得多时间尺度非线性相互作用过程，其物理机制尚未完全明确。模式研究和观测研究有时会出现不同的结果，因此仍然存在较大的学术争议。这些问题的解决需要分析技术以及模式和理论方面的不断发展和完善。但可以肯定的是，北极增暖可以通过改变一些重要的大气环流过程影响中纬度的天气气候。

2.3.3　未来排放情景下的北极海冰变化及其气候影响

根据 IPCC 第 5 次评估报告，在 RCP4.5、RCP6.0 和 RCP8.5 情景下，相对于

1850～1900 年、21 世纪末期（2081～2100 年）全球表面温度变化可能超过 1.5℃（高信度）。其中在 RCP6.0 和 RCP8.5 情景下升温有可能超过 2℃（高信度），在 RCP4.5 情景下多半可能超过 2℃（中等信度），但在 RCP2.6 情景下不太可能超过 2℃（中等信度）（IPCC，2014）。而北极地区的变暖速率将继续高于全球平均（图 2.11）（很高信度）。

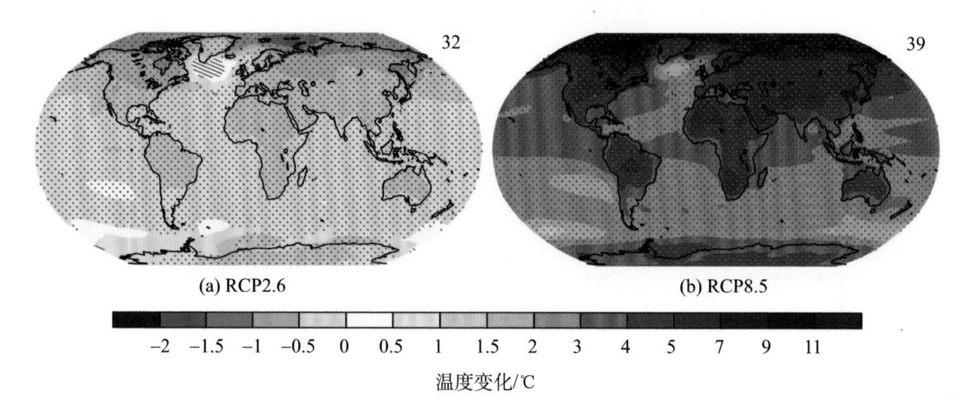

图 2.11　RCP2.6 情景和 RCP8.5 情景下，相对于 1986～2005 年、2081～2100 年基于多模式平均预估值的平均表面温度变化（IPCC，2014）

注：（a）（b）图右上角的 32 和 39 表示所采用的模式数量

在全球变暖的背景下，对于所有 RCP 情景，CMIP5（耦合模式比较计划第 5 阶段）多模式预估的北极海冰面积全年都会减少。在 RCP8.5 情景下，21 世纪中叶前可能出现北冰洋 9 月无冰（海冰范围连续 5 年低于 100 万 km^2）的现象（中等信度）（图 2.12）（IPCC，2014；Liu et al.，2013）。如果全球升温幅度稳定在 1.5℃，那么北极夏季无冰发生的概率大约为 2%；如果稳定在 2℃，概率将上升至 19%～34%。

大西洋经圈翻转环流（AMOC）是保持北美和欧洲气候稳定的一个重要洋流系统，也是调节地球气候的关键影响因子。而北极海冰消退是可能导致 AMOC 崩溃的重要因素之一，研究认为北极海冰融化导致 AMOC 的潜在强度降低了 30%～50%（Sévellec et al.，2017）。AMOC 在 21 世纪很可能会减弱，而减弱的最佳估计值和模式范围在 RCP2.6 情景下为 11%（1%～24%），在 RCP8.5 情景下为 34%（12%～54%）。AMOC 在 21 世纪内将发生突变或崩溃的概率很小；因为分析数量有限、结果模棱两可，21 世纪之后 AMOC 演变的评估为低信度，但是不排除 21 世纪后大规模持续升温造成崩溃的可能性。

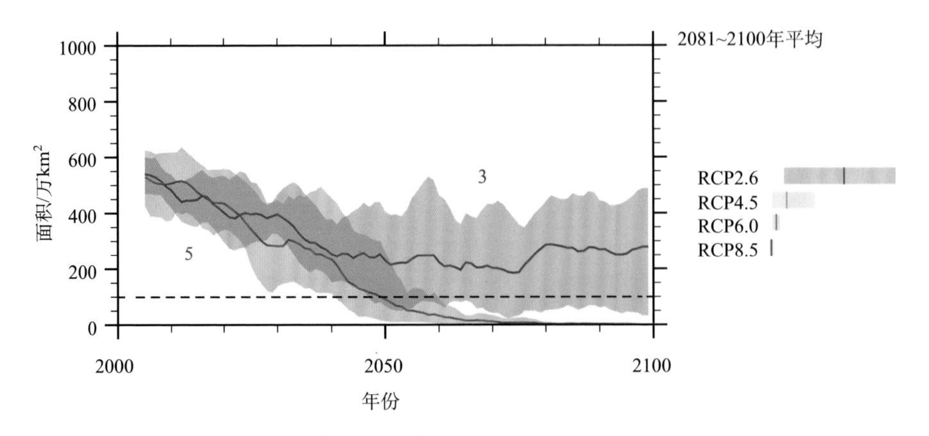

图 2.12　北半球 9 月份海冰覆盖范围变化（5 年滑动平均）（IPCC，2014）

虚线表示无冰状态（即 9 月份的北半球海冰覆盖范围连续 5 年小于 100 万 km²），图中数字表示能同时模拟出北半球海冰平均态和 1979～2012 年变化趋势的模式数量，阴影区为所选模式模拟的最大值/最小值

北极正在发生的变化特别是海冰变化改变了其生态系统的基本特征，并在某些情况下导致动物的栖息地丧失，从而影响到依赖北极生态系统并从中受益的人类。美国地质调查局（USGS）的报告指出，如果海冰继续减少，到 21 世纪中期，世界上现存的北极熊将损失约 2/3。温度升高和极端事件使灌木向苔原扩张、昆虫群落更加脆弱、苔原植被区域性减少、严重火灾增加，影响北极陆地景观。海洋环境也受到影响，海冰的消失引发了海洋藻类暴发，对包括磷虾、鱼类、鸟类和海洋哺乳动物在内的整个食物链产生潜在的影响。由于 2017～2018 年海冰面积创历史新低，2018 年白令海地区的初级生产力比正常水平高 500%。与此同时，海洋酸化也可能会影响海洋生态系统。由于北冰洋海水增暖，使得一些海洋鱼类的栖息地范围正在逐渐扩大到高纬度极地地区。例如，过去 15 年内，楚科奇和波弗特海发现了 20 个新物种和 59 处物种栖息地分布范围的变化（Forster et al.，2020）。

2.4　南极气候变化及其影响

南极（系指 60°S 以南的地区，包括南极大陆和南大洋），作为地球大气重要的冷源，是全球气候与环境变化的敏感区和关键区。在当前全球变暖的大背景下，南极地区气候也发生了很大变化，但变化格局复杂，表现出明显不同于北极和其他地区的一些特征。加强对南极气候变化及其影响的认识，可以为国家制定应对气候变化的策略和参与国际气候环境谈判提供科学支撑，为未来开发利用南极储备知识，也是增大我国南极事务国际话语权、增强软实力的重要前提。

2.4.1　南极气象要素（气温、大气环流）变化及影响

近几十年来，南极大陆整体表现为一定的增温趋势，但时空差异明显。季节上看，增暖主要出现在南半球秋、冬和春三季，夏季则以变冷为主（图 2.13）。从地域来看，增暖主要出现在西南极和南极半岛，而东南极增暖不明显（效存德，2008；Li et al.，2014）。南极内陆的观测站点少且不同再分析资料结果差异较大。此外，南极气温的趋势变化也依赖于关注的时段。以过去 30 年南极半岛的温度变化为例，1979～1997 年表现为增温趋势（+0.32℃/10a），而 1990 年代末期后出现降温趋势（–0.47℃/10a）（Turner et al.，2016）。因此，南极大陆的气温变化趋势还具有较大的不确定性（图 2.14）。

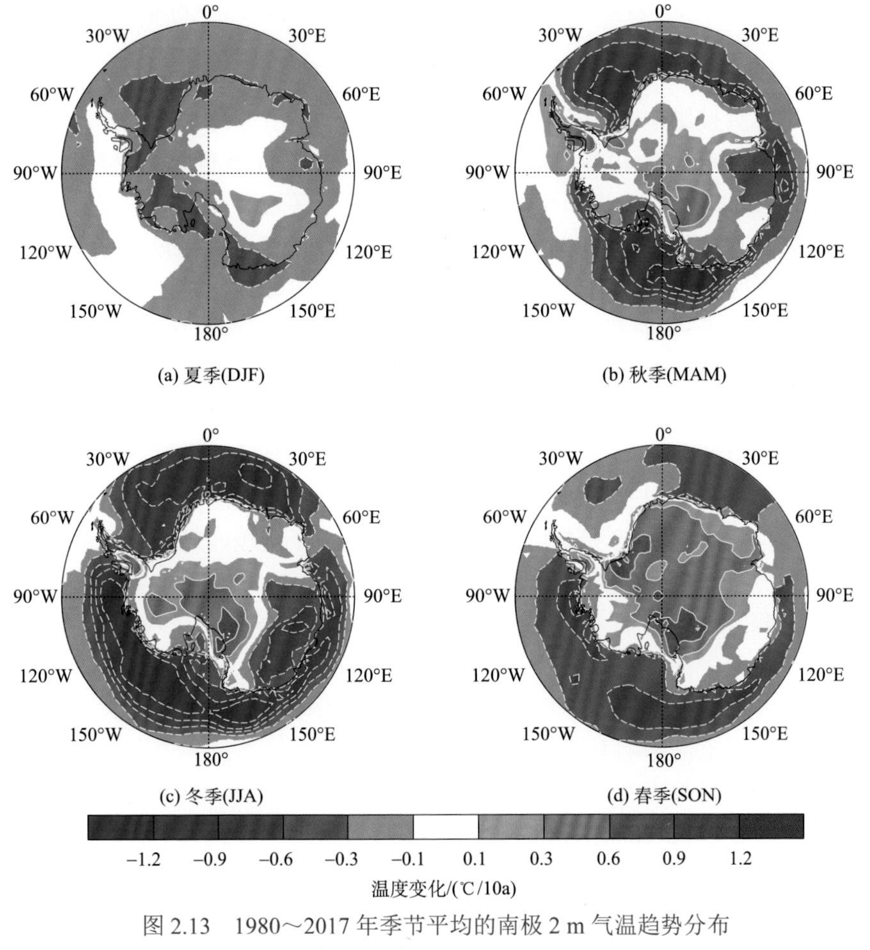

图 2.13　1980～2017 年季节平均的南极 2 m 气温趋势分布
（由 MERRA-2 资料得到；Gelaro et al., 2017）

注：分图题括号中字母是连续三个月的首字母

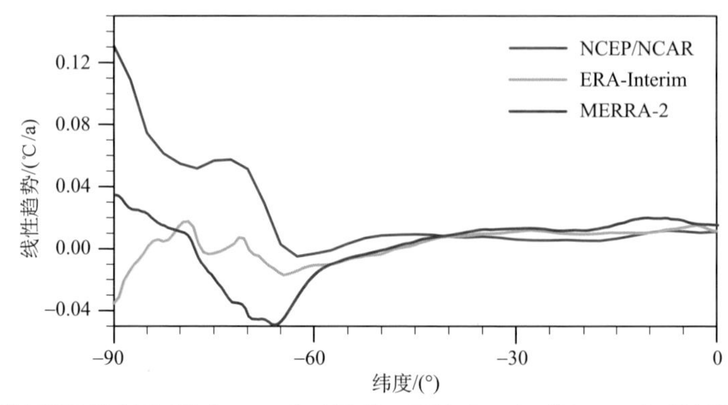

图 2.14 基于 NCEP/NCAR（Kalnay et al., 1996）、ERA-Interim（Dee et al., 2011）和 MERRA-2（Gelaro et al., 2017）三套再分析资料得到的 1979～2017 年南半球年平均表面气温的纬向平均线性趋势

南极增温直接影响陆地冰川及冰架的崩塌，进而引起海平面上升，对全球气候和环境产生影响。自 1979 年以来，南极洲对海平面上升的贡献平均每 10 年约 3.6 mm，累积约为 14.0 mm。南极增暖也影响局地环境，影响物种变化，如引起依赖于海冰生存的阿德利企鹅种群数目减少以及磷虾减少（Ducklow et al.，2013）。此外，南极增暖也会对全球其他地区气候产生影响，如人们发现南极大陆夏季高温异常时，次年 6～8 月华北偏涝，而东北偏冷（卞林根等，1989）。

南半球环状模（SAM）是南半球热带外大气环流变率的主导模态（Gong and Wang，1999），其产生机制主要与波-流相互作用等大气内部过程有关（Lorenz and Hartmann，2001）。SAM 可以通过影响垂直环流和风暴轴的位置，改变表面风速对下垫面的热力和动力驱动作用，进而对海-气-冰耦合系统产生调控（图 2.15）。当 SAM 正位相时，南极大陆主体气温偏冷，而由于绕极西风增强造成的海洋暖平流增强和冷空气爆发减少，南极半岛气温偏暖（Schneider et al.，2004）；50°～70°S 范围内降水偏多，而 40°～50°S 降水偏少（Gillett et al.，2006）；海洋表面热通量的改变使得中纬度海温偏暖、高纬度海温偏冷（Mo，2000；Wu et al.，2009）。此外，SAM 引起的异常风场，可以综合动力和热力两方面作用于南大洋边缘海海冰，且不同经度上的影响有所差异（Kimura，2004）。

在西南极和阿蒙森海周边区域存在着持续的低压系统，被称为阿蒙森海低压（ASL；Lachlan-Cope et al.，2001）。ASL 是 SAM 的主要组成部分之一，其对南极西部的年际和年代际气候变率都具有重要的影响（Hosking et al.，2013；Raphael et al.，2016）。近 40 年来，ASL 显著加深，造成西南极周边区域气旋式大气环流的增强，被认为是近几十年来该区域表面气温、海洋环流、海冰和冰川演变的关键驱动因素之一（Turner et al.，2013；Li et al.，2014）。

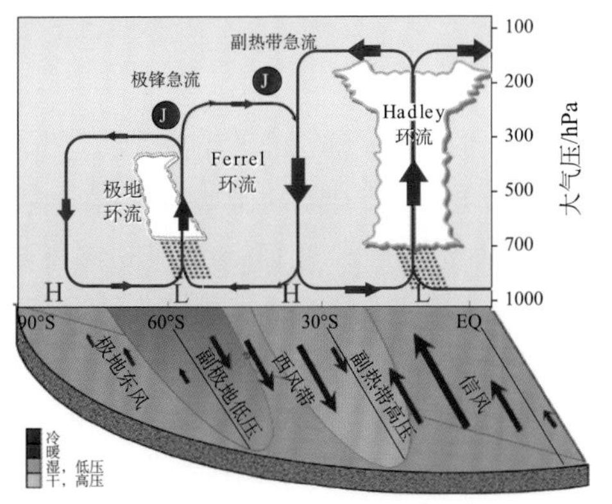

(a) 12月至翌年2月南半球大气环流的气候态(DJF)

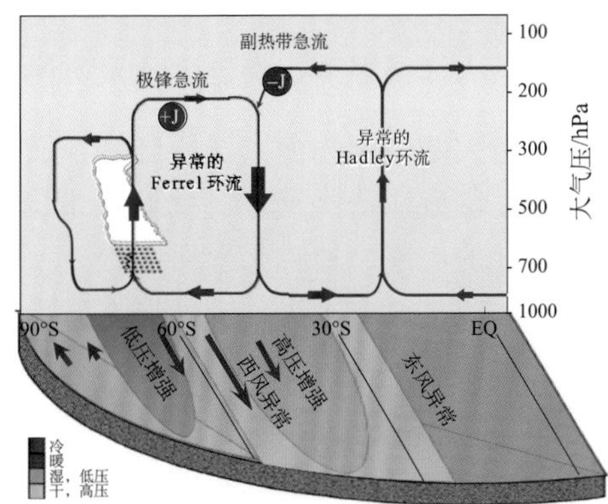

(b) 12月至翌年2月SAM正位相时南半球的环流异常(DJF)

图 2.15　南半球夏季（12 月至翌年 2 月）大气环流的气候态和 SAM 为正位相时环流异常的示意图（郑菲等，2014）

SAM 在水平方向表现出大尺度结构的显著特征，不仅可以影响南半球的气候，还可以跨季节存储并由南向北传播，通过海-气耦合过程影响北半球的天气气候（Nan and Li，2003；Wang and Fan，2005；Song et al.，2009）。SAM 对东亚夏季风和冬季风均存在作用（Xue et al.，2003；Wu et al.，2009），也可以调控春季华南降水等（Zheng et al.，2015）。

20 世纪后期，在全球变暖的大背景下，SAM 表现出明显的上升趋势（图 2.16）。这种趋势主要归因为南极平流层臭氧损耗（Thompson and Solomon，2002）、温室气体（Shindell and Schmidt，2004）或热带 SST（海面温度）的升高（Grassi et al.，2005）。

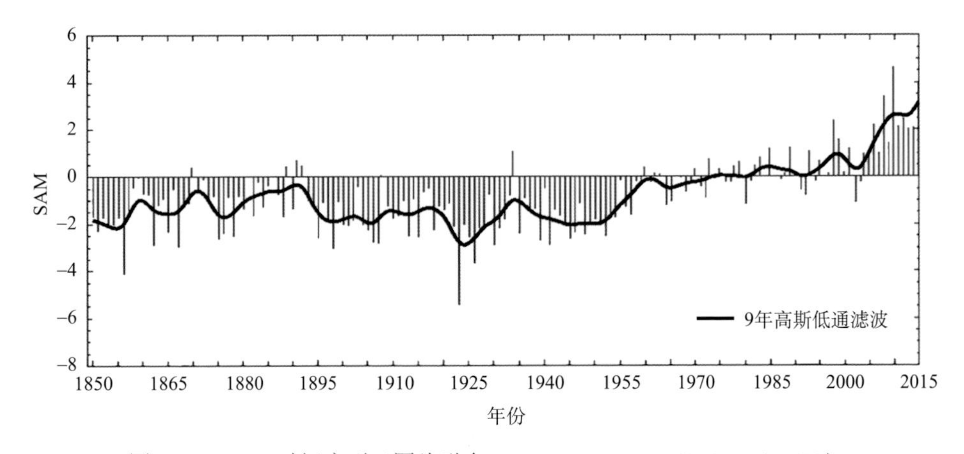

图 2.16　SAM 时间序列（图片引自：http://ljp.gcess.cn/dct/page/65609）

2.4.2 南大洋绕极流、海温变化及其影响

南极大陆周边为南大洋所环绕，面积广阔，占世界大洋总面积的22%，贯通太平洋、印度洋和大西洋。受西风带影响，南大洋（35°～65°S 区域）存在自西向东运动的海流，被称为南极绕极流（ACC）。其平均流速为15 cm/s，随深度减弱很小，而且厚度很大，因此具有巨大的流量，在德雷克海峡流速最快（陈红霞等，2017）。

ACC的存在既阻隔副热带暖水与极地冷水的热交换，有利于南极气候变冷，又是全球洋盆之间相互联系的纽带（Fyfe and Saenko，2005），还在全球气候变化中扮演着重要角色（马浩等，2012）。ACC 以南的强劲上升流可以引发局地的海气交换，同时ACC贯穿深层海洋，影响着热盐环流全球输送带（Webster，1995）。此外，ACC区域的中尺度涡旋活动对高纬度海水团的形成和全球经向翻转环流有重要作用。

在全球变暖背景下，南大洋西风带显著加强且南移（Mayewski et al.，2009），一方面人类活动影响加剧，使得南极大陆上空臭氧减少，造成平流层变冷和极涡加强（Thompson and Solomon，2002）；另一方面热带和极地的经向温度梯度增加。二者的共同作用使高空西风加强，ACC随之加强南移（Fyfe and Saenko，2005）。但高分辨率模式结果显示，当西风加强时，ACC南北区域的海平面高度差增加，南北斜压性和极向涡通量加强，有效抵消了北向的Ekman输送，使得ACC强度基本保持不变（Boning et al.，2008）。因而，对于ACC输送的趋势变化仍存在一定的争论。

南大洋海温近几十年呈现变冷的趋势（图2.17），可能与SAM增强引起的海表西风增强和南移有关。然而当前气候模式未能模拟出南大洋的变冷，模拟的南大洋海温趋势与观测存在偏差，这可能与模式中海温对温室气体和SAM的响应过程模拟有关（Kostov et al.，2018）。

2.4.3 南极边缘海海冰变化及其影响

南极海冰的变化对局地乃至全球的气候变化都有着重要影响。首先，海冰的高反照率，减少了大洋表面的热量吸收；其次，海冰阻碍了海洋和大气之间的热量和水汽交换；再次，海冰生消过程所伴随的潜热释放以及对周围水体的稀释作用，均会影响局地的海气热量收支（Matear et al.，2015）；最后，南极海冰通过“海洋桥”“大气桥”影响热带，乃至北半球的天气气候（王召民和黄士松，1994；Xue et al.，2003）。最新研究显示，南极海冰可以将春季南极涛动信号储存至夏季，对华北降水产生影响（Yuan et al.，2021）。此外，海冰损失还可以导致其缓冲保护作用出现更

多的缺失，使冰架容易崩塌，加速海平面上升（Dow et al.，2018）。

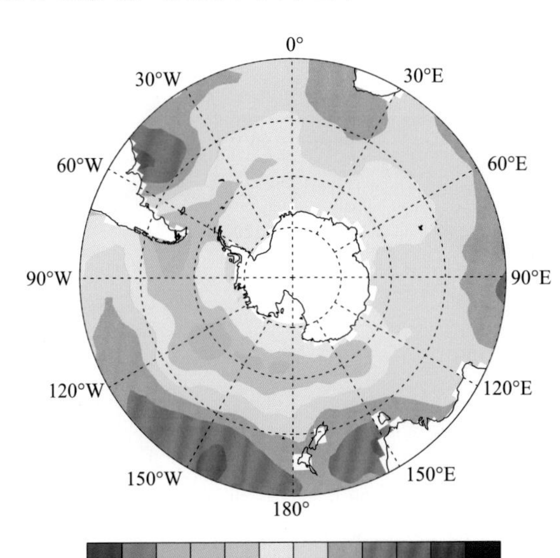

图 2.17　1979～2018 年观测的海温趋势分布（由 NOAA ERSST V5 资料得到；Huang et al., 2017）

自有卫星观测以来，受到外强迫（如臭氧）和内部变率（如北大西洋多年代际振荡）的共同影响，南极海冰整体表现为弱的增加趋势（卞林根和林学椿，2005；Yu et al.，2017），但具有显著的季节和区域差异性（图 2.18）。季节上，夏、秋变化趋势相似，而冬、春相似。区域上，罗斯海海冰增长速率最大（Yuan et al.，2017），别林斯高晋海和阿蒙森海海冰则表现为显著的下降趋势（张雷等，2017）。另外，近些年出现了一些极端现象：2012～2014 年连续三年冬季海冰范围创新高，2016 年开始则显著减少，2017～2019 年期间极端低值事件频发。近几十年来南极海冰的趋势受到局地大气环流 SAM 和 ASL 的强迫作用，并进一步通过大气遥相关过程受到热带和中纬度海洋年代际变率的影响（Li et al.，2015；Meehl et al.，2016）。

未来南极海冰和冰川的变化决定了海平面上升预测的不确定性。现有模式对南极冰的预估信度较低，可能会低估南极冰的作用，从而低估未来海平面的上升水平。在未来 10 年做出的选择将对南极和全球产生长期影响。在高排放/弱行动（RCP8.5）情景下，到 2070 年，全球平均温度将比 1850 年高 3.5℃以上，南极冰架崩塌，对 2300 年海平面上升贡献达 0.6～3 m。在低排放/强行动（RCP2.6）情景下，到 2070 年，全球平均温度限制在比 1850 年高 2℃以内，南极冰架得以保留，对海平面上升的贡献保持在 1 m 以内（Rintoul et al.，2018）。

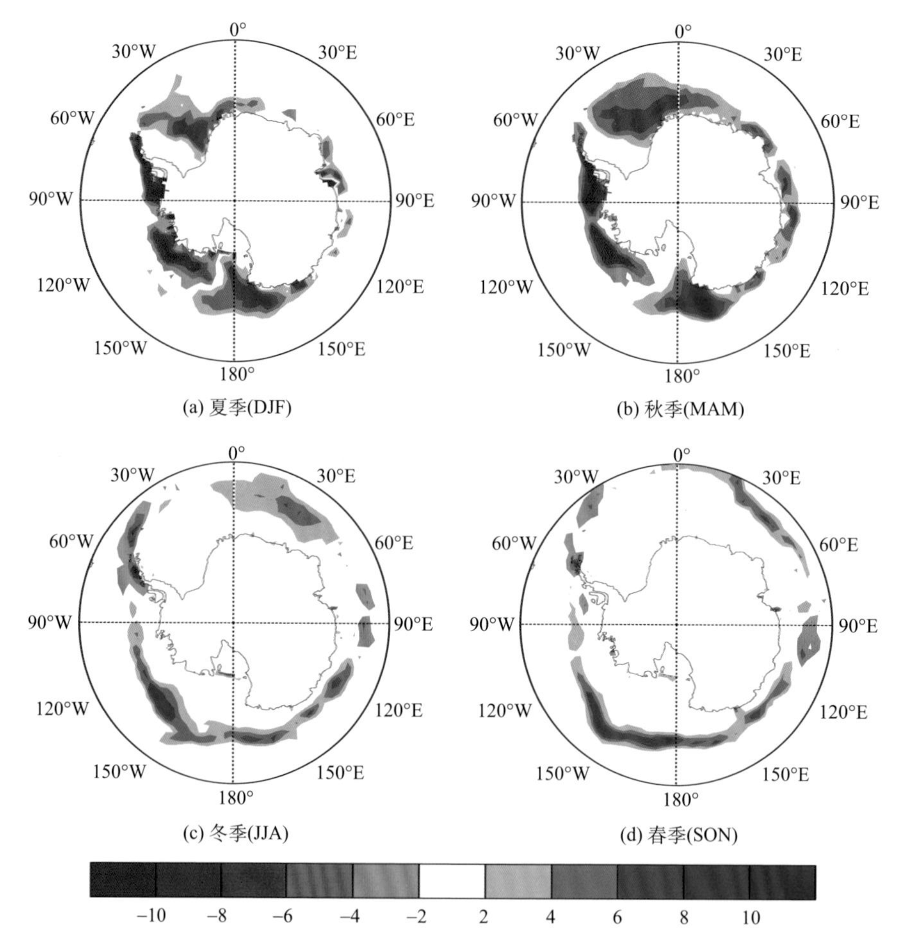

图 2.18　1979～2017 年季节平均的南极海冰密集度的线性趋势分布
（数据来自英国 Hadley 中心；Tichner and Rayner, 2014）

2.5　青藏高原气候变化及其影响

2.5.1　青藏高原气候变化基本特征

青藏高原独特的地理特征形成了自身特殊的气候和环境系统，并通过动力和热力作用，影响着东亚甚至全球的气候与环境。近几十年来，青藏高原近地面温度急剧上升，且升温幅度明显大于同纬度其他地区（Liu and Chen，2000; Niu et al.，2004; Xu et al.，2008）。高原的冬季升温幅度最大，夏季最小（Liu and Chen，2000）。高原白天和夜间变暖趋势存在明显差异，夜间升温趋势明显大于白天（Duan and

Wu，2006）。青藏高原北部升温最快，其次是高原中部，但在个别站点甚至存在变冷趋势（Niu et al.，2004；Xu et al.，2008）。此外，高原高海拔地区升温幅度也大于低海拔地区，可能与冰雪反照率降低、云量变化、植被变更等因素有关（Liu and Chen，2000；You et al.，2020）。

青藏高原变暖与多种因素有关。温室气体增加是高原变暖最主要的原因（Duan et al.，2006）。云量的变化也是高原变暖的重要原因之一，近几十年来高原夜间低云增加导致辐射冷却减弱，白天总云量减少导致到达地面太阳辐射增强，均有利于高原变暖（Duan and Wu，2006）。高原上空臭氧总量减少使得到达地表的辐射增强，也可能是导致高原对流层温度升高的原因之一（Zhou and Zhang，2005）。此外，最近几十年高原近地面湿度增加，使得向下长波辐射增强，也是变暖原因之一（Rangwala et al.，2009）。可见，青藏高原变暖最主要还是受温室气体增加的影响，但云辐射效应、臭氧减少、湿度增加等因素也起到了重要作用。

青藏高原是许多亚洲重要河流（如长江、黄河、恒河、澜沧江等）的发源地，为世界上约 40%的人口提供生活和工农业生产用水，被称为“亚洲水塔”。高原湖体面积占我国湖体总面积一半以上，冰川储量占我国冰川总量 80%左右。受高原变暖影响，青藏高原大部分冰川消融加快，冰川融水增加，径流增长，甚至引发冰湖溃决和泥石流等灾害（秦大河等，2006；Yao et al.，2019）。高原降水对高原径流和高原冰川的维持至关重要，在“亚洲水塔”的形成和变化中起关键作用（Davis et al.，2005）。青藏高原夏季降水的水汽主要来自于印度洋、孟加拉湾以及局地蒸发（Chen et al.，2012）。在 1962～1999 年间，高原年降水变化的最主要特点就是高原北部（青海地区和西藏西北部阿里地区）和南部（西藏其他地区）的反相变化关系，这一反向变化基本以唐古拉山为界（韦志刚等，2003）。1960～1980 年代，高原北部降水呈增加趋势，而南部降水为减少趋势（韦志刚等，2003）；1980 年代中期高原北部降水开始减少，南部开始多雨（汤懋苍等，1998）。

目前科学家对青藏高原降水量的长期变化趋势是增加或减少尚存争议。总体而言，在不同时间尺度上，高原降水变化趋势不同。高原总降水量在 1984～2009 年间无明显变化趋势（Zhang et al.，2013），但在更长时间尺度上，高原降水总体表现为增加趋势（韦志刚等，2003；段安民等，2016）。1990 年代中期以前，高原年平均降水量无明显变化趋势，1994 年开始高原降水量迅速增多（段安民等，2016）。在四个季节中，高原冬春季降水呈现增加趋势，1980 年代后，高原汛期降水明显增多（韦志刚等，2003）。空间分布上，高原自西南向东北以及 3000 m 以下东南地区存在一个降水减少带，高原中心及 3000 m 以上西部地区为增暖及降水减少带，北部和南部为增暖及降水增加带，3000 m 以下东南地区为变冷及降水减少带（朱文琴等，2001）。1970～2014 年（尤其是 1991 年以后）的站点观测资料表明，高原夏季降水的变化趋势呈现随海拔变化的特征，海拔越高夏季降水增加越多（Li et al.，2017）。

近几十年，伴随着高原变暖，青藏高原极端天气气候事件发生的频率和强度有所增加（吴国雄等，2013）。1961～2006 年，青藏高原年极端最低气温上升趋势明显，极端低温事件频次显著下降，1990 年代以来，年最高气温和极端高温事件频次显著上升（You et al.，2008）。高原整体的极端降水事件指数和降水极值趋势不显著，但高原中部极端强降水极值和连续湿日数显著减小，极端降水变化区域性特征明显（吴国雄等，2013）。空间上，高原中东部极端降水有所增加，高原夏季极端降水由东南向西北递减（曹瑜等，2017）。

此外，青藏高原也存在风速、日照等其他气候变化特征。1980～2003 年间，高原中东部近地面风速显著下降，受此影响，高原地表感热加热减弱（Duan and Wu，2008）。自 1980 年代以来，高原日照时数显著减少，研究发现这可能主要是深对流云增加所导致（Yang et al.，2012）。另外，1970 年代以来的高原风速、参考蒸散发等气象因子的长期变化也都呈现出显著的海拔依赖性特征（Guo et al.，2017；Zhang et al.，2019）。

综上所述，近几十年来，青藏高原经历了显著的升温过程，同时高原还存在湿度增加、降水增多、风速降低等特征。高原变暖的主要原因是温室气体增加，云辐射效应、臭氧减少和湿度增加等。随着高原变暖，青藏高原地区的极端气候事件发生的概率和强度也有所增加。

2.5.2 青藏高原对东亚气候的影响

青藏高原是影响大气环流和东亚天气气候的关键地区，其高大地形的动力和热力作用对东亚天气气候有重要影响。

1. 青藏高原大地形动力作用

1950 年代之前，对高原的研究多集中在高原大地形的动力作用。Yeh（1950）就发现高原的阻挡作用导致北半球中高纬西风急流产生绕流和分叉，然后北支气流和南支气流在高原下游重新汇合形成了强大的东亚急流。另外，高原动力机械作用是东亚纬向型大气环流偏多的主要原因之一（骆美霞等，1983）。时至今日，高原大地形对环流的绕流和爬坡的动力机械作用已深入高原气候动力学研究的方方面面。

高原大地形对环流的机械作用存在季节差异，吴国雄等（2005）认为大地形对大气环流和气候的影响分为冬季型、夏季型和转化型等三类。王同美等（2008）研究表明高原大地形对环流的动力作用在冬季最强，春季次之。冬季气流绕过高原后在其东北侧形成反气旋式高压，使得影响东亚地区的冷空气加强，而春季偏北气流有利于华南地区春季降水加强（梁潇云等，2005）。春季高原东南侧西南气流在大地形绕流作用下得到加强，其剧烈的风速和充沛的水汽是江南春雨形成的直接原因（万日金和吴国雄，2006）。西南涡的发展东移常常给中国东部地区带来较强降水，而高原动力作用是西南涡形成的重要因素（罗四维，1992）。

诸多研究表明东亚季风也深受高原大地形动力作用的影响。高原大地形的存在主要通过改变经向静止涡动速度，使得梅雨区南侧偏南风和北侧偏北风都得到加强（Chen and Bordoni，2014）。高原大地形改变高低层季风环流，使得东亚夏季风降水从海洋向西北内陆移动（Song et al.，2009）。此外，高原大地形对副热带西风急流的作用也会显著影响东亚季风（Molnar et al.，2010）。

2. 青藏高原热力作用

1950 年代后期，科研工作者逐步认识到高原热力作用的重要性。Yeh 等（1957）和 Flohn（1957）分别发现高原夏季是一个巨大的热源，而在冬季是一个弱的热汇。随后，高原热源的时空分布特征及其对天气气候的影响得到了更为深入的研究，其中一个重要方向就是高原热力作用对东亚气候的影响。高原地形抬升作用没有激发出罗斯贝波响应，而数值模拟和统计分析均表明高原的大气加热作用将激发罗斯贝波列影响下游地区（Wang et al.，2011）。

高原地表感热加热在近地层制造了强大的气旋式环流，把丰沛水汽输送到大陆，是季风对流降水重要的水汽来源（吴国雄等，2018），高原地表感热加热驱动大气被“抽吸”上升的作用被称之为青藏高原“感热驱动气泵”（吴国雄等，1997）。研究表明，高原热力强迫对东亚夏季风有重要的调控作用（Wu et al.，2012；Wu et al.，2019）。青藏高原特别是其南侧斜坡表面感热加热直接作用于对流层中低层，一方面激发低层气旋式环流异常；另一方面激发局地的对流不稳定，产生对流降水，高空的凝结潜热加热进一步影响高低层环流，并通过影响印度洋海气相互作用，导致南亚和东亚夏季风异常（He et al.，2019）。高原春季感热偏弱会使得东亚夏季风北界纬度南退 3°左右，同时东亚夏季风爆发时间也明显推迟（Li and Liu，2014）。总之，近几十年高原大气热源的年代际变化显著减弱了东亚夏季风环流系统，在高原东北侧（西北太平洋）产生气旋式（反气旋式）环流异常，东亚季风区北部下沉运动异常增强，对应东亚夏季风降水偏南，形成“南涝北旱”的格局（图 2.19）。

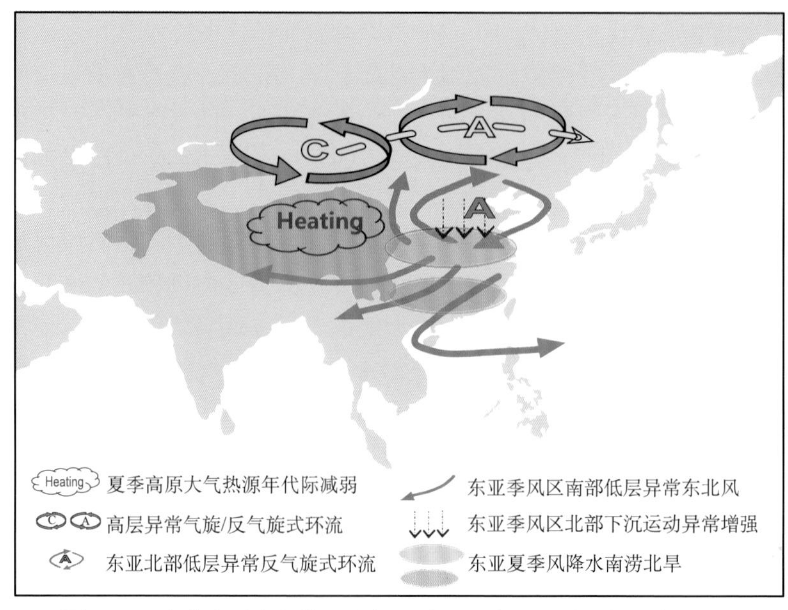

图 2.19　青藏高原大气热源年代际减弱对东亚夏季风的影响示意图

从长期趋势来看，近30年高原冬春大气热源呈减弱趋势（Duan and Wu，2008；阳坤等，2010），其对华南降水增多、华北和东北降水减少的“南涝北旱”的降水格局有重要贡献（Duan et al.，2013）。“南涝北旱”降水格局形成的主要物理机制为：高原感热减弱导致高原夏季降水减弱，从而夏季降水凝结潜热减弱，不利于夏季高原近地层气旋式异常环流及西太平洋反气旋式异常环流形成，最终使得东亚偏南风减弱，水汽辐合被限制在南方。

2.6 本章小结

地球三极（北极、南极和青藏高原）具有独特的自然环境和生态系统，是气候与环境变化研究的关键区，在全球气候系统能量和水分循环中发挥着重要作用。随着全球气候变暖加剧，极区内冰冻圈要素已经发生了显著变化，对极区内陆地和海洋的生态环境安全构成严重威胁，并对其他区域乃至全球的气候与生态环境系统产生影响。研究三极气候变化的相互作用机理及其未来预估有助于提高天气气候灾害预警能力，并为应对和适应气候变化提供科学依据。

基于经过严格质量检验的全球代用资料数据集，科学家们重建了过去千年气温、降水和海冰等三极关键气候环境要素，并对历史时期和气候变暖背景下三极气候变化及其全球影响进行了研究分析。对于北极而言，北极近几十年急剧增温，增温幅度比全球平均快2～3倍，且在冬季最为显著，这主要与北极的冰雪反照率变化引发的正反馈过程，以及极地外能量通过海洋或大气的向极输送有关。与此同时，北极海冰加速融化，北极增暖可通过影响大气环流非线性过程导致欧亚中纬度地区冬季极端事件频发。对于南极而言，南极大陆表现出时空不一致的整体增温特征，南大洋海温则呈现变冷趋势，这可能与南半球环状模增强引起的南大洋西风带显著加强且南移有关。此外，受到外强迫（如臭氧）和内部变率（如北大西洋多年代际振荡）的共同影响，南极海冰整体表现出具有显著季节性和区域差异性的弱增加趋势。青藏高原作为世界屋脊，由于温室气体增加，云辐射效应、臭氧减少和湿度增加等，近几十年来呈现出显著的升温特征。高原的大地形动力作用和热力作用不仅直接影响下游地区的天气气候，而且显著影响着北半球乃至全球的大气环流和气候异常。根据IPCC第5次评估报告，在高排放（RCP8.5）情景下，在21世纪中叶前可能出现北冰洋9月份无冰的现象，而到2070年南极冰架可能完全崩塌。因此，人类未来的选择对于守护这颗蔚蓝星球至关重要。

三极气候变化及其相互作用过程是目前地球科学的前沿研究课题，近年来受到了广泛关注并取得了重要进展，但是争议仍然存在。三极之间距离遥远，而南极与另外两极还隔着赤道，因此对三极间相互作用的物理机制和过程的理解存在着很大的不确定性，未来仍需进一步探索。

参考文献

卞林根, 林学椿. 2005. 近30年南极海冰的变化特征. 极地研究, 17(4): 233-244.

卞林根, 陆龙骅, 张永萍. 1989. 南极温度的时空特征及其与我国夏季天气的关系. 南极研究, 1(2): 8-17.

曹瑜, 游庆龙, 马茜蓉, 等. 2017. 青藏高原夏季极端降水概率分布特征. 高原气象, 36(5): 1176-1187.

陈红霞, 林丽娜, 潘增弟. 2017. 南极绕极流研究进展综述. 极地研究, 29(2): 183-193.

丁一汇, 王遵娅, 宋亚芳. 2008. 中国南方2008年1月罕见低温雨雪冰冻灾害发生的原因及其与气候变暖的关系. 气象学报, 66(5): 808-825.

段安民, 肖志祥, 吴国雄. 2016. 1979-2014年全球变暖背景下青藏高原气候变化特征. 气候变化研究进展, 12(5): 374-381.

龚道溢, 王邵武. 2000. 近百年北极涛动对中国冬季气候的影响. 地理学报, 58(4): 559-568.

梁潇云, 刘屹岷, 吴国雄. 2005. 青藏高原隆升对春、夏亚洲大气环流的影响. 高原气象, 24: 837-845.

罗四维. 1992. 青藏高原及其邻近地区几类天气系统的研究. 北京: 气象出版社.

骆美霞, 朱抱真, 张学洪. 1983. 青藏高原对东亚纬向型环流形成的动力作用. 大气科学, 7: 145-152.

马浩, 王召民, 史久新. 2012. 南大洋物理过程在全球气候系统中的作用. 地球科学进展, 27(4): 398-412.
秦大河, 效存德, 丁永建, 等. 2006. 国际冰冻圈研究动态和我国冰冻圈研究的现状与展望. 应用气象学报, 17(6): 649-656.
邵雪梅, 黄磊, 刘洪滨, 等. 2004. 树轮记录的青海德令哈地区千年降水变化. 中国科学 D 辑, 34(2): 145-153.
汤懋苍, 白重瑗, 冯松, 等. 1998. 本世纪青藏高原气候的三次突变与天文因素的相关. 高原气象, 17(3): 250-257.
万日金, 吴国雄. 2006. 江南春雨的气候成因机制研究. 中国科学 D 辑, 36: 936-950.
王同美, 吴国雄, 万日金. 2008. 青藏高原的热力和动力作用对亚洲季风区环流的影响. 高原气象, 27: 1-9.
王召民, 黄士松. 1994. 七月大气环流对南大洋海冰异常的响应. 气象科学, 14: 311-321.
韦志刚, 黄荣辉, 董文杰. 2003. 青藏高原气温和降水的年际和年代际变化. 大气科学, 27(2): 157-170.
吴国雄, 段安民, 张雪芹, 等. 2013. 青藏高原极端天气气候变化及其环境效应. 自然杂志, 35(3): 167-171
吴国雄, 李伟平, 郭华, 等. 1997. 青藏高原感热气泵和亚洲夏季风 //叶笃正. 赵九章纪念文集. 北京: 科学出版社: 116-126.
吴国雄, 刘屹岷, 何编, 等. 2018. 青藏高原感热气泵影响亚洲夏季风的机制. 大气科学, 42(3): 488-504.
吴国雄, 王军, 刘新, 等. 2005. 欧亚地形对不同季节大气环流影响的数值模拟研究. 气象学报, 63: 603-612.
效存德. 2008. 南极地区气候系统变化: 过去、现在和将来. 气候变化研究进展, 4(1): 1-7.
阳坤, 郭晓峰, 武炳义. 2010. 论青藏高原地表感热通量的近期变化趋势. 中国科学:地球科学, 40(7):923-932.
杨保, Bräuning A. 2006. 近千年青藏高原的温度变化. 气候变化研究进展, 2(3): 104-107.
姚檀栋, 秦大河, 田立德, 等. 1996. 青藏高原 2ka 来温度与降水变化——古里雅冰芯记录. 中国科学 D 辑, 26(4): 348-353.
姚檀栋, 秦大河, 徐柏青, 等. 2006. 冰芯记录的过去 1000a 青藏高原温度变化. 气候变化研究进展, 2(3): 99-103.
张雷, 徐宾, 师春香, 等. 2017. 基于卫星气候资料的1989-2015年南北极海冰面积变化分析. 冰川冻土, 39(6): 1163-1171.
郑菲, 李建平, 刘婷. 2014. 南半球环状模气候影响的若干研究进展. 气象学报, 72(5): 926-939.
朱文琴, 陈隆勋, 周自江. 2001. 现代青藏高原气候变化的几个特征. 中国科学 D 辑, 31(增刊): 327-334.
Abram N J, Thomas E R, McConnell J R, et al. 2010. Ice core evidence for a 20th century decline of sea ice in the Bellingshausen Sea, Antarctica. Journal of Geophysical Research: Atmospheres,

115: D23101.

Blackport R, Screen J A, Wiel K, et al. 2019. Minimal influence of reduced Arctic sea ice on coincident cold winters in mid-latitudes. Nature Climate Change, 9: 697-704.

Boning C W, Dispert A, Visbeck M, et al. 2008. The response of the Antarctic Circumpolar Current to recent climate change. Nature Geoscience, 1: 864-869.

Cattiaux J, Peings Y, Saint-Martin D, et al. 2016. Sinuosity of midlatitude atmospheric flow in a warming world. Geophysical Research Letters, 43: 8259-8268.

Chen B, Xu X D, Yang S, et al. 2012. On the origin and destination of atmospheric moisture and air mass over the Tibetan Plateau. Theoretical and Applied Climatology, 110: 423-435.

Chen J Q, Bordoni S. 2014. Orographic effects of the Tibetan Plateau on the East Asian summer monsoon: An energetic perspective. Journal of Climate, 27: 3052-3072.

Chen X D, Luo D H. 2019. Winter midlatitude cold anomalies linked to North Atlantic sea ice and SST anomalies: The pivotal role of the potential vorticity gradient. Journal of Climate, 32: 3957-3981.

Cohen J, Screen J A, Furtado J C. 2014. Recent arctic amplification and extreme mid-latitude weather. Nature Geoscience, 7: 627-637.

Cook E R, Krusic P J, Anchukaitis K J, et al. 2013. Tree-ring reconstructed summer temperature anomalies for temperate East Asia since 800 CE. Climate Dynamics, 41(11-12): 2957-2972.

Cotté C., Guinet C. 2007. Historical whaling records reveal major regional retreat of Antarctic sea ice. Deep Sea Research Part I: Oceanographic Research Papers, 54(2): 243-252.

Curran M A J. 2003. Ice core evidence for Antarctic sea ice decline since the 1950s. Science, 302(5648): 1203-1206.

Dai A, Luo D, Song M, et al. 2019. Arctic amplification is caused by sea-ice loss under increasing CO_2. Nature Communications, 10: 121.

Dai A, Song M. 2020. Little influence of Arctic amplification on mid-latitude climate. Nature Climate Change, 10: 231-237.

Davis M E, Thompson L G, Yao T, et al. 2005. Forcing of the Asian monsoon on the Tibetan Plateau: Evidence from high-resolution ice core and tropical coral records. Journal of Geophysical Research Atmospheres, 110: D04101.

Dee D P, Uppala S M, Simmons A J, et al. 2011. The ERA Interim reanalysis: Configuration and performance of the data assimilation system. Quarterly Journal of the Royal Meteorological Society, 137(656): 553-597.

Ding Q, Wallace J M, Battisti D S, et al. 2014. Tropical forcing of the recent rapid Arctic warming in northeastern Canada and Greenland. Nature, 509(7499): 209-212.

Dow C F, Lee W S, Greenbaum J S, et al. 2018. Basal channels drive active surface hydrology and transverse ice shelf fracture. Science Advances, 4(6): eaao7212.

Duan A, Wang M, Lei Y, et al. 2013. Trends in summer rainfall over China associated with the

Tibetan Plateau sensible heat source during 1980–2008. Journal of Climate, 26: 261-275.

Duan A, Wu G. 2006. Change of cloud amount and the climate warming on the Tibetan Plateau. Geophysical Research Letters, 33: L22704.

Duan A, Wu G. 2008. Weakening trend in the atmospheric heat source over the Tibetan Plateau during recent decades. Part I: observations. Journal of Climate, 21: 3149-3164.

Duan A, Wu G, Zhang Q, et al. 2006. New proofs of the recent climate warming over the Tibetan Plateau as a result of the increasing green house gases emissions. Chinese Science Bulletin, 51(11): 1396-1400.

Ducklow H W, et al. 2013. West Antarctic peninsula: an ice-dependent coastal marine ecosystem in transition. Oceanography, 26: 190-203.

Edinburgh T, Day J J. 2016. Estimating the extent of Antarctic summer sea ice during the Heroic Age of Antarctic Exploration. The cryosphere, 10(6): 2721-2730.

Fauria M M, Grinsted A, Helama S, et al. 2010. Unprecedented low twentieth century winter sea ice extent in the Western Nordic Seas since AD 1200. Climate Dynamics, 34(6): 781-795.

Flohn H. 1957. Large-scale aspects of the "summer monsoon" in South and East Asia. Journal of the Meteorological Society of Japan, 35: 180-186.

Forster C E, Norcross B L, Spies I. 2020. Documenting growth parameters and age in Arctic fish species in the Chukchi and Beaufort seas. Deep Sea Research Part II Topical Studies in Oceanography, 177: 104779.

Francis J A, Hunter E, Key J R, et al. 2005. Clues to variability in Arctic minimum sea ice extent. Geophysical Research Letters, 32(21): 97-116.

Francis J A, Vavrus S J. 2012. Evidence linking Arctic amplification to extreme weather in mid-latitudes. Geophysical Research Letters, 39(6): L06801.

Fyfe J C, Saenko O A. 2005. Human-induced change in the Antarctic Circumpolar Current. Journal of Climate, 18(15): 3068-3073.

Gao K, Duan A, Chen D, et al. 2019. Surface energy budget diagnosis reveals possible mechanism for the different warming rate among Earth's three poles in recent decades. Science Bulltin, 64: 1140-1143.

Ge Q, Hao Z, Zheng J, et al. 2013. Temperature changes over the past 2000 yr in China and comparison with the Northern Hemisphere. Climate of the Past, 9(3): 1153-1160.

Gelaro R, Mccarty W, Suárez M J, et al. 2017. The Modern-Era Retrospective Analysis for Research and Applications, Version 2 (MERRA-2). Journal of Climate, 30(14): JCLI-D-16-0758.1.

Gillett N P, Kell T D, Jones P D. 2006. Regional climate impacts of the Southern Annular Mode. Geophysical Research Letters, 33(23): L23704.

Gong D Y, Wang S W. 1999. Definition of Antarctic oscillation index. Geophysical Research Letters, 26(4): 459-462.

Grassi B, Redaelli G, Visconti G. 2005. Simulation of polar Antarctic trends: Influence of tropical

SST. Geophysical Research Letters, 32(23): 308-324.

Guo X, Wang L, Tian L, et al. 2017. Elevation-dependent reductions in wind speed over and around the Tibetan Plateau. International Journal of Climatology, 37: 1117-1126.

He B, Liu Y M, Wu G X. et al. 2019. The role of air–sea interactions in regulating the thermal effect of the Tibetan–Iranian Plateau on the Asian summer monsoon. Climate Dynamics, 52: 4227-4245.

Hosking J S, Orr A, Marshall G J, et al. 2013. The influence of the Amundsen-Bellingshausen Seas Low on the climate of west Antarctica and its representation in coupled climate model simulations. Journal of Climate, 26: 6633-6648.

Huang B, Thorne P W, et al. 2017. Extended Reconstructed Sea Surface Temperature version 5 (ERSSTv5), Upgrades, validations, and intercomparisons. Journal of Climate, doi: 10.1175/ JCLI-D-16-0836.1.

IPCC. 2014. AR5 Synthesis Report: Climate Change 2014. https://www.ipcc.ch/report/ar5/syr/.

Kalnay E, Kanamitsu M, Kistler R, et al. 1996. The NCEP/NCAR 40-year reanalysis project. Bulletin of the American Meteorological Society, 77: 437-471.

Kang S M, Held I M, Frierson D M W, et al. 2008. The response of the ITCZ to extratropical thermal forcing: idealized Slab-Ocean experiments with a GCM. Journal of Climate, 21: 3521-3532.

Kaufman D S, Schneider D P, McKay N P, et al. 2009. Recent warming reverses long-term Arctic cooling. Science, 325(5945): 1236-1239.

Kimura N. 2004. Sea ice motion in response to surface wind and ocean current in the Southern Ocean. Journal of the Meteorological Society of Japan, 82(4): 1223-1231.

Kinnard C, Zdanowicz C M, Fisher D A, et al. 2011. Reconstructed changes in Arctic sea ice over the past 1, 450 years. Nature, 479(7374): 509-512.

Kolstad E W, Charlton-Perez A J. 2011. Observed and simulated precursors of stratospheric polar vortex anomalies in the Northern Hemisphere. Climate Dynamics, 37: 1443-1456.

Kostov Y, Ferreira D, Armour K C, et al. 2018. Contributions of greenhouse gas forcing and the southern annular mode to historical southern ocean surface temperature trends. Geophysical Research Letters, 45(2): 1086-1097.

Lachlan-Cope T A, Connolley W M, Turner J. 2001. The role of the non-axisymmetric antarctic orography in forcing the observed pattern of variability of the Antarctic climate. Geophysical Research Letters, 28(21): 4111-4114.

Lee S, Gong T, Johnson N, et al. 2011. On the possible link between tropical convection and the Northern Hemisphere Arctic surface air temperature change between 1958 and 2001. Journal of Climate, 24: 4350-4367.

Li X, Che T, Li X W, et al. 2020. CASEarth Poles: big data for the three poles. Bulletin of the American Meteorological Society, 101(9): E1475-E1491.

Li X, Holland D M, Gerber E P, et al. 2014. Impacts of the north and tropical Atlantic Ocean on the

Antarctic Peninsula and sea ice. Nature, 505(7484): 538-542.
Li X, Holland D M, Gerber E P, et al. 2015. Rossby waves mediate impacts of tropical oceans on West Antarctic atmospheric circulation in austral winter. Journal of Climate, 28: 8151-8164.
Li X, Wang L, Guo X, et al. 2017. Does summer precipitation trend over and around the Tibetan Plateau depend on elevation? International Journal of Climatology, 37(S1): 1278-1284.
Li X Z, Liu X D. 2014. Numerical simulation of the impact of spring sensible heat anomalies over Tibetan Plateau on rainy season precipitation in North China. Journal of Earth Environment, 5(3): 207-215.
Linderholm H W, Nicolle M, Francus P, et al. 2018. Arctic hydroclimate variability during the last 2000 years: current understanding and research challenges. Climate of the Past, 14(4): 473-514.
Liu J, Song M, Horton R, et al. 2013. Reducing spread in climate model projections of a September ice-free Arctic. Proceedings of the National Academy of Sciences of the United States of America, 110(31): 12571-12576.
Liu X, Chen B. 2000. Climatic warming in the Tibetan Plateau during recent decades. International Journal of Climatology, 20(14): 1729-1742.
Ljungqvist F C, Krusic P J, Sundqvist H S, et al. 2016. Northern Hemisphere hydroclimate variability over the past twelve centuries. Nature, 532(7597): 94-98.
Lorenz D J, Hartmann D L. 2001. Eddy-zonal flow feedback in the Southern Hemisphere. Journal of the Atmospheric Sciences, 58(21): 3312-3327.
Luo B, Luo D, Wu L, et al. 2017a. Atmospheric circulation patterns which promote winter Arctic sea ice decline. Environmental Research Letters, 12: 054017.
Luo D, Chen X, Dai A, et al. 2018. Changes in atmospheric blocking circulations linked with winter Arctic warming: A new perspective. Journal of Climate, 31: 7661-7678.
Luo D, Chen X, Overland J, et al. 2019. Weakened potential vorticity barrier linked to recent winter Arctic sea ice loss and midlatitude cold extremes. Journal of Climate, 32: 4235-4261.
Luo D, Xiao Y, Yao Y, et al. 2016. Impact of Ural blocking on winter warm Arctic–cold Eurasian anomalies. Part I: blocking-induced amplification. Journal of Climate, 29(11): 3925-3947.
Luo D, Yao Y, Dai A, et al. 2017b. Increased quasi stationarity and persistence of winter Ural blocking and Eurasian extreme cold events in response to Arctic warming. Part II: A Theoretical Explanation. Journal of Climate, 30: 3569-3587.
Manabe S, Wetherald R T. 1975. Effects of doubling CO_2 concentration on the climate of a general circulation model. Journal of the Atmospheric Sciences, 32: 3-15.
Matear R J, O'Kane T J, Risbey J S, et al. 2015. Sources of heterogeneous variability and trends in Antarctic sea-ice. Nature Communications, 6: 8656.
Mayewski P A, Meredith M P, Summerhayes C P, et al. 2009. State of the Antarctic and Southern Ocean climate system. Reviews of Geophysics, 47: RG1003.
McKay N P, Kaufman D S. 2014. An extended Arctic proxy temperature database for the past 2, 000

years. Scientific Data, 1: 140026.

Meehl G A, Arblaster J M, Bitz C M, et al. 2016. Antarctic sea-ice expansion between 2000 and 2014 driven by tropical Pacific decadal climate variability. Nature Geoscience, 9: 590-595.

Mo K C. 2000. Relationships between low-frequency variability in the Southern Hemisphere and sea surface temperature anomalies. Journal of Climate, 13(20): 3599-3610.

Molnar P, Boos W R, Battisti D S. 2010. Orographic controls on climate and paleoclimate of Asia: thermal and mechanical roles for the Tibetan Plateau. Annual Review of Earth and Planetary Sciences, 38: 77-102.

Mori M, Watanabe M, Shiogama H, et al. 2015. Robust Arctic sea-ice influence on the frequent Eurasian cold winters in past decadess. Nature Geoscience, 7(12): 869-873.

Murphy E J, Clarke A, Abram N J, et al. 2014. Variability of sea-ice in the northern Weddell Sea during the 20th century. Journal of Geophysical Research: Oceans, 119(7): 4549-4572.

Nan S L, Li J P. 2003. The relationship between the summer precipitation in the Yangtze River valley and the boreal spring Southern Hemisphere annular mode. Geophysical Research Letters, 30(24): 2266.

Niu T, Chen L, Zhou Z. 2004. The characteristics of climate change over the Tibetan Plateau in the last 40 years. Advances in Atmospheric Sciences, 21(2): 193-203.

NOAA. 2019. Global Climate Report-Annual 2018. https://www.ncdc.noaa.gov/sotc/global/201813.

Overland J E, Wood K R, Wang M Y. 2011. Warm Arctic-cold continents: climate impacts of the newly open Arctic Sea. Polar Research, 30: 15787.

Overpeck J, Hughen K, Hardy D, et al. 1997. Arctic environmental change of the last four centuries. Science, 278(5341): 1251-1256.

PAGES2k Consortium. 2017. A global multiproxy database for temperature reconstructions of the Common Era. Scientific Data, 4: 170088.

Park D S R, Lee S, Feldstein S B. 2015. Attribution of the recent winter sea ice decline over the Atlantic sector of the Arctic ocean. Journal of Climate, 28(10): 4027-4033.

Porter S E, Parkinson C L, Mosley-Thompson E. 2016. Bellingshausen Sea ice extent recordedin an Antarctic Peninsula ice core. Journal of Geophysical Research: Atmospheres, 121(23): 13886-13900.

Rangwala I, Miller J R, Xu M. 2009. Warming in the Tibetan Plateau: Possible influences of the changes in surface water vapor. Geophysical Research Letters, 36: L06703.

Raphael M N, Marshall G J, Turner J, et al. 2016. The Amundsen Sea Low: variability, change, and impact on Antarctic Climate. Bulletin of the American Meteorological Society, 97(1): 197-210.

Rintoul S R, Chown S L, Deconto R M, et al. 2018. Choosing the future of Antarctica. Nature, 558(7709): 233-241.

Schneider D P, Steig E J, Comiso J C. 2004. Recent climate variability in Antarctica from satellite-derived temperature data. Journal of Climate, 17(7): 1569-1583.

Screen J A, Simmonds I. 2010. The central role of diminishing sea ice in recent Arctic temperature amplification. Nature, 464: 1334-1337.

Serreze M C, Barry R G. 2011. Processes and impacts of Arctic amplification: A research synthesis. Global & Planetary Change, 77: 85-96.

Sévellec F, Fedorov A, Liu W. 2017. Arctic sea-ice decline weakens the Atlantic Meridional Overturning Circulation, Nature Climate Change, 7: 604-610.

Shi F, Ge Q, Yang B, et al. 2015. A multi-proxy reconstruction of spatial and temporal variations in Asian summer temperatures over the last millennium. Climatic Change, 131(4): 663-676.

Shi F, Yang B, Ljungqvist F C, et al. 2012. Multi-proxy reconstruction of Arctic summer temperatures over the past 1400 years. Climate Research, 54(2): 113-128.

Shindell D T, Schmidt G A. 2004. Southern Hemisphere climate response to ozone changes and greenhouse gas increase. Geophysical Research Letters, 31(18): L18209.

Song J, Zhou W, Li C Y, et al. 2009. Signature of the Antarctic oscillation in the northern hemisphere. Meteorology & Atmospheric Physics, 105(1-2): 55-67.

Song J H, Kang H S, Byun Y H, et al. 2009. Effects of the Tibetan Plateau on the Asian summer monsoon: a numerical case study using a regional climate model. International Journal of Climatology, 30: 743-759.

Stenni B, Curran M A, Abram N J, et al. 2017. Antarctic climate variability on regional and continental scales over the last 2000 years. Climate of the Past, 13(11): 1609-1634.

Sun J, Liu Y. 2012. Tree ring based precipitation reconstruction in the south slope of the middle Qilian Mountains, northeastern Tibetan Plateau, over the last millennium. Journal of Geophysical Research-Atmospheres, 117: D08108.

Thomas E R, Abram N J. 2016. Ice core reconstruction of sea ice change in the Amundsen - Ross Seas since 1702 A.D. Geophysical Research Letters, 43: 5309-5317.

Thomas E R, Allen C S, Etourneau J, et al. 2019. Antarctic sea ice proxies from Marine and ice core archives suitable for reconstructing sea ice over the past 2000 years. Geosciences, 9(12): 506.

Thompson D W J, Solomon S. 2002. Interpretation of recent southern hemisphere climate change. Science, 296(5569): 895-899.

Titchner H A, Rayner N A. 2014. The Met Office Hadley Centre sea ice and sea surface temperature data set, version 2: 1. Sea ice concentrations. Journal of Geophysical Research: Atmosphere, 119: 2864-2889.

Tomas R A, Deser C, Sun L. 2016. The role of ocean heat transport in the global climate response to projected Arctic sea ice loss. Journal of Climate, 29: 6841-6859.

Turner J, Lu H, White I, et al. 2016. Absence of 21st century warming on Antarctic Peninsula consistent with natural variability. Nature, 535(7612): 411-415.

Turner J, Phillips T, Hosking J S, et al. 2013. The Amundsen Sea low. International Journal of Climatology, 33: 1818-1829.

Viau A E, Gajewski K. 2009. Reconstructing millennial-scale, regional paleoclimates of boreal Canada during the Holocene. Journal of Climate, 22(2): 316-330.

Vinther B M, Buchardt S L, Clausen H B, et al. 2009. Holocene thinning of the Greenland ice sheet. Nature, 461(7262): 385-388.

Walsh J. 2014. Intensified warming of the Arctic: Causes and impacts on middle latitudes. Global and Planetary Change, 117: 52-63.

Wang H, Fan K. 2005. Central-north China precipitation as reconstructed from the Qing dynasty: Signal of the Antarctic Atmospheric Oscillation. Geophysical Research Letters, 32(24): 1-4.

Wang M Y, Overland J E. 2012. A sea ice free summer Arctic within 30 years: An update from CMIP5 models. Geophysical Research Letters, 39: L18501.

Wang Y F, Xu X D, Lupo A R, et al. 2011. The remote effect of the Tibetan Plateau on downstream flow in early summer. Journal of Geophysical Research: Atmospheres, 116: D19108.

Wang Z, Zhang X, Guan Z, et al. 2015. An atmospheric origin of the multi-decadal bipolar seesaw. Scientific Reports, 5: 8909.

Webster P J. 1995. The role of hydrological processes in ocean-atmosphere interactions. Reviews of Geophysics, 32(4): 427-476.

Werner J P, Divine D V, Charpentier Ljungqvist F, et al. 2018. Spatio-temporal variability of Arctic summer temperatures over the past 2 millennia. Climate of the Past, 14(4): 527-557.

Woods C, Caballero R, Svensson G. 2013. Large-scale circulation associated with moisture intrusions into the Arctic during winter. Geophysical Research Letters, 16(17): 4717-4721.

Wu G X, Duan A M, Liu Y M. 2019. Atmospheric heating source over the Tibetan Plateau and its regional climate impact. Oxford Research Encyclopedia, Climate Science.

Wu G X, Liu Y M, He B, et al. 2012. Thermal controls on the Asian summer monsoon. Scientific Reports, 2: 404.

Wu Z W, Li J P, Wang B, et al. 2009. Can the Southern Hemisphere annular mode affect China winter monsoon? Journal of Geophysical Research, 114(D11). D11107.

Xiao C, Dou T, Sneed SB, et al. 2015. An ice-core record of Antarctic sea-ice extent in the southern Indian Ocean for the past 300 years. Annals of Glaciology, 56(69): 451-455.

Xu Z X, Gong T L, Li J Y. 2008. Decadal trend in the Tibetan Plateau—regional temperature and precipitation. Hydrological Processes, 22: 3056-3065.

Xue F, Guo P, Yu Z. 2003. Influence of interannual variability of Antarctic sea ice on summer monsoon in eastern China. Advances in Atmospheric Science, 20(1): 97-102.

Yang B, Qin C, Wang J, et al. 2014. A 3, 500-year tree-ring record of annual precipitation on the northeastern Tibetan Plateau. Proceedings of the National academy of Sciences of the United States of America, 111(8): 2903-2908.

Yang K, Ding B, Qin J. 2012. Can aerosol loading explain the solar dimming over the Tibetan Plateau? Geophysical Research Letters, 39: L20710.

Yao T D, Xue Y K, Chen D L, et al. 2019. Recent Third Pole's rapid warming accompanies cryospheric melt and water cycle intensification and interactions between monsoon and environment: multi-disciplinary approach with observation, modeling and analysis. Bulletin of the American Meteorological Society, 100: 423-444.

Yao Y, Luo D H, Dai A G, et al. 2017. Increased quasi stationarity and persistence of Winter Ural blocking and Eurasian extreme cold events in response to Arctic warming. Part I: Insights from observational analyses. Journal of Climate, 30: 3549-3568.

Yeh T C. 1950. The circulation of the high troposphere over China in the winter of 1945-1946. Tellus, 2(3): 173-183.

Yeh T C, Luo S W, Chu P C. 1957. The wind structure and heat balance in the lower troposphere over Tibetan Plateau and its surrounding. Acta Meteorologica Sinica, 28: 108-121.

You Q, Chen D, Wu F, et al. 2020. Elevation dependent warming over the Tibetan Plateau: Patterns, mechanisms and perspectives. Earth-Science Reviews, 210: 103349.

You Q, Kang S, Aguilar E, et al. 2008. Changes in daily climate extremes in the eastern and central Tibetan Plateau during 1961-2005. Journal of Geophysical Research: Atmosohere, 113: D07101.

Yu L J, Zhong S Y, Winkler J A, et al. 2017. Possible connections of the opposite trends in Arctic and Antarctic sea-ice cover. Scientific Reports, 7: 45804.

Yuan N, Ding M, Ludescher J, et al. 2017. Increase of the Antarctic sea ice extent is highly significant only in the Ross Sea. Scientific Reports, 7: 41096.

Yuan Z, Qin J, Li S, et al. 2021. Impact of Spring AAO on summertime precipitation in the north China Part: observational analysis. Asia-Pacific Journal of the Atmospheric Sciences, 57: 1-16.

Zhang D L, Huang J P, Guan X D, et al. 2013. Long-term trends of perceptible water and precipitation over the Tibetan Plateau derived from satellite and surface measurements. Journal of Quantitative Spectroscopy and Radiative Transfer, 122(6): 64-71.

Zhang Q, Xiao C, Ding M, et al. 2018. Reconstruction of autumn sea ice extent changes since AD1289 in the Barents-Kara Sea, Arctic. Science China Earth Sciences, 61(9): 1279-1291.

Zhang X, Wang L, Chen D. 2019. How does temporal trend of reference evapotranspiration over the Tibetan Plateau change with elevation? International Journal of Climatology, 39: 2295-2305.

Zhang X D, Walsh J E. 2006. Toward a seasonally ice-covered Arctic Ocean: Scenarios from the IPCC AR4 model simulations. Journal of Climate, 19: 1730-1747.

Zheng F, Li J P, Wang L, et al. 2015. Cross-seasonal influence of the December-February Southern Hemisphere annular mode on March-May meridional circulation and precipitation. Journal of Climate, 28: 6859-6881.

Zhong L, Hua L, Luo D. 2018. Local and external moisture sources for the Arctic warming over the Barents-Kara Seas. Journal of Climate, 31(5): 1963-1982.

Zhou S, Zhang R. 2005. Decadal variations of temperature and geopotential height over the Tibetan Plateau and their relations with Tibet ozone depletion. Geophysical Research Letters, 32: L18705.

第 3 章

三极冰冻圈变化

格陵兰冰盖快速流冰　素材提供：效存德

本章作者名单

首席作者

李新武，中国科学院空天信息创新研究院

主要作者

车　涛，中国科学院西北生态环境资源研究院
上官冬辉，中国科学院西北生态环境资源研究院
邱玉宝，中国科学院空天信息创新研究院
冉有华，中国科学院西北生态环境资源研究院
罗栋梁，中国科学院西北生态环境资源研究院
王学佳，中国科学院西北生态环境资源研究院
戴礼云，中国科学院西北生态环境资源研究院
赵天杰，中国科学院空天信息创新研究院
王黎明，中国科学院空天信息创新研究院
王星星，中国科学院空天信息创新研究院
梁雯姗，中国科学院空天信息创新研究院
石利娟，中国科学院空天信息创新研究院
梁　雷，中国科学院空天信息创新研究院

地球三极（北极、南极和青藏高原）是冰冻圈科学研究的重点和热点区域。对冰冻圈各组成要素形成、演化过程与内在机理等开展研究，对于揭示环境与气候系统变化和冰冻圈对气候变化的响应具有重要作用和意义（Li et al.，2008；秦大河，2019）。本章针对地球三极冰冻圈关键要素，如冰川/冰盖、海冰、积雪、冻土以及河湖冰等，对其变化及影响等进行了详细地分析与讨论。主要内容包括：①三极冰川/冰盖变化及其对海平面、水文和生态等的影响；②北极和南极海冰变化及其影响；③北极、南极和青藏高原积雪变化及其影响；④北极和青藏高原多年冻土地温、活动层厚度变化及其影响；⑤河湖冰变化及其影响。本章结果表明，目前，三极冰冻圈的冰川/冰盖、积雪、河湖海冰和冻土正面临快速的变化，并产生了不同时空尺度的区域或全球环境影响，改变了生态、水文和气候系统，并导致灾害的发生，给自然环境和人类可持续发展带来巨大挑战。

3.1　冰川与冰盖变化及影响

2019 年发布的 IPCC 海洋与冰冻圈特别报告指出[①]，2006～2015 年，格陵兰冰盖以平均 278±11 Gt/a（1 Gt=10 亿 t）的速度损失冰量，冰量损失主要是由于表面融化；南极冰盖的平均损失率为 155±19 Gt/a，主要是由于西南极冰盖的主要溢出冰川迅速变薄和退缩导致；格陵兰岛和南极洲以外的全球冰川的质量平均损失率为 220±30 Gt/a。同时，该报告也指出，2006～2015 年期间冰盖和冰川的贡献是海平面上升的主要来源（1.8 mm/a），超过了海水热膨胀的影响（1.4 mm/a）。

接下来将从北极冰川与冰盖、南极冰川与冰盖、青藏高原冰川的变化与影响以及三极冰川与冰盖变化对比与关联四个方面进行详细分析。

3.1.1　北极冰川与冰盖变化及影响

北极地区的冰川类型多样，以复合型冰川占主导。乌拉尔山北部部分冰川属于大陆型冰川，阿拉斯加地区大部分冰川属海洋型冰川，斯瓦尔巴群岛大部分冰川为亚极地型或多温型冰川。冰川的水热结构十分复杂，冰川动力特征变化多端，如格陵兰岛上 Jakobshavn 冰川是世界上运动速度最快的冰流，是加拿大北极和斯瓦尔巴群岛典型溢出冰川流速的 200～400 倍。此外，跃动型冰川在北极地区广泛分布，运动速度各异（效存德等，2019）。随着全球气温的不断升高，北极冰川自 1960 年已经开始出现加速消融，1990 年后北极冰川的融化明显加快，消融强烈。

① IPCC Special Report on The Ocean and Cryosphere in A Changing Climate，https://reliefweb.int/report/world/ocean-and-cryosphere-changing-climate-enarruzh，2019

利用260个冰川的厚度、表面高程、速度和表面物质平衡（SMB）的综合调查数据重建格陵兰冰盖的物质平衡，结果显示，从1972～1980年代际物质平衡的47±21 Gt/a的质量增加转变为1980～1990年的51±17 Gt/a的亏损（Mouginot et al.，2019）。自1990年以来格陵兰冰盖物质持续处于亏损中，并有加快的趋势；质量亏损从1990～2000年的41±17 Gt/a增加到2000～2010年的187±17 Gt/a，2010～2018年亏损为286±20 Gt/a，质量损失自1980年代以来增加了6倍。另外，针对除格陵兰冰盖以外北极冰川物质平衡的研究表明，1960～2016年北极地区冰川年均物质平衡整体呈下降趋势，年均物质平衡值为–278 mm。进一步的分析表明，北极冰川物质平衡与平衡线高度呈高度的负相关（R= –0.84），与积累区比率呈高度正相关（R=0.91）。北极秋、冬季增暖明显是导致冰川消融加剧的主要原因，降水量对冰川物质平衡影响贡献率较小（何海迪，2018）。

最新的北极年度报告指出[①]，2019年9月至2020年8月，格陵兰岛上冰川与冰盖损失高于1981～2010年平均水平，但低于2018/2019年度创纪录的冰损失量。另外，格陵兰岛以外的冰川和冰盖继续保持着显著的损失趋势，主要发生在阿拉斯加和加拿大北极地区。

北极冰川与冰盖融化已带来了很多影响，如导致海平面升高、欧亚地区气候变化、北极熊和其他动物生存环境减少、威胁到北极原住民社区以及北极地区基础设施安全等。

3.1.2 南极冰川与冰盖变化及影响

南极地区独具全球最大的冰盖和冰架。长期以来，南极冰川/冰盖研究紧紧围绕着冰盖物质平衡、冰盖/冰架地形地貌、地形测绘、冰川流速、接地线、冰面特征、表面冻融、冰下湖等方面开展研究（王泽民等，2014；Zhou et al.，2019）。

影响南极冰川/冰盖物质变化的因素包括4个分量：底部融化、冰山崩解、注入冰架的冰川补给（冰流）和表面物质平衡。在冰山崩解及底部融化研究方面，揭示了冰架崩解对南极冰盖物质损失的贡献，发现南极大陆周围一些大冰架缓慢增长的同时，许多规模较小的冰架崩解加剧，正快速萎缩，这些频繁发生崩解的冰架同时也在变薄。该发现意味着冰架崩解是被科学界忽视了的一个冰架物质流失的重要因素（Liu et al.，2015）。另外，基于EnviSat（环境卫星）、ASAR（先进合成孔径雷达）和Cryosat数据跟踪监测了从南极冰盖边缘冰架上崩解的冰山在海洋中的运动轨迹以及运动时的面积和厚度变化。该研究发现冬季冰山底部湍

① Arctic Report Card 2020，https://www.arctic.noaa.gov/Report-Card/Report-Card-2020/ArtMID/7975/ArticleID/893/About-Arctic-Report-Card-2020

流交换对冰山面积损失的影响强于南极夏季气温对于冰山面积损失的影响（Liu et al.，2018）。在冰流量研究方面，Gardner 等（2018）研究了 2008～2015 年七年间西南极和东南极冰川流动情况。研究发现在过去 7 年中，冰流量略有增加，这表明南极最近的物质损失模式是冰流量增强的长期阶段的一部分，该阶段起始于第一次大陆范围的冰流量雷达绘图（1996～2000 年）之前的近几十年（Jezek et al.，2003）。Shen 等（2018）研制了全南极迄今最高分辨率的冰川流速产品，并在国际上首次发现东南极威尔克斯地冰川质量持续亏损，暖化的绕极洋流可能是导致该冰川加速消融的主要原因；在表面物质平衡研究方面，主要有两项较新的代表性研究工作，一项研究基于 24 项卫星观测数据对 1992～2017 年南极物质平衡变化进行了评估，结果表明，南极大陆冰的损失是由西南极洲和南极半岛的冰川损失加速，以及东南极洲冰盖增长减少共同造成的，在 1992～2017 年期间南极冰川总的损失为 272±139 Gt（相当于海平面上升 7.6±3.9 mm）。在 2012 年之前，南极洲的冰以 76±59 Gt/a 的稳定速度发生损失，对海平面上升造成每年 0.2 mm 的贡献。但这一数字在 2012～2017 年增长了 3 倍，即南极大陆损失 219±43 Gt/a，对海平面上升的贡献达到 0.6 mm/a。具体来说，①西南极洲的变化最大，冰川损失从 1990 年代的 53±29 Gt/a 增加到 2012 年以来的 159±26 Gt/a。其中，大部分冰川损失来自派恩岛（Pine Island）冰川和思韦茨（Thwaites）冰川，两者均由于海冰融化而迅速退缩。②南极半岛的冰架崩塌导致自 21 世纪初以来冰川损失增加 15 Gt/a。③东南极洲冰盖在过去 25 年保持近平衡状态，平均仅增加 5±46 Gt/a，具有非常大的不确定性（Shepherd et al.，2018，2019）。另一项研究则基于 18 个地区、176 个盆地以及周围岛屿的高分辨率航空图像，结合物质平衡模型，评估了 1979～2017 年更长时间段的南极冰盖的物质平衡变化，研究结果显示，1979～1990 年、1989～2000 年、1999～2009 年、2009～2017 年南极冰盖的年均质量损失分别为 40±9 Gt/a、50±14 Gt/a、166±18 Gt/a 和 252±26 Gt/a。其中，2009～2017 年，南极冰盖的质量损失主要来自西南极洲的贝林斯豪森海域（159±8 Gt/a）、东南极洲威尔克斯海域（51±13 Gt/a）以及南极洲的西部和东北半岛（42±5 Gt/a）。总的来说，1979～2017 年南极冰盖融化速度急剧上升，南极洲冰盖质量损失最多的海域与温暖的海水相邻（Rignot et al.，2019）。该两项研究结果在物质量变化趋势和变化区域上具有较好的一致性。

总的来说，目前在南极冰川与冰盖变化研究方面取得了很好的进展，2020 年 3 月 *Science* 期刊发表南极主题特刊系列文章，系统回顾了南极冰盖的形成历史及控制其存在的地质过程，分析了冰盖演化与其周围海洋相互作用的影响，讨论了未来气候变化背景下南极冰盖可能发生的变化（Bell and Seroussi，2020; Pattyn and Morlighem，2020），总体结论是：南极冰盖质量损失速度正在逐渐加快，在未来几十年和几百年，冰盖的流失很可能会继续。文章特别还提到在未来需要加强研究的方面，如对于海洋冰盖退缩动力学内在的关键物理过程仍然知之甚少。这些关键过程包括：①导致海陆冰架融化的海-冰界面过程；②崩塌和水力破裂过程；③冰盖基底滑移和冰下沉积物变形；④冰川均衡调整（GIA）。对以上关键过程认知的缺乏将造成无法准确预测南极冰盖质量损失发生的时间和量级，以及确定南极冰盖变化可能的临界点。这为未来进一步深化南极冰川与冰盖变化研究指明了关键研究方向。

随着南极冰盖融化，整个地球将继续变暖，由于更多的热量将存在于海洋中，大气层变暖的速度将放缓，但海平面上升会更快。以上研究是第一个预测南极冰盖融化将如何影响未来气候的研究（Bronselaer et al.，2018）。另一项针对南极和南大洋未来 50 年的变化及其对全球其他地区影响的研究表明，在未来 10 年做出的选择将对南极和全球产生长期影响。该研究考虑了两种情景：一是温室气体排放量未得到控制（即高排放/弱行动情景），到 2070 年，全球平均温度比 1850 年高 3.5℃以上，南极洲和南大洋将经历广泛而迅速的变化，并进一步影响全球。南极洲主要的冰架发生崩塌，到 2300 年海平面上升贡献达 0.6～3 m，海洋酸化和过度捕捞改变了南大洋的生态系统，无法有效管理人类活动压力增加造成的南极环境退化。二是采取强有力的行动限制温室气体排放量，并制定政策减少人为因素对环境的压力（即低排放/强行动情景）。到 2070 年，全球平均温度限制在比 1850 年高 2℃以内，南极洲的情况与当前相似，冰架得以保留，南极洲对海平面上升的贡献保持在 1 m 以内，南极大陆仍是 20 世纪末南极国家议定的“致力于和平与科学的自然保护区”（Rintoul et al.，2018）。

3.1.3 青藏高原冰川变化及影响

青藏高原是中低纬度冰冻圈最为发育的地区。近 50 年来，青藏高原大部分冰川发生了显著退缩，并表现出明显的区域差异，退缩最小发生在高原内部，逐渐向外缘增加，它们的物质量处于负平衡态或者由盈余转为亏损状态，且这一亏损过程不断加剧，尤其自 1990 年代以来发生明显的变化（Sun et al.，2018）。对于以上冰川变化的相关研究工作主要分为两类：①针对青藏高原及周边整个区域冰川变化开展的研究；②针对青藏高原及周边区域的典型冰川开展的研究。

在针对青藏高原及周边整体区域冰川物质量变化的研究方面，基于遥感数据生成的高精度 DEM（数字高程模型）对物质平衡进行估算有两项有代表性的工作。一项是基于 ASTER（先进星载热辐射与反射辐射计）数据利用卫星立体测量技术获取的 DEM 估算了从 2000～2016 年高亚洲地区 92%的冰川区的冰川物质平衡变化，研究结果表明，总的物质平衡变化是−16.3±3.5 Gt/a（−0.18±0.04 m w.e. /a）。

该结果为校准用于预测冰川对气候变化的响应模型提供了关键信息，由于这些模型目前没有捕捉到冰川变化的模式、大小和区域内的变异性（Brun et al.，2017）。另一项为基于 WorldView-1/2/3、GeoEye-1 和 ASTER 数据获得了高亚洲地区 2000～2018 年的 DEM 数据，并生成了 2000～2018 年 99%的高亚洲地区冰川的高精度海拔变化趋势图和质量平衡估计结果，研究结果表明，总的物质平衡变化是−19.0±2.5 Gt/a（−0.19±0.03 m w.e. /a）。该结果以前所未有的细节记录了高亚洲地区冰川质量变化的空间格局（Shean et al.，2020）。以上两项研究的物质平衡变化结果基本一致。另外，时空三极环境项目团队最新的研究监测了“一带一路”15 个流域近 54000km^2 冰川（阿姆河与萨尔温江未统计）在 1970～2018 年的变化，结果表明，总体冰川面积减少了 9300 km^2，退缩了 17.2%。西风环流北支影响下的伊犁河-河西内陆流域冰川面积减少较快，年变化率超过 0.8%；印度季风影响下的恒河、雅鲁藏布江、湄公河次之；青藏高原内陆流域、塔里木河冰川年变化率最小。在西风带南支与印度季风交汇的印度河流域，冰川面积几乎无变化甚至出现面积增加的趋势。

在针对典型冰川区域的研究方面，通过对青藏高原 15 条监测冰川的物质平衡及 82 条典型冰川过去 30 年的状况研究，结果表明，总体上冰川处于退缩和物质亏损状态。但冰川变化存在区域性差异，喜马拉雅山脉的冰川退缩最强烈，其特征是冰川长度和面积减少最大，物质平衡亏损最大。从喜马拉雅山脉到高原内部的收缩逐渐减少，在帕米尔东部是最小的，其特征是冰川退缩最少，面积减少和正物质平衡（Yao et al.，2012）。对于造成这些区域差异的原因，除气温升高外，喜马拉雅山的降水减少，帕米尔东部的降水增加，并伴随着不同的大气环流模式，可能是造成这些区域差异的原因。针对喜马拉雅山西段的纳木那尼冰川的模型模拟研究也进一步表明，青藏高原及周边地区冰川亏损加速，根据近期的实地冰川观测和物质平衡模拟，重建了 1973～2014 年的冰川平衡线高度和物质平衡变化。结果表明，即使在海拔 6000 m 处，近期的冰川物质亏损也达到了年均 0.73 m w.e.，平衡线高度从 1974～1989 年约 5969 m 急剧上升到 1990～2014 年约 6193 m（Zhao et al.，2016）。通过分析喜马拉雅山地区最近 40 年来的卫星遥感图像也发现，2000～2016 年喜马拉雅山地区冰川物质亏损速率为−0.43±0.14 m w.e./a，是 1975～2000 年亏损速率（−0.22±0.13 m w.e. /a）的两倍（Maurer et al.，2019）。另外，姚檀栋等（2019）对青藏高原及周边地区冰川物质平衡观测（2005～2018 年）发现，位于季风区的藏东南与过渡区唐古拉山附近多条代表性冰川区域多年平均物质平衡分别为−1408 mm w.e.和−366 mm w.e.（水当量），而在西风区的慕士塔格地区，代表性冰川多年平均物质平衡为+112 mm w.e.，表现出显著的空间变化格局失常的特征。

除了以上研究工作外，“喀喇昆仑异常”研究是国际关注的焦点（Hewitt，2005；Bolch et al.，2017；Gardelle et al.，2012；Kaab et al.，2012），“喀喇昆仑异常”是指在青藏高原冰川总体加速退缩背景下，喀喇昆仑地区冰川相对稳定，甚至部分冰川前进。近些年来，围绕该现象的观测证据及产生的机制已开展了深入研究（Kapnick et al.，2014；Lin et al.，2017；Azam et al.，2018；Gao et al.，2020），比如冰川的相对稳定或前进的原因，研究表明主要由降雨或降雪的增加导致，也有的研究认为与冰川地貌和局部地形有关。总体来说，西风-季风相互作用过程对该区气候转型的影响机制仍不清楚，还需要加强对该区域的观测。

对于青藏高原地区及周边区域，冰川加速退缩与消融使得冰川融水在短期内增加，但在长期趋势上冰川融水会减少甚至枯竭，导致区域水资源短缺和生态环境风险增加。同时，冰川失常变化导致冰川不稳定性增强，灾害风险加剧（Zhang et al.，2008；姚檀栋等，2019）。另外，对于未来全球升温 1.5℃对青藏高原及周边区域冰川的影响，研究结果表明，全球气温上升 1.5℃将导致高亚洲变暖 2.1±0.1℃，而目前储存在高亚洲冰川中的 64%±7%的冰将在 21 世纪末保持不变。对 RCP4.5、RCP6.0 和 RCP8.5 的预测表明，到 21 世纪末，预计质量损失分别为 49%±7%、51%±6%和 64%±5%。这些预测表明了冰川变化对区域水管理和山地社区潜在的严重后果及影响（Kraaijenbrink et al.，2017）。

3.1.4 三极冰川与冰盖变化对比与关联

以上对北极、南极和青藏高原的冰川与冰盖变化及影响进行了分析和讨论，从结果可以看到，三极冰川与冰盖对全球变化的反馈与响应存在很大差异，且存在一定的关联，但其科学机理理解尚不清晰。目前，大多数研究多关注单极，因此，需要开展三极整体性、系统性、关联性的全局宏观分析研究（郭华东，2016）。空间对地观测技术是开展三极对比与关联研究的不可或缺的手段，对比与关联研究对于揭示全球变化敏感因子及其变化的时空多样性、相互关联性和遥相关机制，阐明其对全球变化响应和反馈、物质和能量平衡等具有重要意义（Guo et al.，2020）。目前，时空三极环境项目团队已在全球冰川面积变化、物质平衡变化、三极冰川与冰盖冻融、三极冰流速变化对比研究方面取得了一定的进展。下面分别对这些研究进展进行分析和讨论。

采用全球发布的 Randolph 冰川编目（RGI）数据集和世界冰川监测服务处（WGMS）收集的物质平衡数据作为基础数据集，同时收集了目前发布的冰川面积和冰川物质平衡数据，按照目前的分区进行统计，采用归一化方法，时空三极环境项目团队开展了全球山地冰川变化差异性对比研究。结果显示，在面积变化方面，低纬度地区（0°～30°）的冰川面积收缩率高于中纬度地区（30°～60°），特别是热带安第斯地区的冰川萎缩速度是世界上最快的；而南北半球的高纬度地区（>60°）的冰川面积收缩速率均最低（图 3.1）。此外，位于中低纬度的冰川，衰退特点是剧烈的面积收缩和物质亏损。就高纬度地区而言，特别是南极、北极和阿拉斯加地区，冰川消融的特点是变薄，物质亏损较大，处于负的物质平衡状态，但面积萎缩不大。

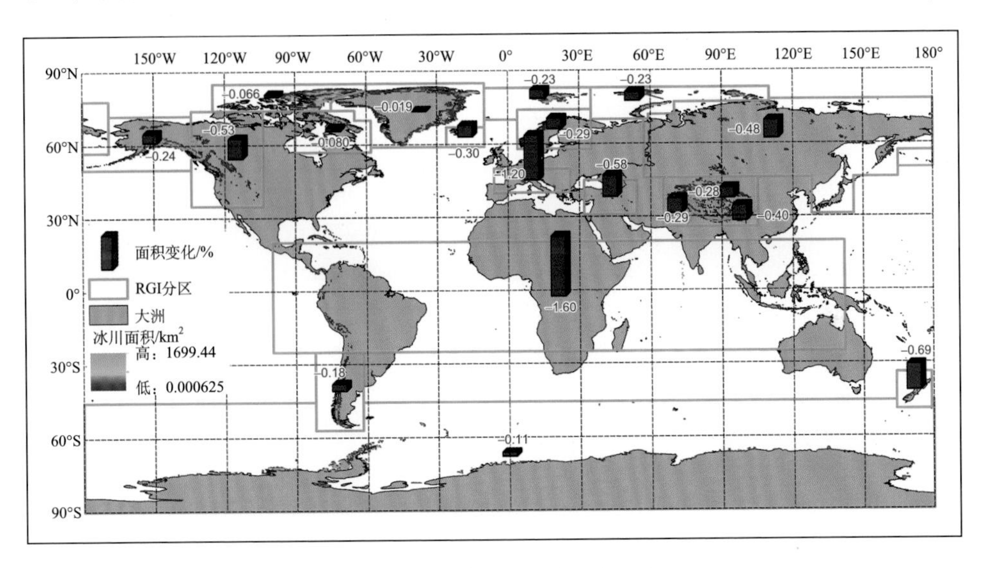

图 3.1　全球冰川面积变化差异性

然而，世界范围内的冰川物质平衡变化没有明显的纬度地带性特征。全球的物质平衡观测结果显示，高亚洲物质亏损较小（冰川物质平衡约为–0.3～0.1 m/a），甚至在帕米尔、喀喇昆仑山出现正平衡状态，而北极和安第斯山的冰川物质亏损相对较快（物质平衡为–0.81～–0.3 m/a）（图 3.2）。从全球 450 个站点观测的物质平衡数据中，根据时间连续超过 20 年且时间系列包括 2000 年以后年份的观测站中，选择了 91 个站的资料，并结合目前已经发布的格网 Zemp dataset 物质平衡系列数据，计算其加速度，物质平衡变化分析结果如下：①全球冰川物质平衡均处于亏损中，但亏损的速率具有区域差异；②除新西兰以外，全球冰川物质平衡 1965～2015 年处于加速亏损中，加速度为 0.013 m w.e. /a^2；③低纬度的冰川物质平衡亏损加速度比高亚洲的大；④1980 年和 2000 年是加速的两个时间节点，变化率为–0.34 m w.e. /a^2 和–0.76 m w.e. /a^2。

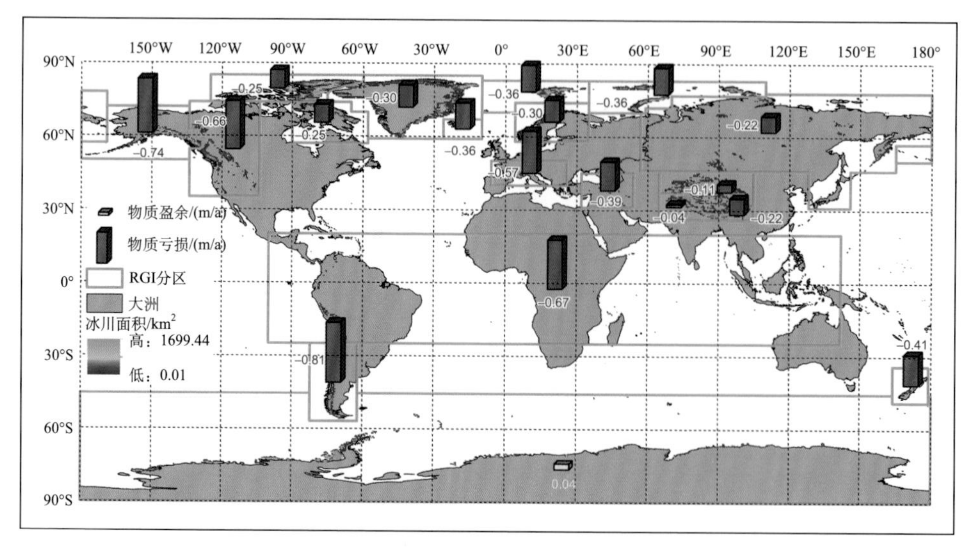

图 3.2　全球物质平衡变化差异性

时空三极环境项目团队基于研发的近 40 年三极冰川与冰盖表面冰雪冻融产品（图 3.3），对三极冰盖/冰川表面冰雪冻融进行了对比分析研究，分析了其变化特征、关联机制及影响。本书揭示了三极冰盖/冰川表面冰雪冻融时空变化特征的异同（图 3.4）：①受北极放大效应影响，格陵兰冰盖融化开始时间提前、结束时

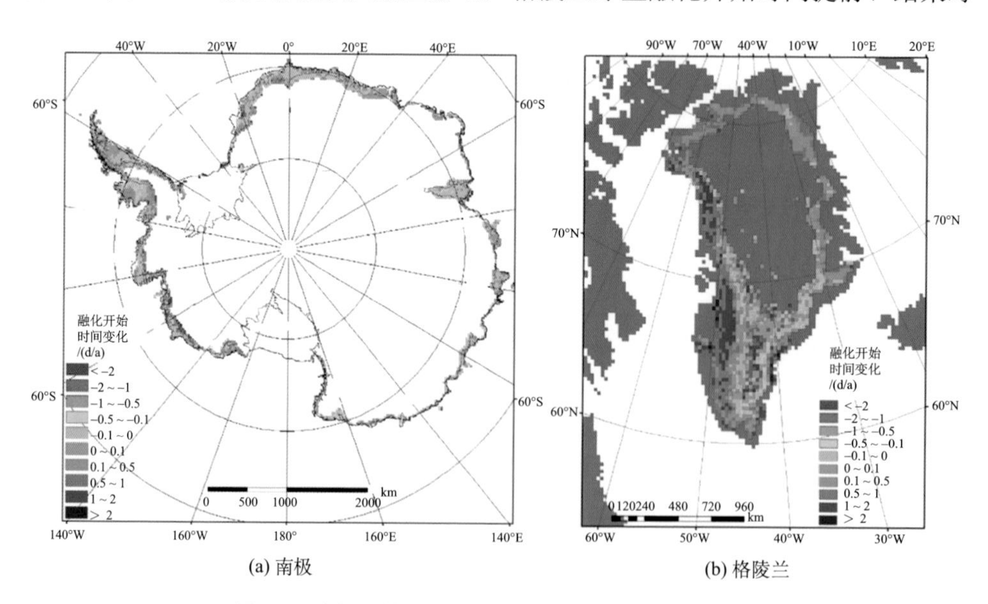

图 3.3　南极和格陵兰冰盖表面冰雪冻融持续时间图

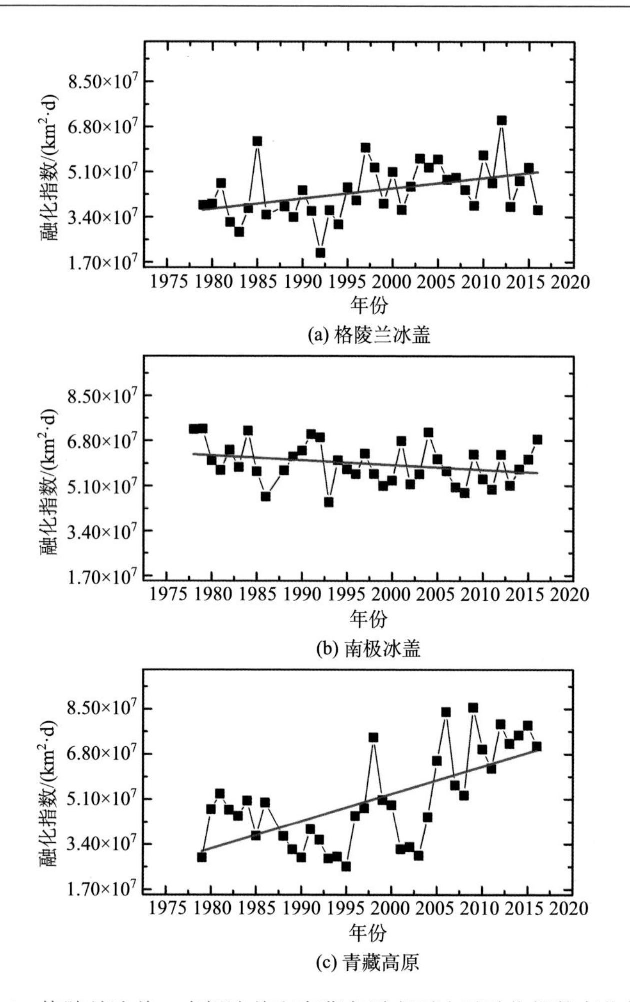

图 3.4　格陵兰冰盖、南极冰盖和青藏高原表面冰雪融化指数变化趋势

间推迟、持续时间增长；②受海-冰-气相互作用影响，南极冰盖融化开始时间推迟、结束时间也推迟、持续时间缩短；③受青藏高原增温影响，该地区冰雪融化开始时间提前、结束时间推迟、持续时间增长（Liang et al.，2019）。

项目组也分析了南北极冰盖冻融面积变化相互之间的关系，以期揭示出南北极冰盖之间的相互关系及作用。如图 3.5 所示，在时间间隔两年的情况下，南极冰盖融化面积变化与格陵兰冰盖呈现出显著的负相关关系（相关性为–0.62，显著性>0.95）：即在南极冰盖冻融面积减小后，相隔两年之后北极冰盖冻融面积呈现增大的趋势；相反，在南极冰盖冻融面积增大后，相隔两年之后北极冰盖冻融面积呈现减小的趋势。该结果表明南极冰盖融化面积与格陵兰冰盖融化面积在统计意义上呈现出显著的相关关系，但并不能说明其是否存在因果上的相互关联。研究组从海洋和大气作用角度对存在的负相关关系进行了解释，阐明了格陵兰冰盖和南极冰盖冻融面积变化之间存在的关联及机制：大气和海洋在两极间的热量输送作用使得南极冰盖冻融与格陵兰冰盖融化面积变化呈现出相反的变化趋势（Liang et al.，2019）。

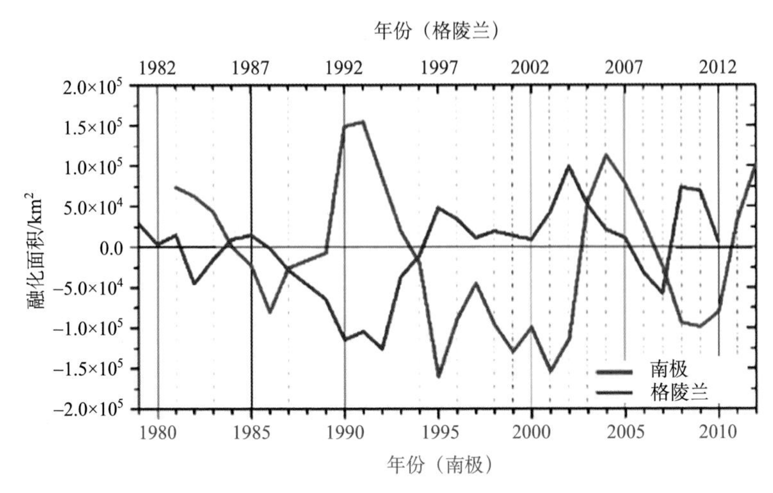

图 3.5　时间间隔两年的情况下（南极冰盖冻融变化相对于北极冰盖变化提前两年）南极冰盖与格陵兰冰盖融化面积去趋势时间变化曲线

基于 NASA JPL（美国宇航局喷气推进实验室）的 MEaSUREs（促进地球系统数据记录在研究环境中的应用）项目发布的格陵兰岛、冰岛、加拿大北部、亚洲高山区、南极 240 m 冰流速数据（2000～2018 年年季变化）（Gardner et al.，2018；Gardner et al.，2019），时空三极环境项目组初步研究了三极冰流速变化特征。图 3.6 显示了部分三极冰川与冰盖冰流速 2000～2018 年的变化率（数值范围为–0.1～0.1 m/a^2 表示冰流速基本没有变化，大于 0.1 m/a^2 表示冰流速有变快或加速的趋势，小于–0.1 m/a^2 表示冰流速有减缓的趋势）。从图可以看到，格陵兰岛相关区域冰流速加速变化趋势比较明显，青藏高原的西昆仑地区也有较明显的加速区域。南极由于数据缺失较多，在西南极部分区域也有较明显的加速区。对于格陵兰岛存在较明显的减速区域的原因，除了冰川融化导致高程降低减速外，也有可能是冰裂隙增多导致冰流减速。

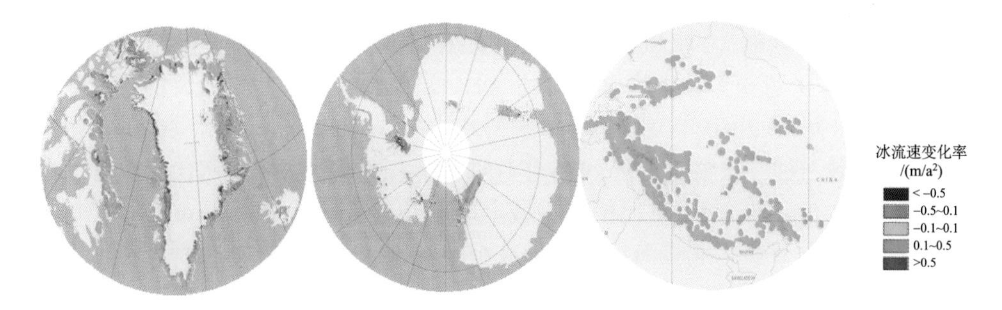

图 3.6　地球三极冰川与冰盖 2000～2018 年冰流速变化率分布

该图主要依据 NASA JPL 的 MEaSUREs 项目发布的格陵兰岛、冰岛、加拿大北部、亚洲高山区、南极 2000～2018 年 240 m 冰流速数据（年季变化）制作

3.2　海冰变化及影响

海冰的形成与发育受寒冷气候条件和洋流的影响，地球南北极海洋区域海冰分布范围十分广泛。在地球的南北极地，海冰在密集度、范围及厚度等方面，发生了重要的变化。从卫星资料分析发现，1978～2017 年，北极海冰范围整体性降低，而南极则相反，海冰具有整体增大的趋势（Ted，2019），在过去几十年总体增加，但是最近几年出现减少的变化。

3.2.1　北极海冰变化

自 1979 年以来，北极海冰范围的大幅度下降是气候变化最显著的标志性指标之一。卫星监测显示，在 1979～2020 年间，2020 年不仅是北极冬季海冰范围最低排名第 11 位的年份，也是夏季最小海冰范围第 2 位的年份。过去 40 余年来，北极地区海冰在整个时期内持续降低，1979～1992 年海冰范围以每 10 年–6.9%的速率减少，而 1993～2006 年海冰范围减少的速度加快，几乎每 10 年可达–13.3%，最近的 2007～2020 年期间，海冰范围以每 10 年–4.0%的速率减少（Thoman et al.，2020）。从冰厚来看，1985 年 3 月的冬季海冰冰量最高峰时，多年冰占北冰洋冰量的 1/3，而到 2020 年 3 月，它只占不到 5%。

分区域分析北极海冰，白令海冰范围的多年变化是影响北极海冰季节性总量变化的主要因素之一，冬季白令海的海冰覆盖在 2014 年之前相对稳定，而此后的近 5 年来，该区域海冰范围急剧减少（Yang et al.，2020）。在 2007～2017 年 10 年间，则是巴伦支海（第 10 年为–23±2.5%）和喀拉海（第 10 年为–7.3±0.9%）

海冰范围下降幅度最大。而 2020 年的最新数据表明，拉普捷夫海创 6 月份新低[①]，东西伯利亚海 9 月份海冰损失最大（约 22%），波弗特海和楚科奇海的夏季早期冰损失接近 1981～2010 年气候条件下的平均水平（Thoman et al.，2020）；根据预测，无论哪一种气候情景，在 1950 年代前，所有的北极大陆架将出现夏季无冰状态，而在 21 世纪末之前，仅巴伦支海域出现冬季无冰状态（Marius et al.，2021））。

从冰厚变化分析，北极海冰厚度的减少速率预计将超过海冰范围，使得多年冰比以前更薄，更脆弱。在 2010～2019 年期间，9 月海冰范围的下降速度有所放缓，但海冰持续变薄，2019～2020 年海冰总量的减少为更大范围的夏季海冰融化提供了先决条件，直接导致了 2020 年 9 月海冰范围为有记录以来的第二个最低水平。而卫星高度计观测数据显示，自 2011 年以来北极海冰厚度变化很小，表明多年冰区冰厚减少趋向于停止（Kwok et al.，2018；Tilling et al.，2018）。但由于北极海流的作用，多年冰流入而导致部分局部地区的海冰变厚，从 2019 年以来，这些冰层厚度的变化在格陵兰岛东北部和斯瓦尔巴群岛之间的弗拉姆海峡地区尤为明显（Thoman et al.，2020）。

从冰龄分析，自 1985 年以来，冰龄急剧下降，几乎所有较厚的多年冰均消失，5 年或 5 年以上的海冰减少最为明显，减少约 90%。最新数据表明，多年冰总面积从 1985 年 3 月的 270 万 km^2 下降到 2020 年 3 月的 34 万 km^2。由图 3.7 可见，2000 年与 2020 年海冰损失对比表明多年冰损失量非常巨大。2020 年 8～9 月，流经弗拉姆海峡的海冰主要是一年冰及一些零星出现的多年冰，而在格陵兰岛东北

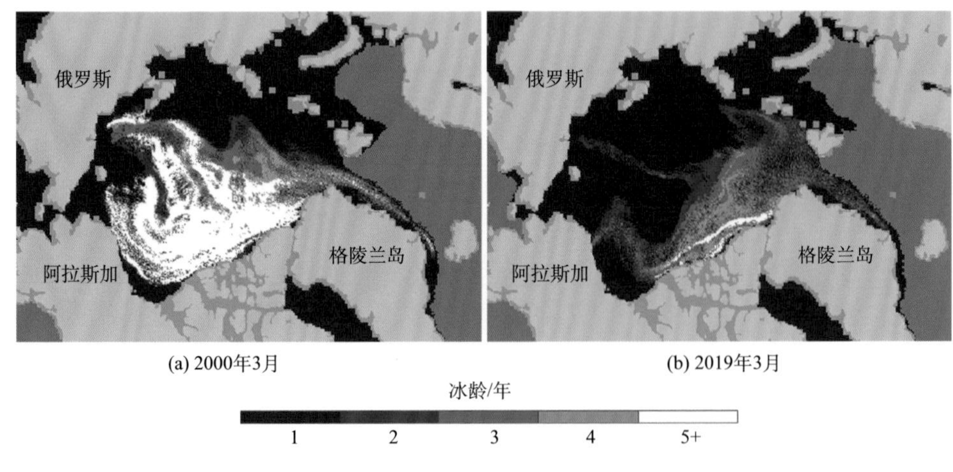

图 3.7　2000 年 3 月与 2020 年 3 月北极冰龄分布图（数据来源 NSIDC）

① https://arctic.noaa.gov/Report-Card/Report-Card-2020/ArtMID/7975/ArticleID/891/Sea-Ice

部大陆架的浅水区，具有非常适合形成或维持多年固定冰的条件，但在 2020 年 9 月则几乎没有观察到固定浮冰的存在（thoman et al.，2020）。沿俄罗斯大陆架，一年冰赋存率均在下降，而在喀拉海、东西伯利亚海和西拉普捷夫海下降最明显（Krumpen et al.，2019）。

海冰范围和厚度（或冰龄）的变化伴随着冰运动的变化，这些漂移变化不是单调的，并且在过去的 40 年中随着大气环流的变化而发生了变化。自 2001 年以来，北极的冰漂流速度有所提高（Kwok et al.，2013）。气候变暖导致北冰洋边缘地区的融化加剧，从而中断了北极的跨极流（transpolar drift），影响海冰和冰携物的远距离运输。然而，由于北极跨极地漂流以弗拉姆海峡为主要出口，由此导致西伯利亚浅层冰架出口海冰减少（每 10 年减少 15%）。结果到达弗拉姆海峡浅水区（＜30 m）形成的冰越来越少（每 10 年减少 17%），更多的冰和冰携物在拉普捷夫海北部和北冰洋中部释放。

北极海冰的变化影响全球，随着海冰融化，海洋的透光性增强，将提早启动季节性初级生产，并伴随冰藻和浮游植物生物量的增加，从而增加二甲基硫的排放和二氧化碳的排放（Lannuzel et al.，2020）。在过去的 30 年中，由于海冰损失造成极地漂流活跃，当地浮游生物数量增加以及磷虾和其他食物向北穿过白令海峡的运输增加，导致太平洋北极弓头鲸数量增加（Thoman et al.，2020）。

通过大气遥相关作用，北极海冰的消融加剧了向青藏高原的气溶胶运输，尤其在冬季 2 月份的低海冰密集度减弱了极地急流，从而减少温暖潮湿的海洋大气向高纬度欧亚大陆内陆的运输，导致乌拉尔积雪减少，进而增强了乌拉尔高压脊和东亚槽。这些条件促进了青藏高原南缘亚热带西风急流的增强，使上升风与中尺度上升气流结合起来，将排放的气体（包含气溶胶）从喜马拉雅山运输到青藏高原上（Li et al.，2020）。

3.2.2　南极海冰变化

1979～2018 年的 40 年记录表明，南极年均海冰范围总体呈增长趋势（Parkinson，2019）。但在 2014～2017 年，海冰范围迅速减少，减少速率超过了同期北极快速融化地区的降幅，使海冰范围处于 40 年来的最低点。从区域来看，南极除罗斯海外的四个海域均与整体趋势相同，罗斯海海冰范围在 2007 年达到最高值，之后减少，并在 2017 年 2 月达历史新低，仅为 228.7 万 km^2，已刷新最新历史纪录，但次年反弹。别林斯高晋海（Bellingshausen Sea）与阿蒙森海（Amundsen Sea）趋势则相反，40 年来呈现减少趋势，即在前 30 年年均海冰范围总体减小，至 2007 年达到最低，之后上升。

南极海冰的季节性变化区域差异较大，自 1978 年以来，南部的阿蒙森海和别林斯高晋海冰消融后退时间大约提前 1 个月，海冰前进时间推迟约 1～2 个月，导致冰期缩短约 2～3 个月；而罗斯海趋势相反，海冰后退的时间推迟 1 个月而前进提早约 1～2 个月，不同于北极海冰持续减少的变化特点，近年来南极海冰的年际变化存在着很大的波动性（Ted et al.，2019），海冰冰季的变化在不同区域、不同时间尺度上的幅度和趋势均不同，所以南极海冰变化的趋势判别也会受到影响（Stammerjohn et al.，2012）。

对于海冰厚度，2013～2018 年南极海冰厚度整体呈现先上升后下降的趋势，2014 年的 7 月年均海冰厚度最大（6.27 m），2014～2017 年年均海冰厚度表现为快速变薄，并在 2017 年达到最低值。南极较厚的海冰集中在威德尔海西南海域，罗斯海和内威德尔海的冰层在冬季变厚，而贝林斯豪森海冰层变薄（Holland et al.，2012）。

海冰范围对气候变化非常敏感，其微小变化可以显著影响南大洋区域生物系统。在南半球夏季，海冰融化与海表温度升高提供给近表层水体的营养物质适宜的生存环境，导致了南大洋中叶绿素 *a* 浓度的增强，海洋的初级生产力提高（Behera et al.，2020）。海冰的变化还可通过影响南极地区的二氧化碳的海-气通量来影响南极的碳排放，这包括两种方式，海冰通过气-海交换形成物理屏障（盖层）来抑制气体的排出以及通过减少到达海洋表面的光子通量（光衰减）来减少生物吸收（Gupta et al.，2020）。

此外，南北极海冰融化，不仅影响高纬度地区，还会影响热带地区。南极海冰减少导致赤道东太平洋的变暖加剧以及赤道辐合带向赤道方向的增强。在 RCP 8.5 高排放情景下，北极和南极海冰的总损失，将引起 20%～30%的热带变暖和降水变化（England et al.，2020）。

3.3 积雪变化

3.3.1 北极积雪变化

基于北半球气象台站观测资料显示，北半球积雪覆盖面积呈显著减少趋势。1967～2018 年，北极 6 月陆地积雪面积或范围每 10 年下降 13.4%±5.4%，总损失约 250 万 km^2，主要是由于地表气温升高（高置信度）[①]。1966～2012 年，欧亚大陆积雪首日和终日每 10 年提前大约 1 天，积雪季节长度基本不变（Zhong et al.，2021）。1980～2006 年，北半球积雪物候出现较大的空间差异，但总体上，北半

① IPCC Special Report on the Ocean and Cryosphere in A Changing Climate，https://reliefweb.int/report/world/ocean-and-cryosphere-changing-climate-enarruzh，2019

球积雪首日推迟，欧亚大陆积雪终日提前，北美积雪终日相对稳定（Peng et al.，2013）。NOAA-SCR 资料显示，1970 年以来北半球积雪覆盖面积春季显著减少，积雪季节缩短，但持续积雪覆盖时间变化不显著（Brown and Robinson，2011；Choi et al.，2010）。

根据台站观测，1966～2012 年，欧亚大陆年平均雪深以每 10 年增加 0.2 cm 的速度呈上升趋势，但不同的月份，变化趋势不同。在积雪积累期（12 月至翌年 3 月），雪深呈显著上升趋势，在积雪初期（10～11 月）和消融期（4～5 月）雪深变化不明显（Zhong et al.，2018）。基于 GlobSnow 遥感雪水当量观测，1980～2018 年北美地区的积雪量每 10 年减少 46 Gt，但欧亚大陆的降雪量基本稳定。由此可见，北半球积雪深度呈现较大的空间异质性和年际波动。

基于欧洲空间局的 GlobSnow 雪水当量数据集和时空三极环境项目团队制备的“北半球长时间序列逐日雪深（NHSD）数据集”，我们研究了北半球及 9 个典型区的雪深时空分布与变化特征（图 3.8）。结果表明，北半球 1988～2018 年平均雪深总体呈显著下降趋势（$p<0.01$），每 10 年减少 55 cm。在高纬度地区，加拿大北部和阿拉斯加地区年平均雪深下降明显（$p<0.01$），下降速率分别为–3.48 cm/a 和–3 cm/a，且月平均雪深在冬季显著下降。西西伯利亚平原和东欧平原年平均雪深呈下降趋势，其中东欧平原雪深的下降较为明显（$p<0.01$），下降速率为–2.3 cm/a，两地区的月平均雪深在春季显著下降，其中 5 月份最为明显。东西伯利亚山地的雪深年际变化呈增加趋势，除堪察加半岛外，其月平均雪深在冬季呈显著增加趋势。对于高山区，阿尔卑斯山脉和落基山脉的年平均雪深呈缓慢增长趋势，而青藏高原地区雪深呈缓慢下降趋势。阿尔卑斯山脉的月平均雪深在冬季呈显著增加趋势，5 月份显著减小。落基山脉和青藏高原雪深变化呈现出空间异质性，在整个研究时段，落基山脉北部月平均雪深呈下降趋势，中部和南部呈上升趋势。青藏高原的北部边缘山脉雪深呈显著上升趋势，中部大多数地区呈下降趋势。喜马拉雅山脉的北坡雪深增加，南坡雪深减小，但其变化率绝对值小于 0.5 cm/a。

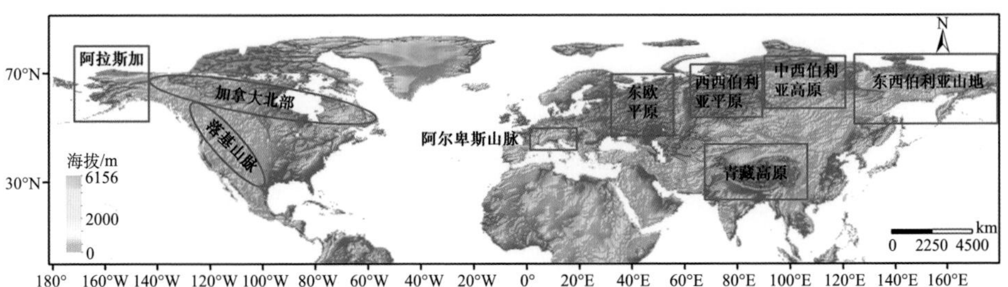

(a) 典型区分布图

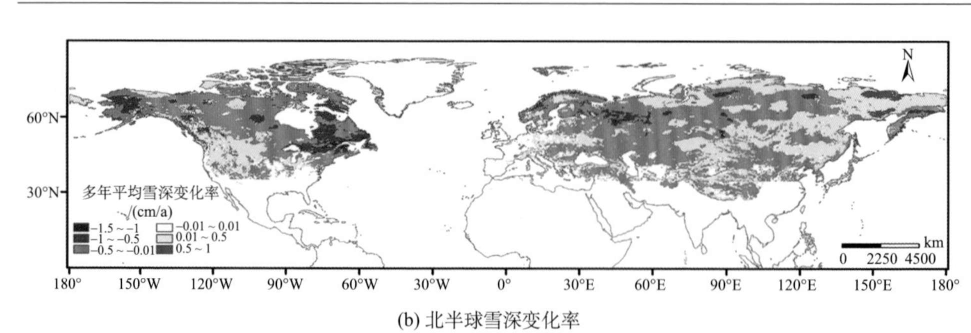

(b) 北半球雪深变化率

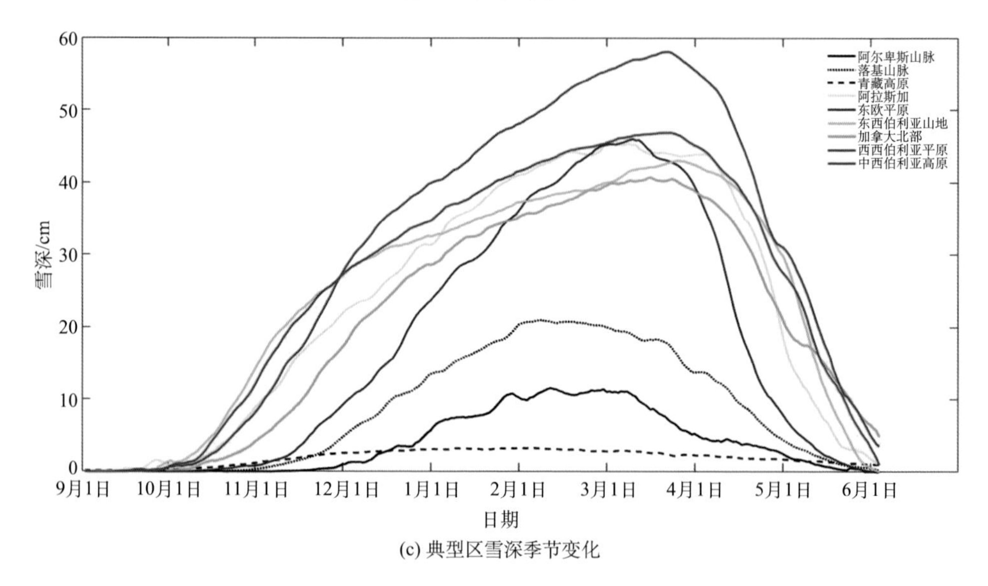

(c) 典型区雪深季节变化

图 3.8　北半球典型区积雪变化特征

东南部雪深较大的念青唐古拉山脉冬季雪深呈显著下降趋势。对 9 个典型区雪深的年内分析（2001～2010 年平均值）结果显示，高山区雪深峰值远低于高纬度地区雪深峰值。除青藏高原外，高山区的积雪融化起始日期明显早于高纬度地区。

3.3.2　南极积雪变化

英国南极调查局（BAS）的研究表明，20 世纪南极洲西部沿海冰盖年积雪量大幅增加，这一结果增进了对冰盖增长和缩减机制的认识（Thomas et al.，2015）。研究人员利用冰芯记录估计 1712～2010 年南极洲西部沿岸地区 300 年的累积降雪量，结果显示，1712～1899 年，年积雪量平稳保持在 33～40 cm；从 1900 年开始，年积雪量每百年增加 1.5 cm；到 2010 年，年积雪量比 20 世纪初增长了 30%。研究认为，过去 30 年，年积雪量增加的部分原因是区域低压系统的加强和风暴的增加。但研究人员也指出，这些额外的积雪并不能挽救南极冰盖的消融，因为风暴在形成陆地降雪的同时，也带来了海洋暖流，从而造成冰川融化。

de Pablo 等（2017）详细研究了 2009～2014 年期间南极 Livingston 岛积雪厚度、时间和持续时间的演变。在这期间，雪深平均值约为 45 cm，积雪消融时间后延，开始时间稳定，积雪覆盖天数增加。积雪覆盖时间从 2011 年的 267 天增加到 2014 年的 338 天，地面解冻时间随之缩短。同年，季青等（2017）利用基于不同算法的海冰密集度分别反演冰表积雪深度，并基于 ASPe Ct 和我国南极科考现场观测数据对积雪深度进行验证和分析，进而分析南大洋及其重点海域海冰表面积雪深度的时空变化，结果表明，近 15 年来，南极海冰积雪深度总体呈缓慢下降趋势。其中，威德尔海中心区域、阿蒙森海与罗斯海之间海域的外围、普里兹湾以及靠近南极维多利亚地附近海域等区域表现出了逐年上升的趋势；罗斯海、威德尔海深海平原海域、阿蒙森海等区域表现出了逐年下降的趋势。

3.3.3　青藏高原积雪变化

青藏高原积雪分布以高海拔特征为主，有明显的垂直地带性，与高纬度地区的积雪有明显的不同。青藏高原积雪空间异质性强，稳定积雪和瞬时性积雪同时存在，年积雪覆盖日数从超过 200 天到小于 5 天都存在，雪深最大可超过 1 m，最小可小于 1 cm，因此贫雪和雪灾并存。在季节变化上也与高纬度地区存在差异。积雪发生的时间具有较大的不确定性，大部分地区春秋季多、冬季少，并且积累—稳定—消融的过程短且多。因此青藏高原积雪变化对气候、水文的影响 与高纬度地区不同。

基于“1980～2016 年中国地区 NOAA-AVHRR 5km 逐日积雪覆盖数据集”（Hao et al.，2019）以及“1980～2018 年中国地区 25km 逐日雪深数据集”（Che et al.，2008）分析青藏高原积雪时空分布特征。空间上，青藏高原积雪分布异质性较强（图 3.9）。其中柴达木盆地和青藏高原西南部积雪较少，年平均积雪日数小于 15 天。其他大部分区域积雪日数大于 30 天。而积雪日数高值（大于 120 天）主要分布在高海拔山区，其中大部分分布在喀喇昆仑山、昆仑山北部、喜马拉雅山、唐古拉山中东部以及念青唐古拉山，小部分分布于巴颜喀拉山、祁连山和横断山西侧等地区。积雪日数 60～120 天也主要分布在这些山区[图 3.9（a）]。最大雪深分布在横断山脉西侧和念青唐古拉山，年平均雪深在 10 cm 以上；其次分布在巴颜喀拉山、喜马拉雅山及帕米尔高原；祁连山区相对其他几个山区雪深较浅；青藏高原腹地及柴达木盆地降雪次数较少，年平均雪深在 1 cm 以内[图 3.9（b）]。

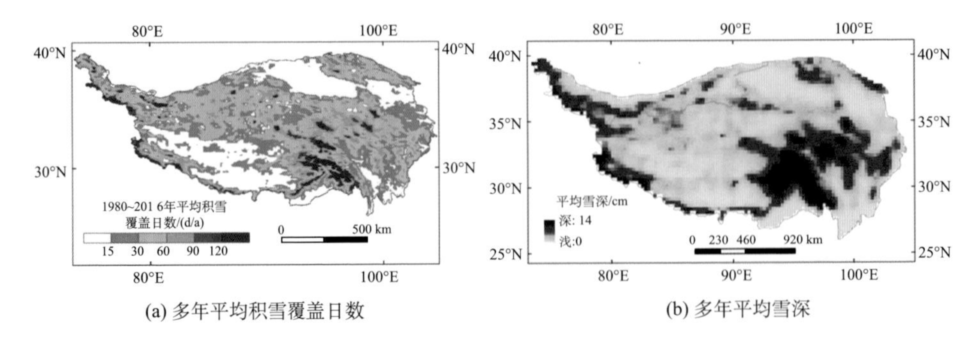

图 3.9 青藏高原多年平均积雪覆盖日数和平均雪深分布图

年际变化上，1980～1990 年代积雪面积较大，2000 年以后，青藏高原积雪面积显著减少（图 3.10）。积雪面积平均值有 4 个峰值，分别出现在 1980/1981 年积雪期（115 万 km^2）、1982/1983 年积雪期（90 万 km^2）、1994/1995 年积雪期（81 万 km^2）、1997/1998 年积雪期（69 万 km^2），这 4 个时期的平均积雪面积分别为 58 万 km^2、48 万 km^2、17 万 km^2、12 万 km^2。最大值出现在 1994/1995 年积雪期，约 250 万 km^2。青藏高原逐年积雪日数及其变化的空间分布表明，除了青藏高原北部的柴达木盆地和西南部冈底斯山脉和唐古拉山脉之间的降雪较少区域出现零星的积雪日数增加趋势外，青藏高原大部分区域积雪日数呈逐年递减的趋势。变化趋势小于−2d/a 的区域约占整个青藏高原面积的 1/2。在喀喇昆仑山、昆仑山东段、唐古拉山东段、念青唐古拉山、喜马拉雅山东段，甚至出现小于−4d/a 的下降趋势。

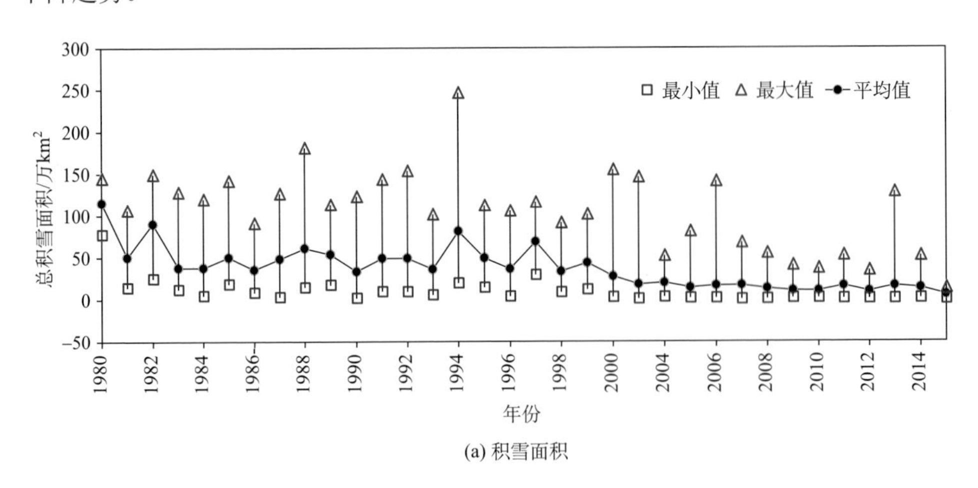

(a) 积雪面积

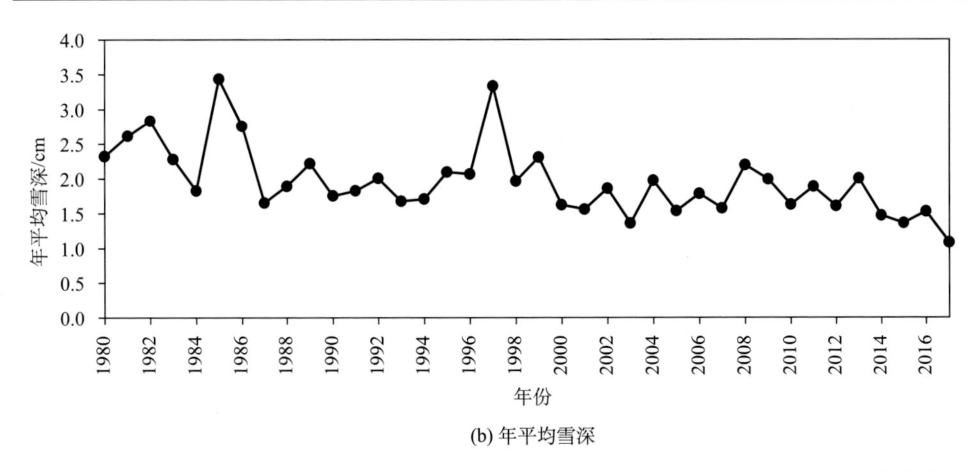

(b) 年平均雪深

图 3.10　青藏高原积雪 1980/1981 年至 2015/2016 年积雪期积雪面积和年平均雪深变化趋势图

青藏高原年平均雪深及其年际变化显示，1980～2016 年，青藏高原雪深呈现总体下降趋势[图 3.10（b）]。2000 年之前雪深呈现较大的波动，从 2000 年开始雪深出现明显的下降，并且波动较小。从 2000 年开始出现显著下降，这一结论与积雪面积的年际变化趋势相似。虽然总体上呈下降趋势，但也存在一定的空间异质性。雪深较深的念青唐古拉山区呈明显的下降趋势，变化率主要分布在 −0.2～−0.1 cm/a，而祁连山、可可西里山以及喜马拉雅山北坡的积雪呈现小的上升趋势，变化率小于 0.1 cm/a。

3.4　多年冻土变化及影响

3.4.1　北极与第三极多年冻土的变化

冻土是一种特殊的土类，具有独特的力学和水热特性，如冻土热传导率较大、水力传导系数低、相变潜热巨大、融化后其强度明显降低等。因此，冻土变化对地表能量过程、水文过程、生物地球化学循环、地基承载力等都会产生重要影响。多年冻土退化直接威胁基础设施安全，影响地表地下水循环，影响野生动物栖息地和水生生态系统的稳定性，进而影响人类生存（Cheng and Wu，2007；Ran et al.，2018）。同时，多年冻土融化后可能会释放大量温室气体，加剧全球变暖。长期潜藏在多年冻土中的微生物可能也会因冻土退化而从休眠中复苏，从而增加疫情或重金属污染等公共卫生安全风险。

直接观测表明，过去几十年中，全球多年冻土温度持续升高，活动层厚度总体上也在持续增加。对全球陆地多年冻土观测网（GTN-P）时间序列地温数据的分析结果表明（Biskaborn et al.，2019），2007～2016 年，阿拉斯加北极（28 个地温钻孔）的年平均地温区间为–8.88～–0.14℃，平均为–2.88℃，平均升温率为每 10 年增加 0.13℃；西伯利亚北极（54 个地温钻孔）的年平均地温为–2.56℃，最低达–10.14℃，升温率为每 10 年增加 0.042℃；第三极多年冻土监测主要集中于青藏工程走廊、214 国道沿线等工程走廊带内，主要包含 12 个地温钻孔，其年平均地温区间为–0.07～–3.02℃，平均为–0.91℃，平均升温率为每 10 年增加 0.143℃。可见，多年冻土年平均地温升温率与年平均地温的高低呈反比例关系，即低温多年冻土年平均地温升温率相对较高。但对于年平均地温接近相变区（–0.5～0℃）的极高温多年冻土，其升温率反而较低（Luo et al.，2018）。这与多年冻土中蕴藏的地下冰的巨大相变潜热效应有关，多年冻土在接近退化消失、地下冰冰水相变时，将需要吸收较多的能量用于融化其中的地下冰。

基于环极地活动层监测网（CALM）的 230 多个站点观测数据，分析了 1990～2018 年三极地区的活动层厚度变化特征。结果表明，活动层厚度从北极到中纬度高山多年冻土区，表现出明显的空间差异（图 3.11）（Luo et al.，2016）。阿拉斯加北极地区平均活动层厚度为 0.56 m，变化率为+0.53 cm/a；加拿大北极地区约为 0.75 m，变化率为+0.31 cm/a；欧亚大陆北极地区约为 0.74 m，变化率为

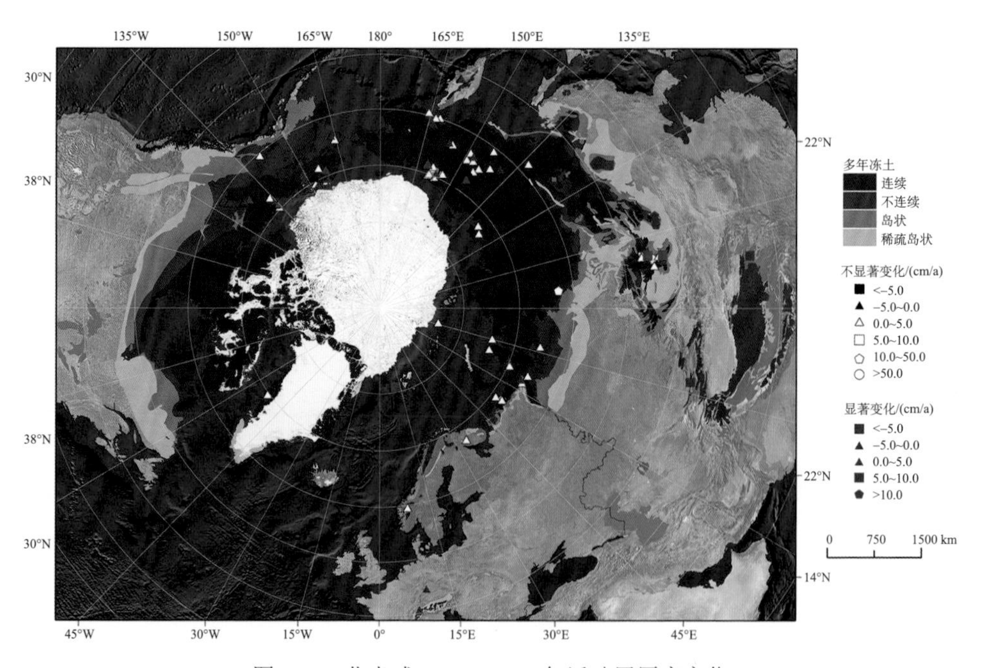

图 3.11　北半球 1990～2018 年活动层厚度变化

+0.70 cm/a；青藏高原多年冻土活动层厚度平均为 2.45 m，变化率达到+1.95 cm/a（程国栋等，2019）。在观测记录中，活动层厚度在各地的增加趋势并不一致。阿拉斯加约 40%的站点和加拿大约 37%的站点的活动层厚度显著变化。在第三极地区，几乎所有站点的活动层厚度显著增加（Li et al.，2008）。在北极的部分地区，如阿拉斯加和加拿大的部分地区，活动层厚度的升高不显著甚至降低。

遥感监测结果显示，在北半球 45°以北地区，1979～2010 年间的地表融化天数有显著增加的趋势（0.189 d/a），其主要原因是融化起始日的提前（–0.149 d/a）（Kim et al.，2012）；2002～2018 年，加拿大北部、美国西部、北欧地区的冻结天数呈现减少趋势（–0.192 d/a）；北美洲中部地区和西伯利亚平原以西等零星地区的冻结天数呈现增加趋势（+0.156 d/a）（Hu et al.，2019）。

在第三极青藏高原地区，1988～2007 年期间，地表土壤融化起始日提前了约 14 天，冻结起始日推迟了约 10 天，冰结天数以 1.68 d/a 的速率减少。土壤融化起始日提前主要发生在高原东北部和西南部的岛状多年冻土区，西北部多年冻土区则相对稳定。不连续多年冻土和岛状多年冻土区域的冻结起始日明显推迟，零星岛状冻土区的冻结天数显著缩短了 40～50 天。冻结天数减少的区域大部分位于海拔 2500～5000 m 处（Li et al.，2012）。在 2002～2018 年间，青藏高原中东部地区以及北部边缘山地地带（西昆仑山-阿尔金山-祁连山）的冻结天数持续减少（Hu et al.，2019）。

模型模拟也显示出多年冻土地温升高和活动层厚度增加的趋势。统计模拟显示，北半球陆地多年冻土年平均地温在 1980 年代（1970～1984 年）至 2010 年代（2000～2014 年）间从–4.91℃升高到–4.78℃，升高了 0.13℃（Aalto et al.，2018）。在北极地区，地温升高了 0.12℃，其中，北美极地、欧亚大陆北极和格陵兰岛多年冻土地温分别升高了 0.09℃、0.15℃和 0.07℃。在第三极地区，多年冻土地温从–1.82℃升高到–1.75℃，升高了 0.07℃。

经验模型的模拟表明，在 1901～2005 年间，北极地区活动层厚度增加剧烈的区域位于北美洲东北部，增速大于每 10 年 2 cm，较小的区域位于阿拉斯加和西伯利亚东北部，增速为每 10 年 0.5～1 cm。第三极大部分区域的活动层厚度增速也较快，为每 10 年 1.5～3 cm（Peng et al.，2018）。1948～2006 年北极地区活动层厚度主要在多年冻土下界附近出现显著增加，其中，欧亚大陆整体增加，鄂毕河流域增幅达每 10 年 4.6 cm，叶尼塞河和勒拿河流域为每 10 年 2 cm，而北美洲自 1990 年代也缓慢增加，育空河和麦肯齐河流域活动层厚度增加速率分别为每 10 年 0.2 cm 和 0.3 cm（Park et al.，2013）。2001～2015 年阿拉斯加北极的活动层厚度普遍增加，24%的多年冻土区呈现显著的增加趋势，而只有不到 0.3%的区域出现了明显的厚度减薄趋势。阿拉斯加北部连续多年冻土区具有相对小的增加趋势（0.32±1.18 cm/a），较大的增加趋势（> 3 cm/a）则分布于阿拉斯加中部和南部（Yi et al.，2018）。基于数值瞬态模型模拟的结果，第三极地区大部分区域活动层厚度在 1980～2013 年表现出增加趋势，区域平均增率约为每 10 年 31.1 cm（Qin et al.，2017）。

随着多年冻土的升温和活动层增厚，多年冻土的稳定性在总体降低。在北极，多年冻土升温速率较快，由于其高含冰量等特性，多年冻土引起的地表沉降等灾害发生的频率可能大大增加。不仅如此，在北极多年冻土区，如西西伯利亚，多年冻土的退化特别是冻土层上水与层下水的贯穿可能引起湖泊的突然消失或增加，进而影响生态系统的稳定性。而在第三极，特别是青藏工程走廊，受工程干扰和气候变化的影响，多年冻土活动层厚度的增加速率相对北极更大。在山区，多年冻土退化可能还会降低山体的稳定性，增加滑塌、崩塌、滑坡等自然灾害发生的频率（Ding et al.，2021）。据统计，过去 50 年间，高温多年冻土面积在增加，低温多年冻土在减少，约 88%的多年冻土的稳定性退化到了更低的水平（Ran et al.，2018）。

3.4.2 北极与第三极未来多年冻土退化对基础设施的可能影响

未来多年冻土的退化将可能直接威胁北极和第三极地区的基础设施安全。

利用统计模型在 1km 尺度上预测了未来不同排放情景下的北极地区年平均地温和活动层厚度（Aalto et al.，2018），结果表明，相对于基准期（2000～2014 年），在 RCP8.5 情景下，未来（2061～2080 年）北半球 30°以北区域的年平均地温将从 4.1℃升高到 8.4℃，平均活动层厚度从 102 cm 增加到 118 cm。多模型模拟表明近地表多年冻土面积将会大量减少，在 RCP8.5 情景下到 2300 年冻土面积减少 90%，RCP4.5 情景下将减少 29%（McGuire et al.，2018）。

在第三极地区，Xu 和 Wu（2019）预估了气候变暖对多年冻土地基容许承载力的影响。结果表明，在 2006～2099 年期间，年平均地温将增加 0.40℃（RCP2.6）、0.79℃（RCP4.5）、1.07℃（RCP6.0）和 1.75℃（RCP8.5）。随着多年冻土的退化，多年冻土区的地基容许承载力将相应降低，在 2006～2099 年期间，每 10 年下降 0.6 kPa（RCP2.6）、5 kPa（RCP4.5）、7 kPa（RCP6.0）和 11 kPa（RCP8.5）。

基于活动层厚度和年平均地温预测（Aalto et al.，2018），综合地下冰含量等辅助数据，Karjalainen 等（2019）定义了一个多年冻土灾害指数，对 21 世纪中期北半球多年冻土退化的风险进行了分级（图 3.12），并量化了其对基础设施的影响。结果表明，北半球近 400 万人口和多年冻土地区约 70%的现有基础设施将面临多年冻土退化的风险，俄罗斯北极地区 1/3 的基础设施和 45%的油气田位于多年冻土退化的高风险区，即使达成《巴黎协定》的气候变化目标，退化的幅度也不会大幅减少。该研究首次明确了因多年冻土融化面临结构性失效风险的北半球基础设施的数量。进一步分析表明，整个北半球地区的潜在风险并不均匀，如果只考虑多年冻土的影响，中亚山区和欧亚大陆面临的风险可能会比北美部分地区更高。潜在风险最高的地区通常地下含冰量相对较高，对冻结敏感的沉积物较厚，以及多年冻土融化的可能性较大。到 2050 年，阿拉斯加、西伯利亚北极的近地表多年冻土的融化，可能损害该区域的石油管道和油罐等基础设施，导致石油泄漏，进而对生态系统产生严重破坏；同时，能源供应、国家安全和一般经济活动也可能受到不利影响。

预测正在变成现实，2020 年 5 月 29 日，位于多年冻土中低风险区交界处的俄罗斯北极城市——诺里尔斯克的一家热电厂，一个储油罐底座的支撑桩突然下沉，造成油罐发生变形破损，约 2 万 t 燃油泄漏，被认为是俄罗斯现代史上第二大漏油事故。尽管还没有官方详细的事故调查报告，但目前认为是由于多年冻土融化造成的。

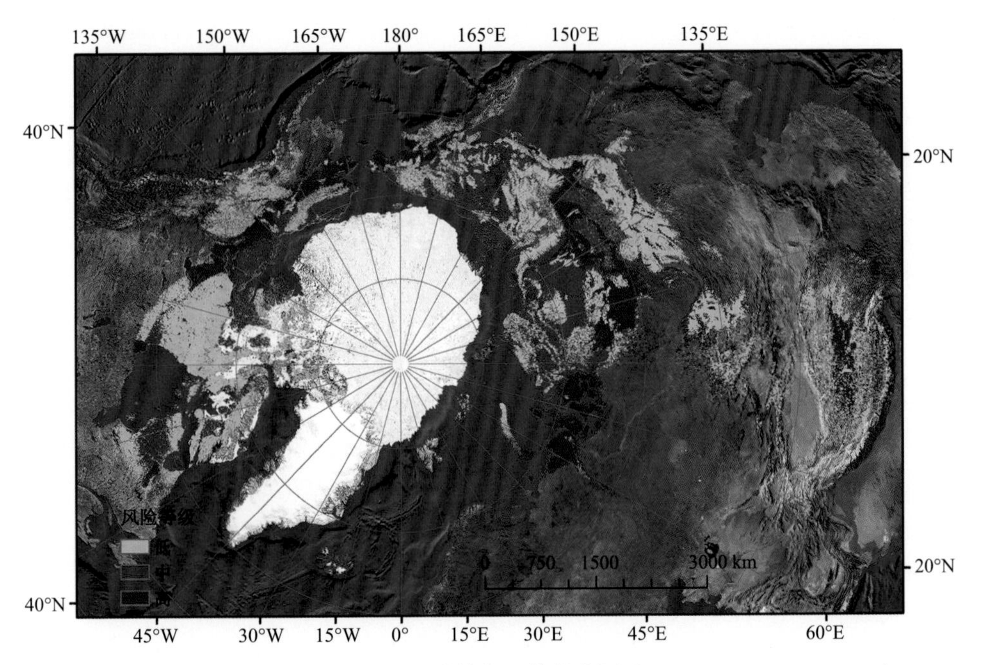

图 3.12　环北极多年冻土退化的风险等级（数据来源于 Karjalainen et al.，2019）

基于三个地质灾害指数（沉降指数、风险区划指数和层次分析法指数）的综合指数显示 21 世纪中期（2041～2060 年）多年冻土退化潜在风险

3.5 河湖冰变化

3.5.1 湖冰变化

每年冬天，世界上超过 5000 万个湖泊会出现结冰现象（Filazzola et al.，2020），IPCC 特别报告（2019）指出，全球湖冰物候表现出冻结日期推迟、融化日期提前及冰覆盖时长缩短的总体趋势。从长时间系列的地面观测资料分析，1846～1995 年，全球湖泊冻结日期推迟速率为 5.8 d/100a，而融化日期提前速率为 6.5 d/100a（Magnuson et al.，2000）。以 1970 年以来有 1 个或多个冬季没有完全被冰覆盖为条件，现有的 1.48 万个湖泊为间歇性冬季冰覆盖湖，这种间歇性冰覆盖可能是湖冰永久消失的先兆（Sharma et al.，2019）

在北极地区，包括阿拉斯加、西伯利亚东北部、加拿大东北部、西伯利亚中部以及北欧在内的 13300 个湖泊，自 2000～2013 年则出现了融化日显著提前的趋势，其提前速率从 0.1 d/a（北欧）至 1.05 d/a（西伯利亚中部）（Smejkalova et al.，2016）。通过对北半球 122 个湖泊 78 年以来的观测表明，多年生湖冰向季节性湖冰转变，极端无冰湖的数量在逐渐攀升，在较近的 1978～2016 年时段，冬季无冰湖泊的平均数量增加了 5 倍（Filazzola et al.，2020）。针对北半球湖冰，未来升温分别为 2℃和 8℃时，分别会有 35 个、300 个、230 个、400 个湖泊转变为间歇性冰覆盖。

在南极，除了广泛分布的冰面湖和冰下湖外，南极内陆湖泊较少，且湖泊主要为多年生冰，当前研究主要集中在湖冰厚度变化研究，认为南极湖冰厚度总体变薄。通过对南极洲边缘维多利亚地麦克默多干旱谷的多个湖泊观测，表明南极的 Hoare 湖常年被冰覆盖，其厚度在 1977～1986 年减少了 2.5 m，1986～1999 年增加了约 1.4 m，而在 2016 年又减少了 2 m（Obryk et al.，2019）。通过模拟表明，Bonney 湖湖冰厚度将在 2091 年急剧变薄，而 Crooked 湖可能从 2069 年夏季开始存在无冰覆盖（Echeverría et al.，2020）。

在素有第三极之称的青藏高原区域，从 2001～2017 年，18 个湖泊的平均冰覆盖时长延长，速率为 1.11 d/a，40 个湖泊的平均冰覆盖时长缩短，速率为–0.8 d/a（Cai et al.，2019）。对 2001～2019 年青藏高原 59 个湖泊的遥感监测，也发现存在一些湖泊在某些年份不结冰现象（Kropacek et al.，2013；Qiu et al.，2019）。通过对比北欧与青藏高原 1978～2017 年的湖冰物候（图 3.13），表明青藏高原湖冰物候变化与北极地区湖冰物候变化相比存在明显的区域差异（Wang et al.，2020），呈延长趋势的湖泊主要分布在藏北区域（Qiu et al.，2019；Wang et al.，2020）。

针对青藏高原湖冰物候研究，在不同的 RCPs 下 2002～2050 年的年际变化大于 2050～2099 年的年际变化，认为在 RCP4.5、RCP6.0 和 RCP8.5 场景下，从 2002 年到 2098 年，青藏高原湖泊的平均覆盖时长缩短速率分别为 0.05 d/a、0.14 d/a 和 0.25 d/a（Ruan et al.，2020）。

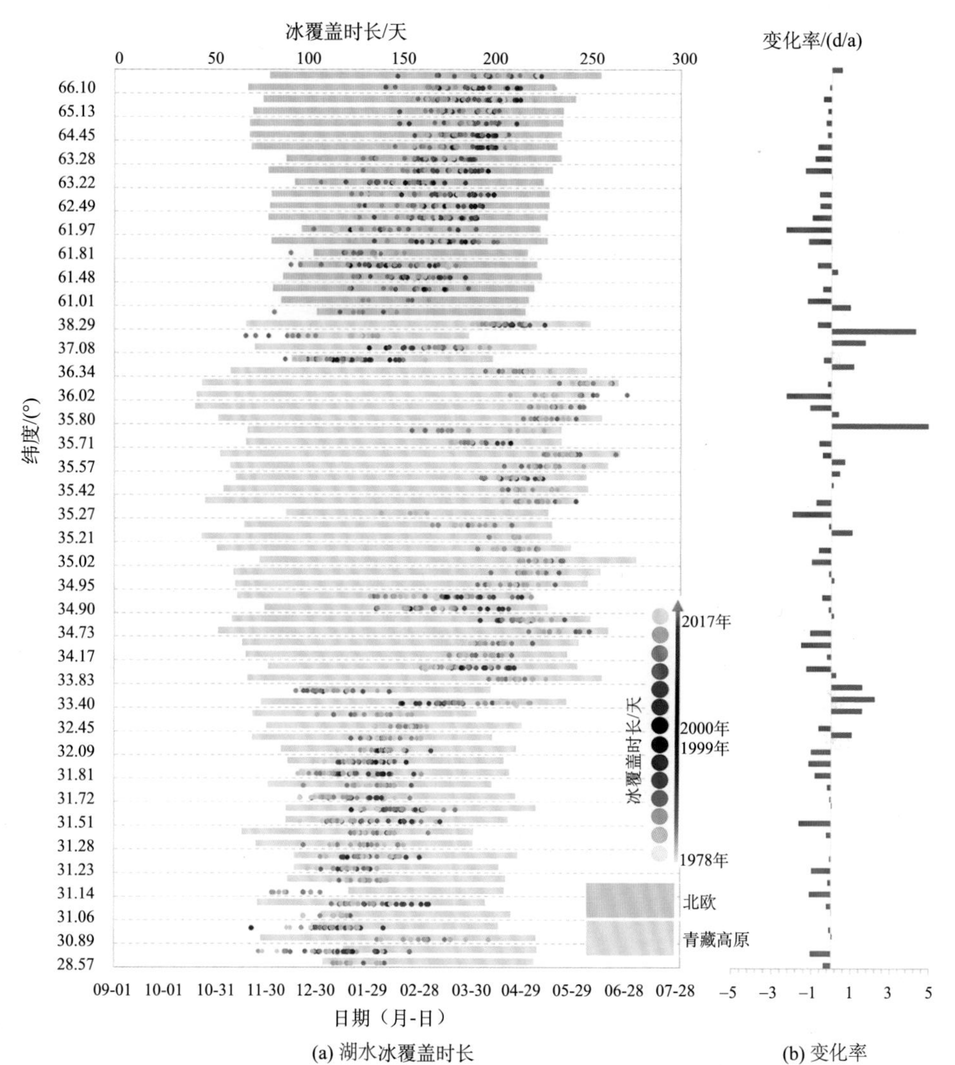

图 3.13　北欧、青藏高原 76 个湖冰覆盖时长及变化率图

（a）图中为 1978～2017 年 76 个湖泊的湖冰物候图，条形图表示湖泊在已有观测年份的平均开始冻结日期、完全融化日期以及冰覆盖时长，紫色条形图表示青藏高原湖泊、橘色表示北欧；点图表示湖泊已有观测年份每年的冰覆盖时长，蓝色表示 1978～1999 年的冰覆盖时长，红色表示 2000～2017 年的冰覆盖时长。（b）图中变化率为 2000 年以后的冰覆盖时长变化率，蓝色为冰覆盖时长延长湖泊，红色则表示冰覆盖时长缩短湖泊

北极和青藏高原湖冰物候变化具有关联性，在气候尺度上也存在着遥相关影响（图 3.14），认为冬季北大西洋涛动异常会对青藏高原南部湖冰融化时间延迟有一定贡献（Liu et al.，2018），即由于高原南部水汽向北输送异常，使得降雪增加、地表反射率增强，进而地表温度降低，湖冰融化时间延迟。而位于泛北极的喀拉海海冰减少导致青海湖地区温度降低，从而使得青海湖结冰时间提前，起到了缓解全球变暖的影响（Liu et al.，2019）。此外，前春南极涛动（AAO）与青藏高原湖泊融冰期/冰冻期之间存在显著相关，青藏高原上空异常的气旋性环流和加强的上升气流有利于高原春季降雪发生的概率，进而会通过冰雪反照率机制降低近地面气温，延长湖泊冰冻期（Liu et al.，2020）。

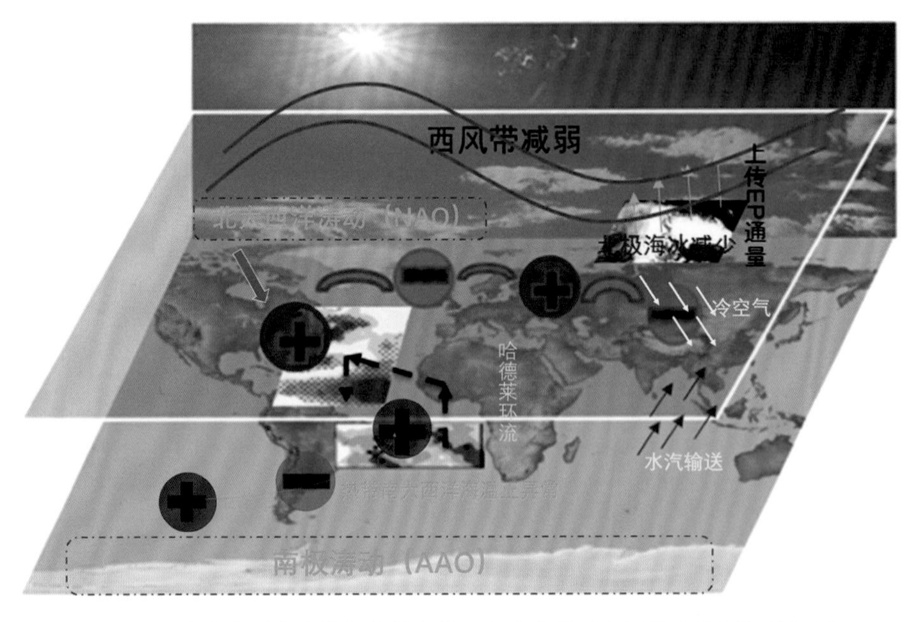

图 3.14　青藏高原湖冰物候变化与北极海冰变化及南极涛动的遥相关机制

湖冰物候的变化极大影响了气候环境及社会经济等活动，随着春季湖冰提前融化，湖泊中所含的温室气体会提前释放出来，大量温室气体提前排放会严重影响生态环境（Denfeld et al.，2018）。湖冰提前融化、湖冰厚度变薄会影响到当地的交通、经济、湖泊生态等。

3.5.2　河冰变化

全球及局地气候和环境变化直接影响着河冰的生消，IPCC 于 1995 年、2001 年、2007 年及 2013 年发布的评估报告均指出了气候变化对河冰的重要影响

（Stocker et al.，2013），20 世纪春秋和平均气温升高在北半球许多地区造成河冰消融提前和河冰冻结推迟。

基于卫星资料监测，发现全球范围内河冰在 1984～2018 年间全球平均河冰范围减少了 2.5%（Yang et al.，2020）。在北半球，俄罗斯、芬兰、日本和美国等国家的 39 条河冰历史监测资料表明，1846～1995 年的 100 多年间，封冻时间平均每 100 年延迟 5.8 天，开始融化时间平均每 100 年提前 6.5 天（Magnuson et al.，2000）。基于 2002～2019 年 MODIS（中等分辨率成像光谱仪）逐日数据，获得北极和环北极地区大河河冰覆盖度（river ice frational）格网数据（图 3.15），发现鄂毕河流域从河冰的完全冻结、开始融化及河冰覆盖时长（ice cover duration）和同期的温度变化趋势具有明显的一致性，该流域 2002～2019 年观测数据表明，开始融化时间提前速率为每 10 年 1.7 天。在加拿大北方区域的麦肯锡河流域，1913～2002 年开河周期由历史时期的约 3 个月缩短为约 8 周的时间（Rham et al.，2008）。在青藏高原东北缘祁连山的八宝河流域，1999～2018 年河流冰期平均河冰面积具有微弱下降趋势（Li et al.，2020）。

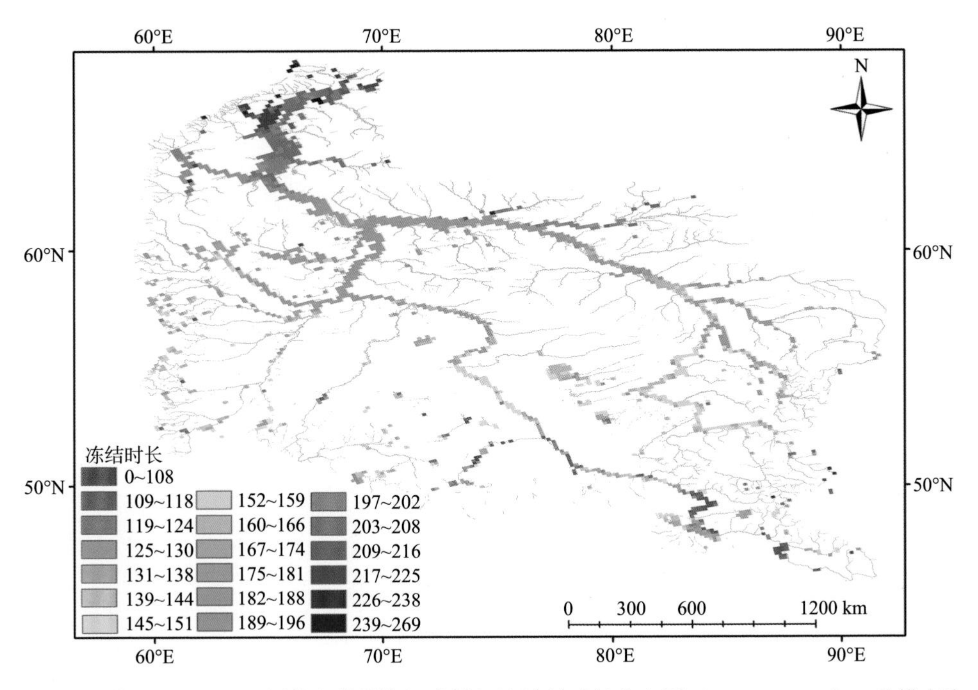

图 3.15　基于 MODIS 观测获取的鄂毕河流域河冰冻结时长分布图（2004～2005 年，分辨率为 12.5 km）

针对河冰的未来变化，基于河冰覆盖和地表气温关系模型分析，认为全球地表平均气温每升高 1℃，河冰季节性冰持续时间平均减少 6.10±0.08 天（Yang et al.，2020）。针对未来气候预测，在 RCP 8.5 排放情景下，俄罗斯北极内陆地区河冰冰期可能会逐渐缩短，表现为西部地区冰期减少 10～13 天，而在东部地区冰期减少 2～4 天（Vasilenko et al.，2019），全球平均河冰则持续时间减少 16.7 天，而在 RCP 4.5 下，平均河冰持续时间减少 7.3 天（Yang et al.，2020）。

3.6 本章小结

总体而言，目前三极冰冻圈的冰盖/冰川、积雪、河湖海冰和冻土正面临快速的变化，并产生了不同时空尺度的全球环境多重影响。关于各典型环境要素的变化的简要总结如下。

对于三极冰川/冰盖，南极冰盖和北极格陵兰冰盖自 1970 年代以来整体上呈现出加速消融的趋势，特别是进入 21 世纪以来，这种加速趋势尤为显著。青藏高原及其邻近地区的冰川在过去 30 年间面积退缩了 15%，由 53000 km^2 缩减至 45000 km^2。同时，区域内冰川整体上在 2000 年之后经历了加速的物质流失，特别是在喜马拉雅山地区。然而在喀喇昆仑山、西昆仑和帕米尔地区，部分冰川一直处于稳定状态，甚至存在物质积累。

对于南北极海冰，1979～2018 年，北极海冰范围很可能在一年中的所有月份都有所减少。9 月份海冰每 10 年减少 12.8%±2.3%，可能是至少 1000 年来前所未有的。由于区域信号的对比和较大的年际变异性，南极海冰范围总体上没有统计学上的显著趋势（1979～2018 年）。南极海冰面积自 1970 年代以来总体上呈显著增加趋势，但在区域上存在着变化趋势不一致，在局部时间内海冰范围也出现大幅度减少的情况。

对于三极积雪，1967～2018 年，北极 6 月陆地积雪范围每 10 年下降 13.4%±5.4%，总损失约 250 万 km^2，主要是由于地表气温升高导致；同时积雪覆盖时间变短，春季和秋季每 10 年平均缩短 0.7～3.9 天和 0.6～1.4 天。南极洲西部沿海区域年积雪量自 20 世纪以来呈现增加趋势，速率为每 100 年 1.5 cm，特别是到 2010 年，年积雪量比 20 世纪初增长了 30%。同时，南极海冰表面的积雪深度在近 15 年来总体呈缓慢减薄趋势。青藏高原积雪主要分布在山区，其中唐古拉山和念青唐古拉山积雪最丰富，多年平均积雪日数在 120 天以上，年平均雪深超过 10 cm。1980～2018 年，青藏高原积雪呈下降趋势，尤其在 2000 年以后，积雪覆盖日数和雪深明显下降。

对于多年冻土，自 1980 年代以来，大部分区域冻土温度已呈现升高趋势。特别是 2007～2016 年期间，全球多年冻土地温平均升高 0.29±0.12℃，其中南极、北极和高山地区多年冻土温度分别升高 0.39±0.15℃、0.37±0.10℃和 0.19±0.05℃（青藏高原冻土增温速率为每 10 年 0.08～0.24 ℃）。同时，冻土活动层厚度已经增加，但存在明显的空间异质性。北极地区只有少部分站点观测到显著增厚，但在青藏高原几乎所有站点都记录了显著的活动层增厚，增厚速率为每 10 年 15.2～67.2 cm（2002～2014 年）。

对于河湖冰等淡水冰，绝大部分高纬度湖泊封冻时间缩短，但在青藏高原第三极高原湖冰冰期在高原北部呈现延长的情况。同时，南北极可观测到的湖冰厚度在过去数十年也开始减薄。全球的河冰面积在过去 30 多年间（1984～2018 年）平均减少了 2.5%，预计全球平均气温每升高 1℃，季节性冰期平均减少 6.10±0.08 天。

参考文献

程国栋, 赵林, 李韧, 等. 2019. 青藏高原多年冻土特征、变化及影响. 科学通报, 64: 2783-2795.

郭华东. 2016. 地球系统空间观测: 从科学卫星到月基平台. 遥感学报, 20(5): 716-723.

何海迪. 2018. 北极山地冰川物质平衡变化及平衡线高度的气候敏感性研究. 兰州: 西北师范大学硕士学位论文.

季青, 庞小平, 张志鹏, 等. 2017. 南极海冰及其表面积雪深度变化研究. 第 34 届中国气象学会年会 S3 冰冻圈对全球气候变化的响应与反馈论文集.

秦大河. 2019. 冰冻圈科学概论. 北京: 科学出版社.

王泽民, 谭智, 艾松涛, 等. 2014. 南极格罗夫山核心区冰下地形测绘. 极地研究, 26(4): 399-404.

效存德, 陈卓奇, 江利明, 等. 2019. 格陵兰冰盖监测、模拟及气候影响研究. 地球科学进展, 34(8): 781-786.

姚檀栋, 余武生, 邬光剑, 等. 2019. 青藏高原及周边地区近期冰川状态失常与灾变风险. 科学通报, 64(27): 2770-2782.

Aalto J, Karjalainen O, Hjort J, et al. 2018. Statistical forecasting of current and future circum-Arctic ground temperatures and active layer thickness. Geophysical Research Letters, 45: 4889-4898.

Azam M F, Wagnon P, Berthier E, et al. 2018. Review of the status and mass changes of Himalayan-Karakoram glaciers. Journal of Glaciology, 64(243): 61-74.

Behera N, Swain D, Sil S. 2020. Effect of Antarctic sea ice on chlorophyll concentration in the Southern Ocean. Deep Sea Research Part II: Topical Studies in Oceanography, 178: 104853.

Bell R E, Seroussi H. 2020. History, mass loss, structure, and dynamic behavior of the Antarctic ice sheet. Science, 367(6484): 1321-1325.

Biskaborn B K, Smith S L, Noetzli J, et al. 2019. Permafrost is warming at a global scale. Nature Communications, 10(1): 264.

Bolch T, Pieczonka T, Mukherjee K, et al. 2017. Brief communication: Glaciers in the Hunza catchment(Karakoram)have been nearly in balance since the 1970s. The Cryosphere, 11(1): 531-539.

Bronselaer B, Winton M, Griffies S M, et al. 2018. Change in future climate due to Antarctic meltwater. Nature, 564(7734): 53-58.

Brown R D, Robinson D A. 2011. Northern Hemisphere spring snow cover variability and change over 1922–2010 including an assessment of uncertainty. The Cryosphere, 5(1): 219-229.

Brun F, Berthier E, Wagnon P, et al. 2017. A spatially resolved estimate of High Mountain Asia glacier mass balances from 2000 to 2016. Nature Geoscience, 10: 668-673.

Cai Y, Ke C, Li X, et al. 2019. Variations of lake ice phenology on the Tibetan plateau from 2001 to 2017 based on MODIS data. Journal of Geophysical Research, 124(2): 825-843.

Che T, Li X, Jin R, et al. 2008. Snow depth derived from passive microwave remote-sensing data in China. Annals of Glaciology, 49: 145-154.

Cheng G D, Wu T H. 2007. Responses of permafrost to climate change and their environmental significance, Qinghai-Tibet Plateau. J Geophys Research-Earth Surface, 112: F02S03.

Choi G, Robinson D A, Kang S. 2010. Changing Northern Hemisphere Snow Seasons. Journal of Climate, 23(19): 5305-5310.

de Pablo M A, Ramos M, Molina A. 2017. Snow cover evolution, on 2009-2014, at the Limnopolar Lake CALM-S site on Byers Peninsula, Livingston Island, Antarctica. Catena, 149: 538-547.

Denfeld B A, Baulch H M, Giorgio P A, et al. 2018. A synthesis of carbon dioxide and methane dynamics during the ice-covered period of northern lakes. Limnology and Oceanography, 3(3): 117-131.

Ding Y, Mu C, Wu T, et al. 2021. Increasing cryospheric hazards in a warming climate. Earth-Science Reviews, 213: 103500.

Echeverría S, Hausner M B, Bambach N, et al. 2020. Modeling present and future ice covers in two Antarctic lakes. Journal of Glaciology, 66(255): 11-24.

England M R, Polvani L M, Sun L, et al. 2020. Tropical climate responses to projected Arctic and Antarctic sea-ice loss. Nature Geoscience, 13(4): 275-281.

Filazzola A, Blagrave K, Imrit M A, et al. 2020. Climate change drives increases in extreme events for lake ice in the Northern Hemisphere. Geophysical Research Letters, 47(18): e2020GL089608.

Gao H, Zou X, Wu J, et al. 2020. Post-20th century near-steady state of Batura Glacier: observational evidence of Karakoram Anomaly. Science Reports, 10: 987.

Gardelle J, Berthier E, Arnaud Y. 2012. Slight mass gain of Karakoram glaciers in the early twenty-first century. Nature Geoscience, 5(5): 322-325.

Gardner A S, Fahnestock M A, Scambos T A. 2019. ITS_LIVE Regional Glacier and Ice Sheet

Surface Velocities. Data archived at National Snow and Ice Data Center.
Gardner A S, Moholdt G, Scambos T, et al. 2018. Increased West Antarctic and unchanged East Antarctic ice discharge over the last 7 years. The Cryosphere, 12: 521-547.
Guo H D, Li X W, Qiu Y B. 2020. Comparison of global change at the Earth's three poles using spaceborne Earth observation. Science Bulletin, 65(16): 1320-1323.
Gupta M, Follows M J, Lauderdale J M. 2020. The effect of Antarctic sea ice on Southern Ocean carbon outgassing: capping versus light attenuation. Global Biogeochemical Cycles, 34(8): e2019GB006489.
Hao X, Luo S, Che T, et al. 2019. Accuracy assessment of four cloud free snow cover products over the Qinghai-Tibetan Plateau. International Journal of Digital Earth, 12(4): 375-393.
Hewitt K. 2005. The Karakoram Anomaly? Glacier Expansion and the 'elevation effect', Karakoram Himalaya. Mountain Research and Development, 25(4): 332-340.
Holland P R, Kwok R. 2012. Wind-driven trends in Antarctic sea-ice drift. Nature Geoscience, 5(12): 872-875.
Hu T, Zhao T, Zhao K, et al. 2019. A continuous global record of near-surface soil freeze/thaw status from AMSR-E and AMSR2 data. International Journal of Remote Sensing, 40(18): 6993-7016.
Jezek K C, Farness K, Carande R, et al. 2003. RADARSAT 1 synthetic aperture radar observations of Antarctica: Modified Antarctic Mapping Mission, 2000. Radio Science, 38(4): 8067.
Kaab A, Berthier E, Nuth C, et al. 2012. Contrasting patterns of early twenty-first-century glacier mass change in the Himalayas. Nature, 488: 495-498.
Kapnick S B, Delworth T L, Ashfaq M, et al. 2014. Snowfall less sensitive to warming in Karakoram than in Himalayas due to a unique seasonal cycle. Nature Geoscience, 7(11): 834-840.
Karjalainen O, Aalto J, Luoto M, et al. 2019. Circumpolar permafrost maps and geohazard indices for near-future infrastructure risk assessments. Scientific data, 6: 190037.
Kim Y, Kimball J S, Zhang K, et al. 2012. Satellite detection of increasing Northern Hemisphere non-frozen seasons from 1979 to 2008: Implications for regional vegetation growth. Remote Sensing of Environment, 121: 472-487.
Kraaijenbrink P D A, Bierkens M F P, Lutz A F, et al. 2017. Impact of a global temperature rise of 1.5 degrees Celsius on Asia's glaciers. Nature, 549: 257-260.
Kropacek J, Maussion F, Chen F, et al. 2013. Analysis of ice phenology of lakes on the Tibetan Plateau from MODIS data. The Cryosphere, 7(1): 287-301.
Krumpen T, Belter H J, Boetius A, et al. 2019. Arctic warming interrupts the Transpolar Drift and affects long-range transport of sea ice and ice-rafted matter. Scientific reports, 9(1): 1-9.
Kumar A, Yadav J, Mohan R. 2021. Spatio-temporal change and variability of Barents-Kara sea ice, in the Arctic: Ocean and atmospheric implications. Science of The Total Environment, 753: 142046.
Kwok R. 2018. Arctic sea ice thickness, volume, and multiyear ice coverage: losses and coupled

variability(1958–2018). Environmental Research Letters, 13: 105005.

Kwok R, Spreen G, Pang S. 2013. Arctic sea ice circulation and drift speed: Decadal trends and ocean currents. Journal of Geophysical Research: Oceans, 118(5): 2408-2425.

Lannuzel D, Tedesco L, Van Leeuwe M, et al. 2020. The future of Arctic sea-ice biogeochemistry and ice-associated ecosystems. Nature Climate Change, 10(11): 983-992.

Li F, Wan X, Wang H, et al. 2020. Arctic sea-ice loss intensifies aerosol transport to the Tibetan Plateau. Nature Climate Change, 10(11): 1037-1044.

Li H, Li H Y, Wang J. 2020. Monitoring high-altitude river ice distribution at the basin scale in the northeastern Tibetan Plateau from a Landsat time-series spanning 1999–2018. Remote Sensing of Environment, 247: 111915.

Li X, Cheng G D, Jin H J, et al. 2008. Cryospheric change in China. Global and Planetary Change, 62(3-4): 210-218.

Li X, Jin R, Pan X, et al. 2012. Changes in the near-surface soil freeze–thaw cycle on the Qinghai-Tibetan Plateau. International Journal of Applied Earth Observation and Geoinformation, 17: 33-42.

Liang L, Li X W, Zheng F. 2019. Spatio-temporal analysis of ice sheet snowmelt in Antarctica and Greenland using microwave radiometer data. Remote Sensing, 11: 1838.

Lin H, Li G, Cuo L, et al. 2017. Decreasing glacier mass balance gradient from the edge of the upper tarim basin to the Karakoram during 2000-2014. Science Reports, 7(1): 6712.

Liu Y, Chen H, Li H, et al. 2020. The Impact of Preceding Spring Antarctic Oscillation on the Variations of Lake Ice Phenology over the Tibetan Plateau. Journal of Climate, 33(2): 639-656.

Liu Y, Chen H, Wang H, et al. 2018. The Impact of the NAO on the delayed break-up date of lake ice over the Southern Tibetan Plateau. Journal of Climate, 31(22): 9073-9086.

Liu Y, Chen H, Wang H, et al. 2019. Modulation of the Kara Sea ice variation on the ice freeze-up time in Lake Qinghai. Journal of Climate, 32(9): 2553-2568.

Liu Y, Moore J C, Cheng X, et al. 2015. Ocean-driven thinning enhances iceberg calving and retreat of Antarctic ice shelves. Proceedings of the National Academy of Sciences of the United States of America, 112(11): 3263-3268.

Luo D, Jin H, Jin X, et al. 2018. Elevation-dependent thermal regime and dynamcis of frozen ground in the Bayan Har Mountains, northeastern Qinghai-Tibet Plateau, southwest China. Permafrost and Periglacial Processes, 29: 257-270.

Luo D, Wu Q, Jin H, et al. 2016. Recent changes in the active layer thickness across the northern hemisphere. Environmental Earth Sciences, 75(7): 555

Maeda K, Kimura N, Yamaguchi H, et al. 2020. Temporal and spatial change in the relationship between sea-ice motion and wind in the Arctic. Polar Research, 39: 33370.

Magnuson J J, Robertson D M, Benson B J, et al. 2000. Historical trends in lake and river ice cover in the Northern Hemisphere. Science, 289(5485): 1743-1746.

Maurer J M, Schaefer J M, Rupper S, et al. 2019. Acceleration of ice loss across the Himalayas over the past 40 years. Science Advances, 5(6): eaav7266.

McGuire A D, Lawrence D M, Koven C, et al. 2018. Dependence of the evolution of carbon dynamics in the northern permafrost region on the trajectory of climate change. Proceedings of the National Academy of Sciences, 115(15): 3882-3887.

Mouginot J, Rignot E, Bjørk A A, et al. 2019. Forty-six years of Greenland Ice Sheet mass balance from 1972 to 2018. Proceedings of the National Academy of Sciences, 116(19): 9239-9244.

Obryk M K, Doran P T, Priscu J C. 2019. Prediction of ice-free conditions for a perennially ice-covered Antarctic lake. Journal of Geophysical Research, 124(2): 686-694.

Park H, Walsh J, Fedorov A, et al. 2013. The influence of climate and hydrological variables on opposite anomaly in active-layer thickness between Eurasian and North American watersheds. The Cryosphere, 7(2): 631-645.

Parkinson C L. 2019. A 40-y record reveals gradual Antarctic sea ice increases followed by decreases at rates far exceeding the rates seen in the Arctic. Proceedings of the National Academy of Sciences, 116(29): 14414-14423.

Pattyn F, Morlighem M. 2020. The uncertain future of the Antarctic ice sheet. Science, 367(6484): 1331-1335.

Peng S, Piao S, Ciais P, et al. 2013. Change in snow phenology and its potential feedback to temperature in the Northern Hemisphere over the last three decades. Environmental Research Letters, 8(1): 1880-1885.

Peng X, Zhang T, Frauenfeld O W, et al. 2018. Spatiotemporal changes in active layer thickness under contemporary and projected climate in the northern Hemisphere. Journal of Climate, 31(1): 251-266.

Qin Y, Wu T, Zhao L, et al. 2017. Numerical modeling of the active layer thickness and permafrost thermal state across Qinghai - Tibetan plateau. Journal of Geophysical Research: Atmospheres, 122(21): 11,604-611,620.

Qiu Y, Xie P, Leppäranta M, et al. 2019. MODIS-based daily lake ice extent and coverage dataset for Tibetan plateau. Big Earth Data, 3(2): 170-185.

Ran Y, Li X, Cheng G. 2018. Climate warming over the past half century has led to thermal degradation of permafrost on the Qinghai–Tibet Plateau. The Cryosphere, 12(2): 595-608.

Rham L P D, Prowse T D, Bonsal B R. 2008. Temporal variations in river-ice break-up over the Mackenzie River Basin, Canada. Journal of Hydrology, 349(3): 441-454.

Rignot E, Mouginot J, Scheuchl B, et al. 2019. Four decades of Antarctic Ice Sheet mass balance from 1979–2017. Proceedings of the National Academy of Sciences, 116(4): 1095-1103.

Rintoul S R, Chown S L, deConto R M, et al. 2018. Choosing the future of Antarctica. Nature, 558(7709): 233-241.

Ruan Y, Zhang X, Xin Q, et al. 2020. Prediction and analysis of lake ice phenology dynamics under future climate scenarios across the inner Tibetan Plateau. Journal of Geophysical Research: Atmospheres, 125(3): 14.

Sharma S, Blagrave K, Magnuson J J, et al. 2019. Widespread loss of lake ice around the Northern Hemisphere in a warming world. Nature Climate Change, 9(3): 227-231.

Shean D E, Bhushan S, Montesano P, et al. 2020. A systematic, regional assessment of High Mountain Asia Glacier mass balance. Frontiers in Earth Science, 7: 363.

Shen Q, Wang H, Shum C K, et al. 2018. Recent high-resolution Antarctic ice velocity maps reveal increased mass loss in Wilkes Land, East Antarctica. Scientific Reports, 8(1): 4477.

Shepherd A, et al. 2018. Mass Balance of the Antarctic Ice Sheet from 1992 to 2017. Nature, 558: 219-222.

Shepherd A, Gilbert L, Muir A S, et al. 2019. Trends in Antarctic Ice Sheet elevation and mass. Geophysical Research Letters, 46: 8174-8183.

Smejkalova T, Edwards M E, Dash J. 2016. Arctic lakes show strong decadal trend in earlier spring ice-out. Scientific Reports, 6(1): 38449.

Stocker T F, Qin D, Plattner G K, et al. 2013. Technical Summary//Climate Change 2013: The Physical Science Basis. Contribution of Working Group I to the Fifth Assessment Report of the Intergovernmental Panel on Climate Change. Computational Geometry, 18(2): 95-123.

Sun J, Zhou T, Liu M, et al. 2018. Linkages of the dynamics of glaciers and lakes with the climate elements over the Tibetan Plateau. Earth-Science Reviews, 185: 308-324.

Surdu C M, Duguay C R, Brown L C, et al. 2014. Response of ice cover on shallow lakes of the North Slope of Alaska to contemporary climate conditions(1950–2011): radar remote-sensing and numerical modeling data analysis. The Cryosphere, 8: 167-180.

Ted M. 2019. Arctic and Antarctic sea ice change: contrasts, commonalities, and causes. Annual Review of Marine Science, 11(1): 187-213.

Thoman R L, Richter-Menge J, Druckenmiller M L. 2020. Arctic Report Card 2020. https://doiorg/10.25923/mn5p-t54p.

Thomas E R, Hosking J S, Tuckwell R R, et al. 2015. Twentieth century increase in snowfall in coastal West Antarctica. Geophysical Research Letters, 42(21): 9387-9393.

Vasilenko A N, Agafonova S A, Frolova N L. 2019. Ice regime of rivers of the Arctic zone of Russia in modern and future climate conditions. IOP Conference Series: Earth and Environmental Science.

Wang X, Qiu Y, Lemmetyinen J, et al. 2020. Comparison to Changes of Lake Ice Phenology and Air Temperature over Northern Europe, Tibetan Plateau and Mongolian Plateau. IOP Conference Series Earth and Environmental Science, 502: 012033.

Xu X M, Wu Q B. 2019. Impact of climate change on allowable bearing capacity on the Qinghai-Tibetan Plateau. Advances in Climate Change Research, 10(2): 99-108.

Yang X, Pavelsky T M, Allen G H. 2020. The past and future of global river ice. Nature, 577(7788):

69-73.

Yang X Y, Wang G, Keenlyside N. 2020. The Arctic sea ice extent change connected to Pacific decadal variability. The Cryosphere, 14(2): 693-708.

Yao T, Thompson L, Wei Y, et al. 2012. Different glacier status with atmospheric circulations in Tibetan Plateau and surroundings. Nature Climate Change, 2: 663-667.

Yi Y, Kimball J S, Chen R H, et al. 2018. Characterizing permafrost active layer dynamics and sensitivity to landscape spatial heterogeneity in Alaska. The Cryosphere, 12(1): 145-161.

Zhang Y, Liu S, Xu J, et al. 2008. Glacier change and glacier runoff variation in the Tuotuo River basin, the source region of Yangtze River in western hina. Environmental Geology, 56: 59-68.

Zhao H, Yang W, Yao T, et al. 2016. Dramatic mass loss in extreme high-elevation areas of a western Himalayan glacier: Observations and modeling. Scientific Reports, 6: 30706.

Zhong X Y, Zhang T J, Kang S C, et al. 2018. Spatiotemporal variability of snow depth across the Eurasian continent from 1966 to 2012. The Cryosphere, 12(1): 227-245.

Zhong X Y, Zhang T J, Kang S C, et al. 2021. Spatiotemporal variability of snow cover timing and duration over the Eurasian continent during 1966-2012. Science of the Total Environment, 750: 141670.

Zhou C, Zhang T, Zheng L. 2019. The characteristics of surface albedo change trends over the Antarctic sea ice region during recent decades. Remote Sensing, 11(8217).

第 4 章

三极生态变化

北极新奥尔松，苔原　素材提供：李金锋

本章作者名单

首席作者

张扬建，中国科学院地理科学与资源研究所

孔维栋，中国科学院青藏高原研究所

徐希燕，中国科学院大气物理研究所

主要作者

计慕侃，中国科学院青藏高原研究所

郑江珊，中国科学院大气物理研究所

吴文瑾，中国科学院空天信息创新研究院

陈　宁，中国科学院地理科学与资源研究所

郑周涛，中国科学院地理科学与资源研究所

南极、北极和青藏高原生态系统结构相对简单，加之独特的地理环境，使得它们成为全球气候变化的预警区和敏感区。在全球变暖的背景下，三极地区植被绿度整体呈增加趋势，且春季返青期提前，生长季延长，但这些过程有较大的空间异质性，如近年来在一些区域出现的褐化和生长季滞后现象，此外青藏高原植被物候变化表现出明显的海拔依赖性。气候变化背景下三极地区的植被结构也发生了一定变化，其中北极植物变得越来越高，苔原生态系统中灌木正在扩张，但其扩张率空间异质性较大；南极植物正在加速生长，南极洲边缘出现越来越多的绿色苔原；青藏高原植被总体趋好，但存在区域差异；三极地区微生物对全球气候变化敏感；冻土消融显著改变土壤微生物的群落结构。三极地区生态系统生产力明显提高，青藏高原地区以及北极和南极的海洋生态系统的碳汇水平提升，北极地区多年冻土中的碳排放加速。以往的研究虽然取得了一些成果，但是还需要进一步系统性研究三极生态系统结构和功能的对比，这将有利于深入认识生态系统的变化与气候变化的关系，为预测生态系统结构和功能对气候变化的响应提供科学支撑。

4.1　三极植被变化

4.1.1　北极

北极植被区主要包括极地荒漠、苔原和北方森林的北部[①]。北极的北部是极地荒漠，占据了北极的大部分地区，其特点是地表开放裸露，甚至连最小的木质灌木都不存在。北极苔原被低矮的灌木植被覆盖。在全球气候变暖的大背景下，北极地区的升温速度是地球其他地区的 2～3 倍，且大部分地区的升温主要发生在冬季[②]。气候变化可能会导致植被变化，气温升高有利于北极植被高度和密度增加，从而促进北方森林扩展到苔原，以及苔原进入极地荒漠。

过去几十年，北极苔原植被对环境的剧烈变化作出了响应。卫星记录显示[③]，1982～2017 年北极苔原绿度（greenness）总体呈增加的趋势，但近年来，在阿拉斯加西部的育空-库斯科维姆三角洲（Yukon-Kuskokwim Delta）、加拿大群岛的极北地区（High Arctic）以及西伯利亚冻土带的西北和北岸地区，出现植被褐化的趋势。

① GreenFacts. Arctic Climate Change. https://www.greenfacts.org/en/arctic-climate-change/l-3/4-arctic-tundra.htm#1p0

② Hannah Hoag. 2019. Climate change made the Arctic greener. Now parts of it are turning brown. Science News. https:// www.sciencenews.org/article/climate-change-arctic-browning. 2019-04-11

③ Arctic Report Card: Update for 2018. https://arctic.noaa.gov/Report-Card/Report-Card-2018

1. 植被生长变化

2007年开始，美国国家海洋和大气管理局（NOAA）每年发布《北极年度报告》，提供北极环境系统不同组成部分相对于历史记录的现状[①]。2019年NOAA发布《2019年北极年度报告》，利用来自全球监测与模型研究组（GIMMS）3G V1数据集，研究了基于归一化植被指数（NDVI）的两个度量值——最大归一化植被指数（MaxNDVI）和时间积分的归一化植被指数（TI-NDVI）的变化趋势。MaxNDVI是一年中NDVI的最大值，与年最大地上植被生物量有关。TI-NDVI是生长季节双周NDVI值的总和，与地面植被总生产力相关。

1982～2018年期间MaxNDVI和TI-NDVI在北极苔原大部分地区都有所增加（图4.1）。苔原绿度增加最明显的地区是阿拉斯加北坡、加拿大大陆和西伯利亚东部，而加拿大北部群岛、阿拉斯加西南部和西伯利亚西北地区出现褐化趋势。MaxNDVI和TI-NDVI对植被发生绿化和褐化区域的判断趋于一致。

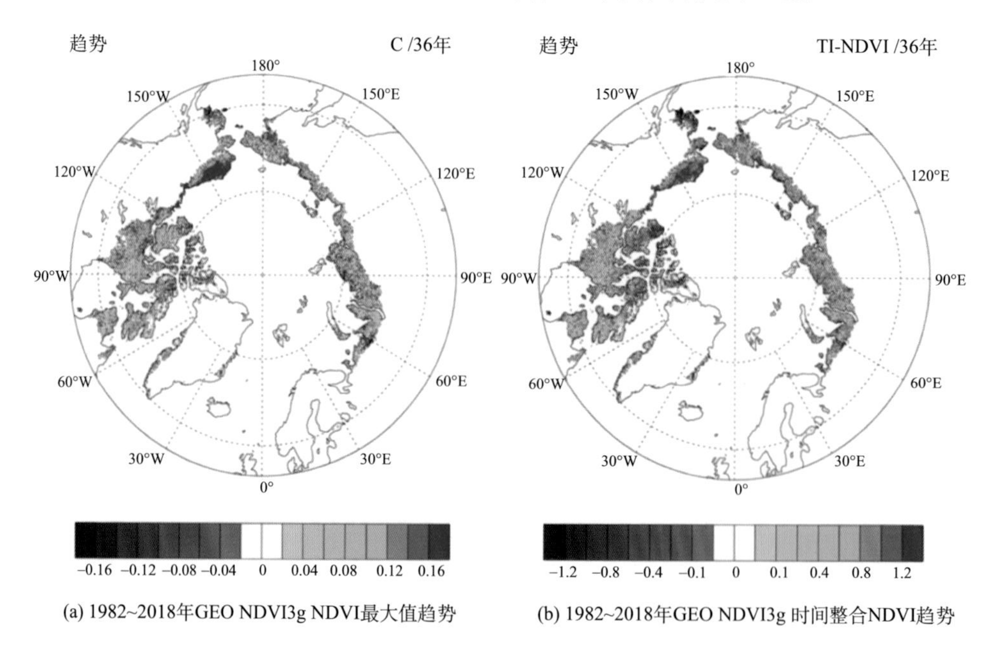

图4.1　1982～2018年北极苔原MaxNDVI与TI-NDVI总体变化趋势（Frost et al.，2019）

虽然1982～2018年MaxNDVI和TI-NDVI均呈总体增加趋势，但具体的趋势存在明显的时空异质性。2017年和2018年北极区域两个NDVI指数总体呈下

① Arctic program. Previous Editions of Report Card. https://arctic.noaa.gov/Report-Card/Report-Card-Archive

降趋势，但欧亚大陆北极地区和北美北极地区变化几乎相反（图 4.2）。2018 年欧亚大陆北极地区的 MaxNDVI 与 2017 年持平，TI-NDVI 呈轻微的上升。而北美北极地区 2018 年的 MaxNDVI 和 TI-NDVI 均比 2017 年有所下降，TI-NDVI 下降了约 11.1%，为 37 年来下降最显著的一年。NDVI 从 2016 年持续下降，2018 年的 MaxNDVI 值在整个北极区域、欧亚北极区和北美北极区分别位列 1982～2018（37 年）的第 19、第 9 和第 25，TI-NDVI 值分别位列 37 年中的第 31、第 11 和第 36 位。研究人员使用遥感反演的地表温度（LST），比较 NDVI 变化与夏季变暖（NDVI 的关键控制因素）的关系。然而，结果表明，北极整体夏季温暖指数（SWI：平均气温> 0℃的月份的月均温的总和）趋势未发生明显变化，不能很好地解释近年来的褐化现象。

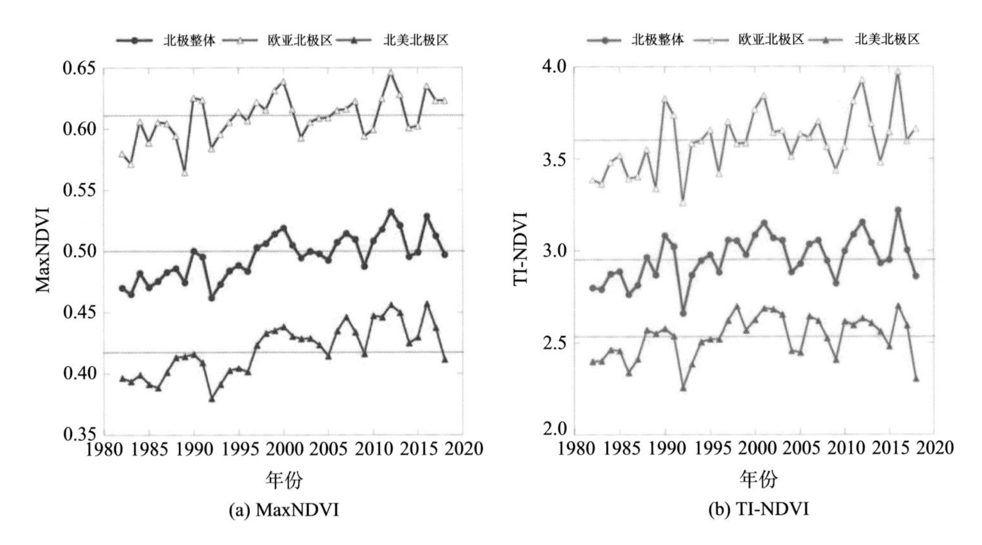

图 4.2 1982～2018 年北美北极区（底部）、欧亚北极区（顶端）与北极整体（中间）的 MaxNDVI 和 TI-NDVI 总体变化趋势（Frost et al.，2019）

苔原绿度的年际动态存在许多控制因素（Martin et al.，2017；Phoenix and Bjerke，2016；Bhatt et al.，2017）：①夏季气温升高是造成苔原植被绿度增加最为广泛接受的原因。然而，一些报告显示温度升高对苔原植被无明显影响，甚至产生有害（如褐化）影响。②极端事件也可能导致苔原褐化，包括冬季升温、霜冻干旱、结冰、野火等非生物因素，以及食草性动物的侵食、虫灾爆发等生物因素。③可利用的降水或水分含量也是苔原植被动态的重要控制因素，水分因素与气温变化高度关联，温度升高可能导致生长季土壤水分减少和苔原植物水分胁迫增加。已经发现积雪的动态特征主导了苔原植被结构（如高度）和功能（如碳循环）的动态。④土地覆盖的变化也会影响苔原的绿度，低温扰动（如霜冻循环）和湖泊排水增加都可能导致褐化。

2. 植被类型和结构变化

北极苔原地带乔木稀少，多数是常绿植物，长势矮小，呈匍匐、垫状生长。苔原的沼泽地区长满了各种苔类植物，苔原的其他地区主要生长着石南灌丛、低矮的草本被子植物和地衣，而禾本科植物很少。北极具有代表性的植物是石南科、杨柳科、莎科、禾本科、毛茛科、十字花科和蔷薇科，大多为多年生，主要靠根茎扩展的无性繁殖。

气候变化正在让北极的植物变得越来越高，苔原生态系统中灌木正在扩张。不仅位于北极苔原上的本土植物越长越高，在北极南部，更高的植物种类也正在向苔原蔓延。常见于欧洲低地的春香草如今已经转移到冰岛和瑞典的一些地方。研究人员称，如果植物继续以目前的速率生长，至 21 世纪末，植物群落的高度将增加 20%～60%（Bjorkman et al.，2018）。灌木的生长和扩张不仅会影响北极生态系统，还会对温室气体的排放产生深远的影响。

对 1980～2010 年遍布北半球中高纬度 46 个地点的 158 个植物群落调查发现（Elmendorf et al.，2012），大多数维管植物的冠层平均高度和观测到的最大植被高度都呈增加趋势，低矮常绿和高大灌木的丰度增加，禾本科植物（特别是草）的最大高度增加，裸地覆盖比例下降。不同站点间比较表明，夏季变暖程度与维管植物丰度变化之间存在关联，灌木、杂草和蔺草随着变暖而增加。然而，这种关联取决于气候区、水分状况和多年冻土的存在。不同地点的灌木扩张率差别很大，有些没有显示出生长变化或气候敏感性的证据。植被变化的空间异质性可以通过各研究站点特定的环境因素来解释（Myers-Smith et al.，2019），包括土壤湿度、地形特征、干扰、草食性动物活动及植物—植物相互作用等。

3. 植被物候变化

1）生长季长度

温度升高导致北极植被的生长季延长，但具体变化情况在空间和时间上存在差异。野外调查发现，1982～2014 年，北极植被的生长季每 10 年延长了 2.60 天，其中生长季开始时间每 10 年提前 1.61 天而生长结束时间每 10 年延迟 0.67 天（Park et al.，2016）。欧亚大陆北方地区的生长季变化率大于北美和北极地区。与 1961～1990 年相比，近几十年来北欧北极的大部分地区的生长季长度有所增加（Forland et al.，2004）。1950～2000 年，北极生长季节的最大绝对和相对变化发生在阿拉斯加，生长季的绝对长度增加了约 15 天（或以每 50 年增加 19%的相对变化），其次是加拿大西部，生长季的绝对长度增加了约 10 天（或以每 50 年增加 8%的相对变化）；俄罗斯的生长季持续时间也显著增加（东部约增加 7 天，西部约增加 10 天）。平均而言，50°N 以北的整个陆地区域，生长季长度每 50 年增加约 6%。生长起始时间提前和生长结束时间延迟通常被认为是由于代谢的低温限制减轻而导致碳同化期延长（Nemani et al.，2003）。

然而，生长季开始时间提前和结束时间延迟的趋势仅在数据记录的早期阶段（1982～1999 年）比较突出；在后期（2000～2014 年），这种趋势逆转，即生长起始时间延迟而结束时间提前。Wang 等（2015）使用遥感数据集发现北美西部的返青期提前趋势从 2000 年来有所减弱，在加拿大和西伯利亚的部分地区返青期出现延迟。Park 等（2018）使用 GIMMS 第三代 NDVI 数据发现在北美西北部返青已从 1982～1997 年间的每 10 年提前 4.2 天，转变为 1982～2017 年间的每 10 年延迟 0.7 天。Xu 等（2019）同时使用两种遥感数据集发现 2001～2013 年间北美地区的返青期延迟，分别为每 10 年 1.8 天（MODIS）和 8.8 天（AVHRR，先进型甚高分辨辐射仪）。Oberbauer 等（2013）根据国际苔原实验（ITEX）数据集发现北美和北欧的苔原返青期开始时间显著推迟，而开花期和衰老期提前。郑江珊等（2020）基于北极苔原区 29 个地面台站的长期连续观测数据和多种遥感植被指数产品对返青期变化开展了研究，结果表明，2000～2018 年间，不同的植物群落，返青期的发生时间和年际变化幅度差异大，但是变化趋势并不显著；然而，不同群落的返青期在 2016 年之后均出现逐年推迟（图 4.3）。

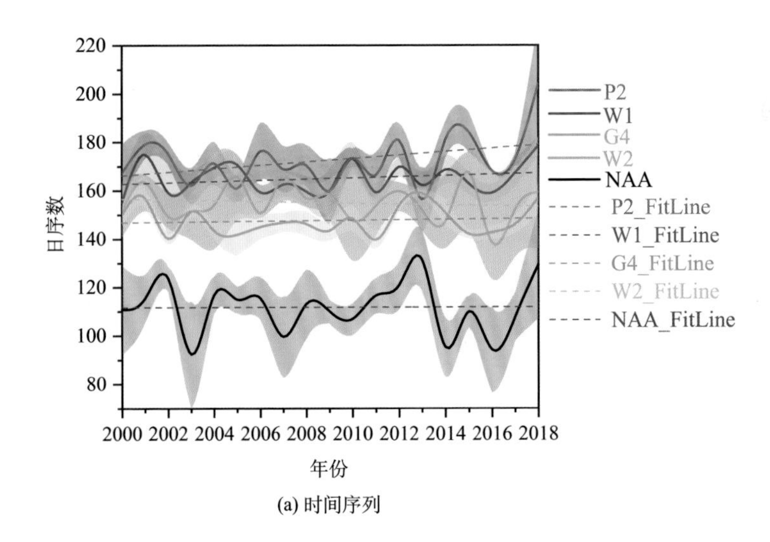

(a) 时间序列

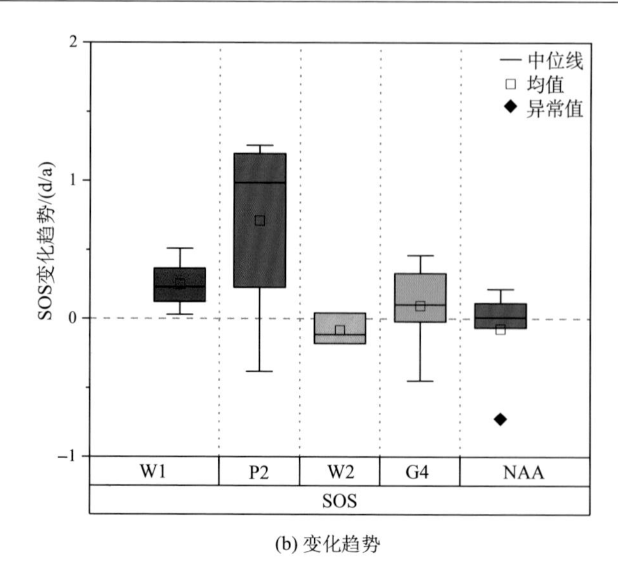

(b) 变化趋势

图 4.3　由 MODIS NDVI 提取的 5 种不同苔原植被类型的生长季开始时间均值的时间序列和变化趋势（郑江珊等，2020）

同一植被类型的所有站点的时间序列进行平均，阴影区域为标准差范围。W1 为莎草、草、苔藓湿地，属于北极寒冷地区的不同湿地类型的混合带；P2 为匍匐/半匍匐矮灌木苔原；W2 为莎草、苔藓、矮灌木湿地，属于北极较温暖地区的湿地复合体；G4 为莎草、矮灌木和苔藓苔原；NAA 是指在环北极植被地图中定义的非北极地区；SOS 为生长季开始时间

温度被认为是影响北极苔原地区植被群落分布和生物量的重要因素（Walker et al.，2009）。但有研究认为，从 1998～2012 年，全球平均地表温度变化相对较小，称为气候变暖的停滞期，返青期提前的程度也相应减缓（Fu et al.，2014；Wang et al.，2019），甚至出现延迟。在高纬度地区，冰雪长期覆盖，除了温度之外，雪融化的时间可能是导致物候改变的重要因素，从而导致北极苔原和灌木对温度和降水量没有其他植被敏感（Xu et al.，2018）。北极地区极端且短暂的冬季升温事件导致积雪迅速融化，使生态系统暴露在温暖空气中；但在恢复到正常的冬季气温之后，由于缺少积雪的保温隔离作用，生态系统暴露在更冷的温度下，受到严重冻害并导致春季叶芽萌动期延迟，甚至降低夏季产量（Oberbauer et al.，2013）。另外，持续性的冬季变暖可能导致植物的春化作用难以达到要求，这有可能推迟春季返青期（Yu et al.，2010）。

2）花期改变

通过对 1971～2017 年极地气候变化的主要观测指标分析，发现北极系统的 9

大关键要素发生了根本变化[①]，其中物候方面的结论包括：植物物种开花和授粉周期缩短，植物开花期与传粉者活动之间时间不匹配使得植物受昆虫干扰的脆弱性增加。北极的生物物理系统现在已经明显地偏离了其在 20 世纪的状态，不仅影响着北极地区，还对北极之外产生影响。就植物种群动态而言，北极夏季变暖导致关键植物物种的开花期和授粉期更早和更集中。开花期更集中使传粉者活动时间范围变短，随后可能对整个生态系统产生连锁效应（Schmidt et al.，2016）。通过对格陵兰岛北极低纬度地区植物春天初次开花的时间研究发现，不同植物，开花期也不同，但一种开花的苔草的开花期和 10 年前相比提前了整整 26 天（Post et al.，2016）。这个提前幅度和整个生长期差不多长，是科学家在北极观察到的最显著的开花期变化。

4. 北极植被变化对气候的影响

现在，仍不清楚从长远来看苔原植被的增加会对冻土造成怎样的影响。但多年冻土消融会加剧未来气候变暖，多年冻土消融后释放甲烷，这种强力温室气体会进一步加剧气候变暖。苔原植被的变化可对碳循环和土壤-大气能量交换产生重要影响。后者对活动层深度和多年冻土稳定性有影响，从而影响北极景观。苔原植被的变化也会对野生动物栖息地产生重要影响。已有研究显示鸟类和哺乳动物物种对北极绿化作出了积极响应（如分布范围扩大和种群数量变多）（Wheeler et al.，2018）。

当北极苔原区域被更高的灌木，甚至北方森林代替，将通过改变生物物理过程影响气候系统。Swann 等（2010）通过全球气候模式研究发现，如果北极的苔原区被北方落叶林代替，森林蒸腾增加的大气水汽含量会产生很强的水汽温室效应，其影响远大于植被由苔原变成森林引起的反照率变化的影响。此外，水汽的温室效应会加速北极海冰的融化，形成北极海洋反照率和蒸发的正反馈效应。春季返青期提前导致的生长季初期绿度增加，主要分布于北半球的温带和寒温带森林，也能通过增加蒸散发增加大气中的水汽含量，水汽本身具有温室效应，同时影响了积雪和云的分布（Xu et al.，2020）。生长季初期在中高纬度仍有积雪覆盖，植被生长的加强会减少积雪的覆盖，通过积雪反照率的正反馈作用达到增温效应，从而在加拿大北极群岛、西伯利亚的东西两侧和青藏高原的东南部出现明显的增温。

① Key Indicators of Arctic Climate Change: 1971—2017. https://iopscience.iop.org/article/10.1088/1748-9326/aafc1b/meta

4.1.2 南极

环境条件决定了南极是地球上植物最稀少的地区。南极大陆与世隔绝，陆地常年被冰雪覆盖，即使在短暂的南极夏季，也仅有 5%的地区无冰雪覆盖，主要分布在大陆边缘的沿海地区，被称为无冰区或白色荒漠中的绿洲。南极的酷寒、干燥、风大、日照量极少、营养缺乏和生长季节短暂等特点严重地制约了陆地植物的生长和发育。目前，植物生长区域面积仅占南极陆地面积的约 0.3%。在南极大陆的沿海地带及其附近的岛屿上，最常见、数量最多、分布最广的植物就是地衣和苔藓。中国南极考察队植物学家考察发现，南极洲有 850 多种植物，其中仅 3 种开花的高等植物。在低等植物中，地衣有 350 多种，苔藓 370 多种，藻类 130 多种。

全球变暖影响下，南极植物正在加速生长，南极的外貌已经有所变化。Torres-Mellado 等（2011）研究了南极发草（*Deschampsia antarctarctica*）与南极漆姑草（*Colobanthus quitensis*）等高等植物在南极半岛及其周边地区的种群变化。尽管该区域的气温上升，且测量到一些站点的植被盖度增加，但没有发现种群扩张与南北方向温度增加的梯度有直接的关系。其他生物（如苔藓的存在）和非生物（如风、水的可用性）因素也是造成这些植物在其研究区域内扩展和定殖模式改变的原因。

随着全球气温的升高，南极洲边缘出现越来越多的绿色苔原。对南极半岛分布在象岛、阿德利岛和绿岛的 5 个区域 150 年来的苔藓生长情况进行分析表明，自 1950 年以来，南极苔藓的生长速度增长了约 4 倍（Amesbury et al.，2017）。而在此期间，南极半岛气温平均每 10 年上升 0.5℃，成为全球升温速度最快的地区之一。过去半个世纪中，南极半岛的温度上升对该地区苔藓的生长速度产生了显著影响。随着南极苔藓的生长速度的加快，植被覆盖面积也在扩大。此外，随着南极夏季变得越来越暖和，南极发草的分布也越来越广泛[①]。同时，植物的生长需要氮肥。在南极洲沿海，大部分氮被锁定在土壤的有机物质中，在寒冷条件下，土壤中的有机物质分解缓慢。随着温度的升高，锁定在土壤中的氮肥变得更加可用，从而加速植物生长和扩张。

Green 等（2011）详细介绍了气温升高对南极洲植被的影响。南极洲的陆地植被主要分布在两个区域。一个是位于 72°S 左右的微环境区，其环境条件是由温度、水、光和所处位置的偶然组合决定，因而区域生物多样性（丰富度和位置）与宏观环境脱钩。另一个区域是位于约 72°S 以北的宏观环境带，该区域生物多样

① Phys.org. Antarctic flowering plants warm to climate change. https://phys.org/news/2011-03-antarctic-climate.html

性（丰富度、覆盖度和生长量）与年平均温度呈显著正相关；物种数量以每华氏度约 9%～10%的速度增长（地衣、苔藓和地钱属植物分别为 24.0%/℉、9.3%/℉和 1.8%/℉），物种数量与温度的正相关关系可能是由于降水量增加和植物活动期延长（72°S 每月生长度日达到零）改善了水的利用效率，导致植物实现更高的生产率，完成新陈代谢过程并从生存策略转变到成长策略。气候变暖将导致两个区域之间的边界向南移动，但微环境区域的植被分布仍主要由当地环境和资源条件共同决定。

4.1.3　青藏高原

独特的气候与环境孕育了青藏高原丰富的生物物种和多样的生态系统，使青藏高原成为世界生物多样性保护的关键热点区域之一。青藏高原区域内植被类型复杂多样，不同的植物群落具有地带规律性，同时也具有一定的镶嵌性（李兰晖，2015），从东南至西北依次分布着山地森林、山地灌丛、高寒草甸、高寒草原、高寒半荒漠和高寒荒漠等植被类型。青藏高原草地广布，其面积约占全国草地总面积的 1/3。目前，青藏高原植被总体变好，但存在区域差异[①]。

1. 植被指数

1982～2012 年青藏高原对全球变化响应明显，年降水量、温度均呈显著增加趋势，NDVI 年变化率为正值、植被覆盖度呈增长趋势，均表明近年来青藏高原植被长势趋好（孟梦等，2018）。青藏高原 NDVI 与降水、温度弱相关，温度对高海拔地区 NDVI 的影响超过降水，且降水对青藏高原 NDVI 的影响具有滞后性。从青藏高原不同区域海拔高度和 NDVI 等值线的分布来看，地势对 NDVI 具有显著影响，海拔较高的区域 NDVI 值普遍较小。地形效应还导致 NDVI 等值线的上移速度与温度等值线的上移速度不匹配（An et al.，2018）。

青藏高原多年平均植被 NDVI 的空间分布存在明显的区域差异，1982～2013 年总体上呈从东南向西北递减的趋势，而且发现不同地区植被的时间变化规律也不尽相同（刘振元等，2017）。根据高原长势最好的 6～9 月植被 NDVI 进行经验正交分解，分析了不同区域植被的变化规律，得出：青藏高原植被 NDVI 下降最明显的是中西部的噶尔班公宽谷湖盆地地区和北羌塘高原地区，植被 NDVI 上升最明显的区域在东北部的祁连山东部地区。高原中西部日照强度是东部的两倍左右，但由于降水量相对较少导致植被 NDVI 降低。高原东北部由于降水量小、温

① CRIENGLISH. Full Text: Development and Progress of Tibet. http://english.cri.cn/6909/2013/10/22/2982s793583_11.htm. 2013-10-22

度高、日照强，导致植被 NDVI 处于下降趋势；在青藏高原东南部虽然降水充足，但日照较弱，限制了植被的正常成长导致 NDVI 处于下降趋势中；其结果为高原植被退化机制及高原植被对大气反馈研究等奠定了基础。

2. 植被物候

青藏高原地面物候观测始于 1980 年代初（Shen et al.，2015）。截至 2015 年有报道的观测站点 23 个，多数分布在高原中东部，只有部分站点有连续观测。在观测时段内，有超过一半的记录表明返青期在提前。利用卫星遥感技术可以提供从 1982 年起的植被物候连续变化信息。1980 年代和 1990 年代，温度上升和相对充足的降水导致高原植被返青期大范围提前，高原平均返青期提前量为 15～18 天，是北半球中高纬度平均同期的 3 倍左右。关于 21 世纪前 10 年左右的返青期变化，目前学界有争议，有认为提前的，有认为不变的（Zhang et al.，2013；Ding et al.，2016；Shen et al.，2014）。相比之下，植被枯黄期没有显著变化趋势，已有研究主要支持温度上升可以推迟高原植被枯黄。另外，野外控制实验表明，不同物种花期对环境因子变化的响应差异非常大。比如浅根系物种的花期受降水变化影响较大，而深根系物种则相对不敏感。

李兰晖（2015）基于平均气温、降水量等气象数据以及 GIMMS（NDVI）和 SPOT-VGT 遥感数据，分析了青藏高原气候及植被物候的时空变化特征：①从青藏高原植被物候期的多年均值来看，返青期、枯黄期、生长季分别由东南向西北推迟、提前和缩短。在总体变化趋势方面，1982～2012 年，青藏高原植被返青期经历显著提前和无显著变化两个时期；枯黄期整体上表现为无显著的变化趋势；生长季表现为延长、迅速缩短、再延长的变化格局。在空间分布上，青藏高原高寒植被物候期变化趋势呈现东西反向的特征。其中，东部和东南部大部分地区呈现植被返青期提前趋势和生长季延长趋势，而西南部和西北部在不同时段差异明显。②在海拔依赖性方面，大部分生态区的植被物候表现出明显的海拔依赖性。个别生态区在海拔 3500 m 左右地区出现明显的转折。青藏高原东部地区枯黄期和生长季长度随海拔上升而推迟的速率随纬度上升而呈现下降趋势。在整个研究区及各个生态分区内，高寒植被返青期的提前趋势和生长季的延长趋势均呈现随海拔增加而减弱的态势；枯黄期与海拔的关系在各个分区内差异明显。③在物种和站点水平上，返青期不随季前平均气温上升而显著提前，且与季前降水量的关系比较复杂；枯黄期随季前平均气温上升而不显著推迟，与季前降水量的关系也比较复杂。返青期在半干旱区主要呈现推迟趋势，在半湿润和湿润区呈现提前趋势。枯黄期在半湿润和湿润区呈缓慢推迟趋势；而在半干旱区，随湿润程度增加，推迟幅度逐渐下降。

4.1.4　三极植被变化对比研究

气候变化背景下，南极、北极和青藏高原的增温强度都远高于全球平均水平，增温对植被生长的主要影响包括生长季的提前和延长，以及生长季的长势更好。但是三极地区植被对增温响应的差别却鲜有研究。虽然三极有类似的低温条件，但三极的气候条件和植被类型存在显著的差别，这给三极的植被变化对比研究带来了难度。

选取北极和青藏高原 26 个生态区，对其 2001～2018 年植被生长的趋势及其气候关联开展了研究。26 个生态区的植被类型主要为耐冷的苔原、高山草原和灌丛。这些区域的最大归一化植被指数 MaxNDVI 在 2001～2018 年间总体呈增加趋势，仅在西伯利亚西北部和格陵兰岛南部的沿海区域出现了减小（图 4.4）。青藏高原和北美北极区域的 MaxNDVI 增加趋势均呈自西向东的递减，而西伯利亚北极地区 MaxNDVI 增加趋势呈自东向西的递减。26 个生态区的气候因子变化呈现非常复杂的时空特征，气候因子与 MaxNDVI 的变化相关性大致可以分为 A-F 6 类（表 4.1）。

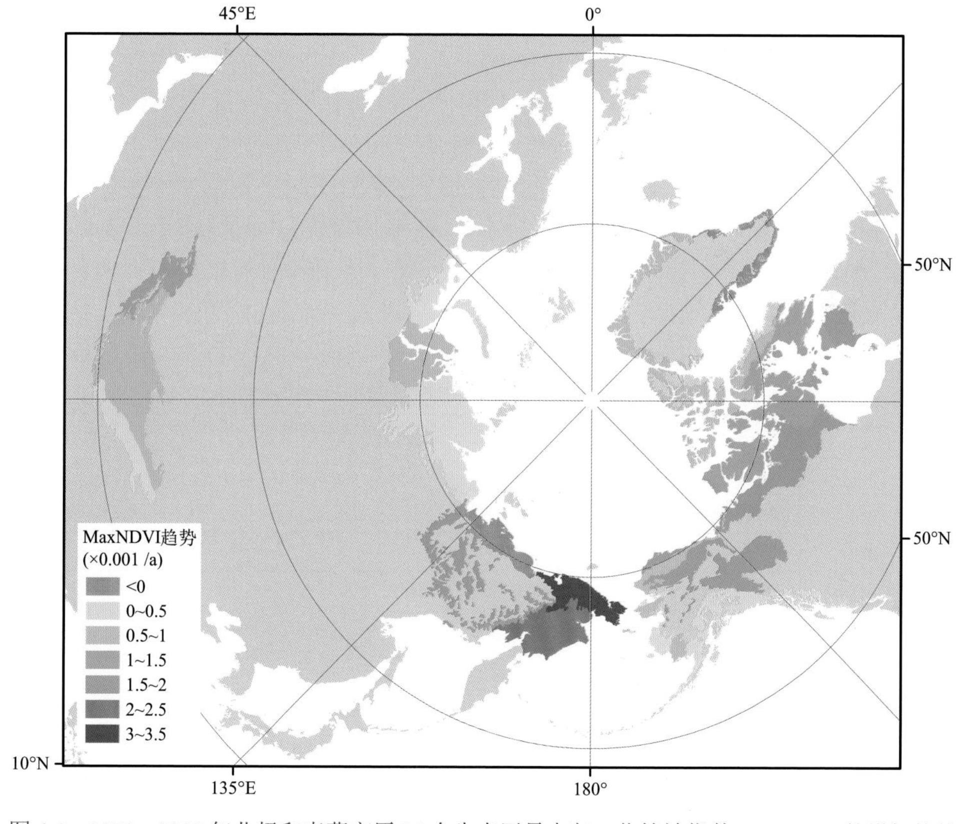

图 4.4　2001～2018 年北极和青藏高原 26 个生态区最大归一化植被指数 MaxNDVI 的增加趋势

表 4.1 26 个生态区气候因子和植被变化的归类分析（Wu et al.，2020）

分类	区域	4～10 月地表温度	夏季（月均温>0℃）地表温度	4～10 月降水	MaxNDVI
A	西伯利亚东部、阿拉斯加	白天、夜晚均增温	不变	增加	东部增加
B	西伯利亚西部和东北部	白天、夜晚均增温	不变	不变	不变
C	加拿大北部	不变	增温，随着纬度增加而减弱	不变	增加，随着纬度增加而减弱
D	格陵兰岛北部、青藏高原西北部	不变	不变	增加	增加
E	格陵兰岛南部	不变	不变	增加	减小
F	青藏高原中东部	夜晚增温	不变	不变	北部增加

根据近 20 年归一化植被指数对北极和青藏高原的春季返青期研究比较发现，北极和青藏高原的春季返青期变化无论是年代际波动还是空间差异的范围都较大（表 4.2）。根据不同遥感传感器获取的植被指数推算相同时间范围内的春季返青期发现，返青期变化的差别跟不同研究所采用的数据有关（Xu et al.，2020）。如 Ding 等（2016）和 Zhang 等（2013）研究了同时期青藏高原的返青期物候，但采用了不同的 NDVI 数据产品，导致两者所得到的返青期变化趋势差别非常大。北极和青藏高原在非生长季 NDVI 数据缺失较多，不同的 NDVI 产品采用不同的数据插补算法，导致从 NDVI 时间序列中获取非生长季—生长季过渡期的返青期日期存在很大的不确定性。

表 4.2 基于遥感归一化植被指数推算的返青期变化

NDVI 数据来源	研究时间	研究区域	返青期变化 /（d/10a）	文献来源
AVHRR	1982～1991 年	45°～75°N	–6.2	Tucker et al.，2001
AVHRR	1992～1999 年	45°～75°N	–2.4	Tucker et al.，2001
GIMMS	1982～2008 年	>60°N，北极	–0.5	Zeng et al.，2011
MODIS	2000～2010 年	>60°N，北极	–4.7	Zeng et al.，2011
GIMMS	1982～2008 年	>60°N，北美洲	–0.8	Zeng et al.，2011
MODIS	2000～2010 年	>60°N，北美洲	–11.5	Zeng et al.，2011
MODIS	2000～2010 年	>60°N，Eurasia	–2.7	Zeng et al.，2011
GIMMS	1982～2008 年	>60°N，Eurasia	–0.3	Zeng et al.，2011
GIMMS	1982～2011 年	Fennoscandia	–11.8	Høgda et al.，2013

续表

NDVI 数据来源	研究时间	研究区域	返青期变化/（d/10a）	文献来源
GIMMS	1982～2006 年	Fennoscandia	–2.7	Karlsen et al.，2009
GIMMS	1982～2012 年	青藏高原	0	Ding et al.，2016
GIMMS SPOT-VGT	1982～2011 年	青藏高原	–10.4	Zhang et al., 2013

4.2　三极微生物

微生物是地球上最早出现的生命形式，是全球生态系统的重要组成部分，包括细菌、真菌、放线菌、原生动物及小型藻类等。它们分布广泛，生物量大，多样性丰富，在地球各种生态系统物质循环中发挥着重要作用。三极地区低温、高紫外辐射等极端环境限制了植物和动物在这些地区的分布和生长，但这些极端环境孕育了大量具有特殊遗传资源的极端微生物。这些微生物携带的特殊遗传资源赋予其耐低温、抗强辐射、耐干旱等能力。它们在完成自身代谢和繁衍的同时，调控物质、能量和元素地球化学循环，并维持这些极端环境生态系统健康和稳定性。

南北极微生物对比研究主要针对水体（如海洋、湖泊等）微生物（孔维栋，2013），且均发现南北极之间的微生物相似度要高于其与温带之间的微生物相似度。南北极海水中约 15%的微生物为南北极所共有，超过 85%的微生物为南北极特有，说明微生物主要受到扩散限制的影响（Sul et al.，2013），且主要受当地微环境影响（Ghiglione et al.，2012）。例如，北极河流导致了北极近海淡水细菌比例明显高于南极近海。南北极湖泊之间的生物膜微生物种类相似度也明显高于南北极与温带湖泊之间相似度，且南北极湖泊生物膜所共有的微生物比例更高，超过了 50%（Kleinteich et al.，2017）。这说明生物膜对微生物种类具有一定的选择性或者保护作用，导致微生物所面临的环境选择压力更弱。南北极海冰中有超过 75%微生物完全一致（Brinkmeyer et al.，2003），这进一步说明环境对微生物的筛选作用强于微生物的扩散限制作用。但与海洋、海冰等生态系统不同，南北极冰川表面微生物的群落结构及组成明显不同，有研究认为这可能是由于较大的微环境差异所致（Cameron et al.，2012）。

南北极微生物具有较相似的代谢产物。低温和寡营养是极地微生物面临的最大环境胁迫，而南北极微生物均具备大量单糖（如木糖、甘露糖、鼠李糖及果糖）

合成基因，其代谢产物可防止反复冻融对细胞结构造成伤害。这些单糖还可参与细胞外聚合物与生物膜的形成，并为微生物复苏提供必要养分（Varin et al.，2012）。而对南北极海水微生物组的研究发现，糖类与脂类是极地微生物适应低温的重要机制，其合成基因在极地微生物中大量富集（Cao et al.，2020）。此外，极地微生物均具有 RNA（核糖核酸）伴侣蛋白等冷激蛋白用以协助蛋白质在低温下的折叠。但由于北极周边的人类活动影响，其微生物具有更多与铜代谢相关的基因，而南极微生物由于昼夜温差更大，则具有更多应对渗透胁迫的 sigma B 基因。此外，为适应强紫外线及昼夜温差大等极端环境，南极微生物与 DNA（脱氧核糖核酸）修复相关的基因更丰富（Varin et al.，2012）。综上所述，微生物对南北极极端环境的适应性更体现在其细胞生理生化适应上，而不是微生物类型，这导致南北极微生物细胞生理生化过程相似度远高于其群落结构。但目前青藏高原与南北极微生物群落结构及功能的比较研究还很少。

4.2.1 北极

北极土壤直接暴露在外界气候条件下，其特点是强风、低温、冬季紫外线辐射低、夏季紫外线强、干旱（Nemergut et al.，2005）。外界一直认为以北极为代表的极地和高海拔地区土壤的微生物多样性相对较低。然而，最近的研究表明，北极土壤的细菌群落多样性与温带生态系统并无显著差异（Chu et al.，2010）。北极不同区域土壤微生物的分布存在显著差异，其分布主要受 pH 驱动，而土壤有机碳、土壤湿度等其他理化因子对微生物的影响较弱（Malard et al.，2019）。变形菌门（Proteobacteria）是北极土壤中的主要微生物类群，其相对丰度占微生物总量的 20%以上。变形菌中最主要的是参与氮循环且具有固氮能力的根瘤菌、伯克氏菌目、黄单胞菌和粘球菌目等[图 4.5（a）和图 4.5（b）；Malard and Pearce，2018]，这可能与其能和植物形成共生或寄生关系的能力有关（Vieira et al.，2020）。而在植被丰富、土壤发育较好地区，由于土壤的 pH 较低，酸杆菌的相对丰度比其他微生物类群更高（Kielak et al.，2016）。

北极地区深海微生物存在丰富的多样性（李友训等，2016），但其中大量的微生物属于无法鉴定归类的微生物类群（Lin et al.，2017），即微生物暗物质。由于无法进行光合作用，微生物以如硫还原细菌等自养型微生物为主（Buongiorno et al.，2019）。参与甲烷氧化的奇古菌（*Thaumarchaeota*）和产甲烷的广古菌（*Euryarchaeota*）是古菌优势种群，分别占 96.66%和 3.21%（Dang et al.，2013）。同时，由于深海环境的独特性，深海微生物具有与陆源微生物不同的代谢途径，因此可能合成具有新化学结构的代谢产物，且具有合成新型药物的潜力（Wietz et al.，2012）。

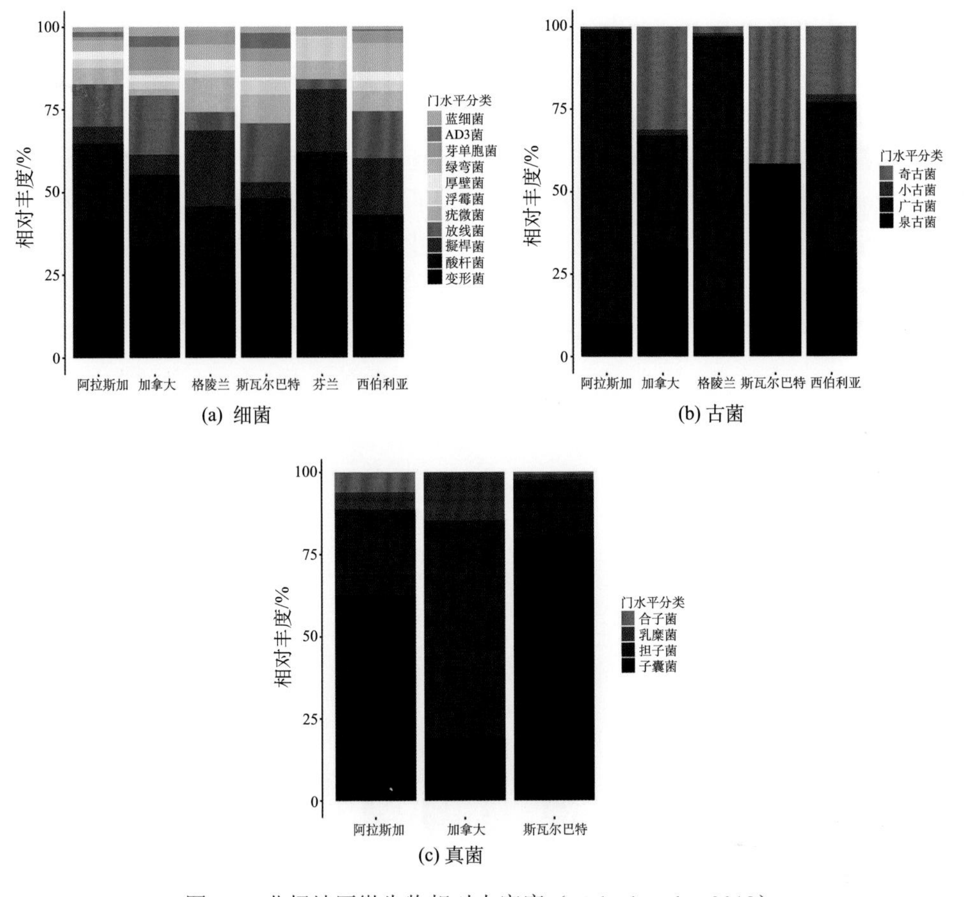

图 4.5　北极地区微生物相对丰富度（Malard et al.，2018）

多项研究表明，北极地区深海微生物群落在宏观尺度上具有显著的空间差异特征，随着深度增加，海底沉积物中细菌的丰度明显下降并呈现功能差异。在加拿大和格陵兰岛之间的 Baffin 湾北部，大陆架沉积物中的微生物丰度较高，深海海盆中部的微生物较少但群落结构相对稳定（Galand et al.，2010）。取自被冰面长年覆盖的罗曼诺夫海岭水深 1200 m 处，长为 428 m 的沉积物柱，从上到下可分为氨氧化层、溶解有机碳层和硫氧化层，而古菌只能在最底层被检测到。古菌类群是深海微生物的主体，占比约 50%，甚至个别界面的群落完全由古菌组成。这可能是由于深海铁、锰元素丰富，而古菌可直接或间接地参与铁、锰的元素循环有关（Jorgensen et al., 2012）。北冰洋洋中脊长度为 2 m 的沉积物柱的微生物也具有显著的成层分布特征，这一分布特征与总有机碳、铁、锰以及孔隙水中的硫酸盐浓度等环境因子存在显著相关性（Algora et al.，2015）。

北极冻土消融是全球研究的热点。全球变暖导致北极冻土消融加速，消融的冻土由于土壤 pH、C/N 比、NH_4^+和 N 浓度以及植物覆盖、磷含量等变化导致微生物的多样性及群落结构发生改变（Yergeau et al.，2010）。此外，冻土消融还导致土壤微生物功能的均质化，这一效应甚至强于冻土消融对微生物群落结构的影响（Schostag et al.，2019）。冻土的消融扩大了冻土活动层范围，导致微生物活性增加，进而增强了其对土壤有机质的分解作用，加强了二氧化碳的排放（图 4.6，Feng et al.，2020）。而产甲烷菌及反硝化细菌的可用养分及其活性的增强会进一步提高甲烷及氧化亚氮等温室气体排放，并对温室效应形成正反馈（Zheng et al.，2018）。

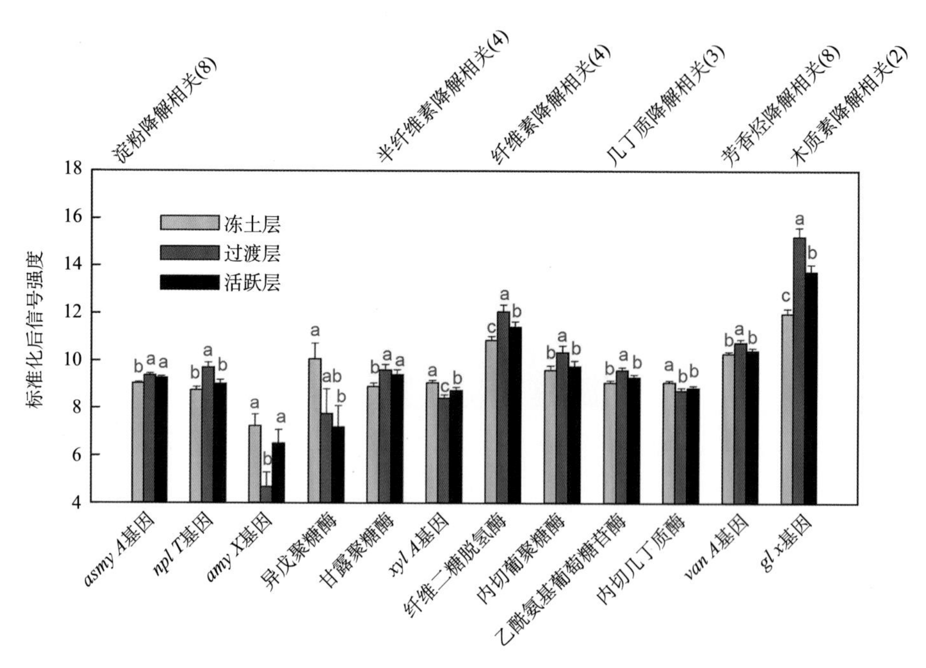

图 4.6　冻土消融对有机质分解基因丰度的影响（Yuan et al.，2018）

字母表示不同冻土层间的显著差异，括号内数字表示降解此类有机质的基因数目

4.2.2　南极

南极大陆绝大部分陆地被冰川覆盖，只有约 0.4%的陆地没有被冰川覆盖（图 4.7），这些裸露土壤主要分布于南极海岸带和 McMurdo Dry Valleys 地区（Bockheim，2008）。由于南极内陆地区没有根管植物，微生物驱动了生态系统碳、氮、磷、硫等元素的循环过程。长期的进化使得南极微生物适应了极端寒冷、干

燥和强烈辐射变化的环境特点（Bosi et al.，2017），在湖泊、海洋、沉积物、土壤及其他环境中形成了各种代谢水平和分子水平的适应机制以及独特的物种多样性、代谢多样性和遗传多样性。蓝细菌及藻类等光合自养微生物被普遍认为是南极土壤微生物发育所需养分的主要来源（Pandey et al.，2004），是南极独特地表结皮及岩石内生生态系统的基础。Ji 等（2017）提出微生物可通过氧化空气中的氢气及一氧化碳以获得能量，从而驱动二氧化碳的固定反应（图 4.8）。但这一现象是否在北极和青藏高原也普遍存在则需要进一步的研究。

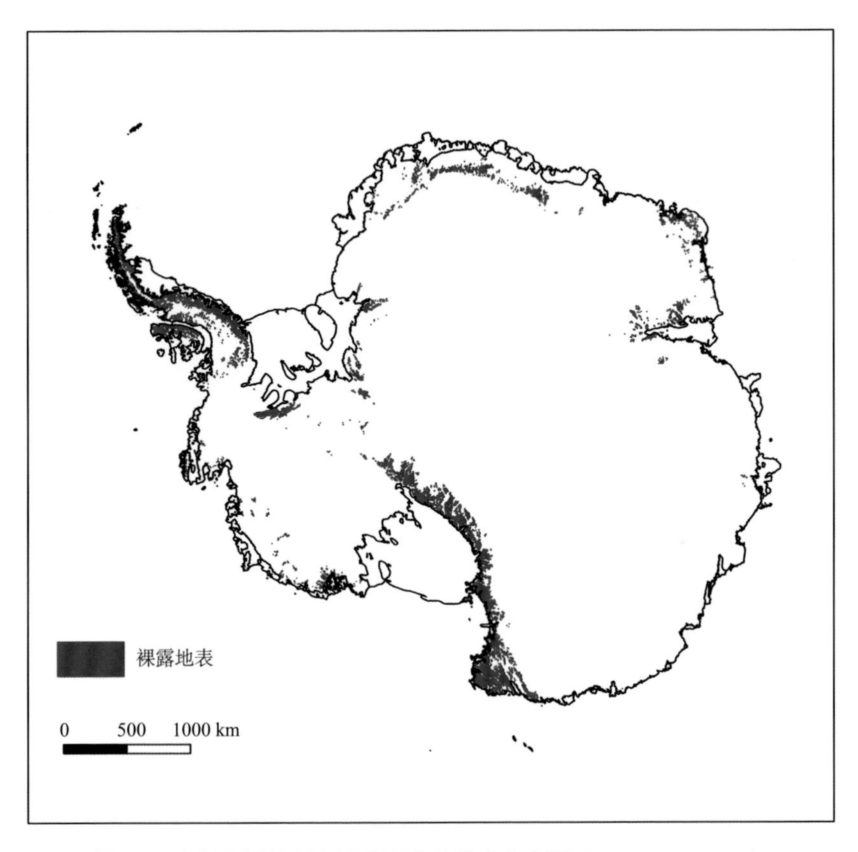

图 4.7　南极未被冰川和冰盖覆盖的地表分布图（Lee et al.，2017）

对南极地区土壤微生物的地理分布特征与环境因子研究表明，沿纬度梯度线自马尔维纳斯群岛（福克兰群岛）[Malvinas Islands（Falks Islands），51°S]到南极半岛（Antarctic Peninsula，72°S），土壤微生物数量与植被及与植被相关的土壤因子（如土壤含水量、有机碳和总氮）呈显著正相关，而土壤微生物结构主要与纬度相关的土壤理化因子（如土壤温度、pH 及硝态氮含量）相关（Yergeau et al.，

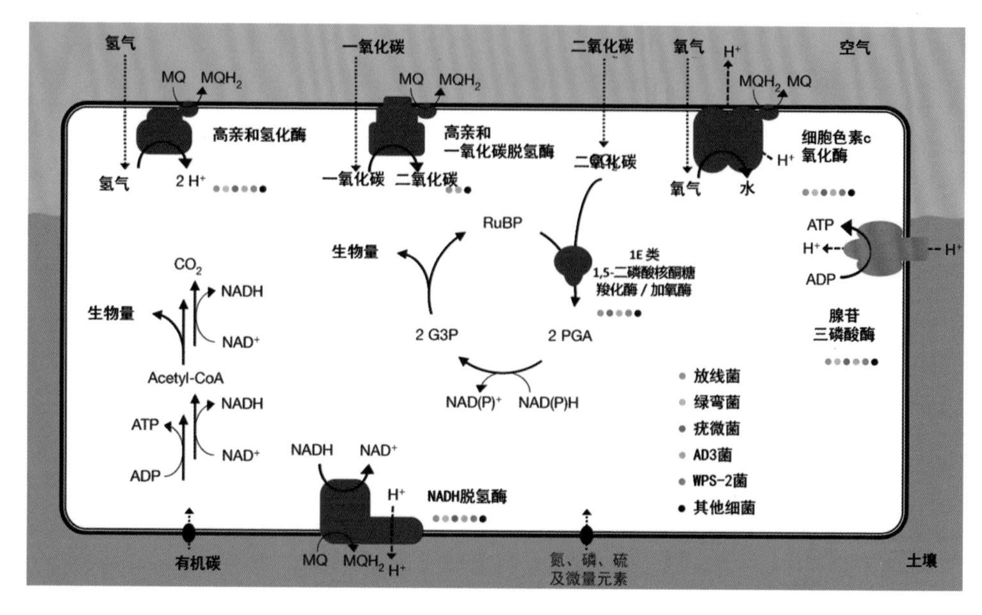

图 4.8 南极土壤微生物稀有气体氧化固碳途径示意图（Ji et al.，2017）

微生物可通过高亲和度氢化酶及高亲和一氧化碳脱氢酶分别氧化大气中的氢气及一氧化碳气体获得能量，之后通过 CBB 循环固定大气中的二氧化碳气体以获得有机碳。MQ：膜结合甲萘醌；MQH_2：还原态膜结合甲萘醌；H^+：氢离子；RuBP：1,5-二磷酸核糖；G3P：磷酸甘油醛；PGA：磷酸甘油酸；NAD：烟酰胺腺嘌呤二核苷酸；NADH：还原态烟酰胺腺嘌呤二核苷酸；$NADP^+$：烟酰胺腺嘌呤二核苷酸磷酸；NADPH：还原态烟酰胺腺嘌呤二核苷酸磷酸；ATP：三磷酸腺苷；ADP：二磷酸腺苷

2007）。这与 Siciliano 等（2014）发现的极地土壤微生物的多样性受土壤的养分驱动，而群落结构受 pH 驱动的结论一致。此外 Ferrari 等（2016）发现地形的连贯性也对微生物群落造成影响（Ferrari et al.，2016）。与连续的地形相比，不连续的地形（如冻胀丘）会增加随机过程（如扩散限制等）对微生物群落结构的影响。此外，南极沿海地区的大型动物（如企鹅、海豹）及人类活动等也会显著影响微生物的群落结构（Chong et al.，2009；Ma et al.，2013）。

由于南极内陆地区土壤养分贫瘠，养分被认为是限制南极微生物群落发育的主要因子（Siciliano et al.，2014）。由于南极温度低、微生物生长缓慢，因此曾认为南极微生物对环境的变化（如增温及碳氮沉降）响应较慢（Tiao et al.，2012）。但 2019 年的研究发现温度是驱动南极土壤微生物的最主要环境因子，这主要是因为温度可以通过影响液态水可用性、冻融循环频率、植物因素和微生物的生长速度及活性对微生物的群落结构和功能造成影响（Dennis et al.，2019）。澳大利亚及南非科学家于 2006 年通过移动一头海豹尸体研究了养分添加对南极土壤微生物的影响（Tiao et al.，2012）。研究发现在三年内，微生物丰富度降低、群落结构发生剧烈变化，同时二氧化碳通量增加了七倍。而在南极半岛 Mars Oasis 试验发现养分添加最高会增加 120%的微生物量，而增温则对微生物量的影响微弱（Dennis et al.，2013）。因此与其他地区相比，增温对南极地区微生物的直接影响较弱，但增温所导致的间接影响及氮沉降增强则对南极微生物的影响更大。

4.2.3 青藏高原

青藏高原土壤古菌、细菌和真菌等微生物的地理分布呈现出明显的地带性特征，并主要受植被多样性和土壤理化因子所驱动。青藏高原地区的微生物及具有固氮和固碳能力的功能微生物多样性均呈现自东南向西北递减的趋势，其群落结构主要受以降水为主的环境因子驱动（Ji et al.，2020；Che et al.，2018）。降水导致了植物的分布差异进而驱动了土壤的发育。这导致青藏高原与其他生态系统的土壤养分、pH 均具有较大差异。青藏高原荒漠和草甸的固碳微生物以蓝细菌和放线菌为主。尽管荒漠固碳微生物数量远低于草甸土壤[图 4.9（a）]，但其固碳潜力却远高于草甸土壤[图 4.9（b），Zhao et al.，2018]。

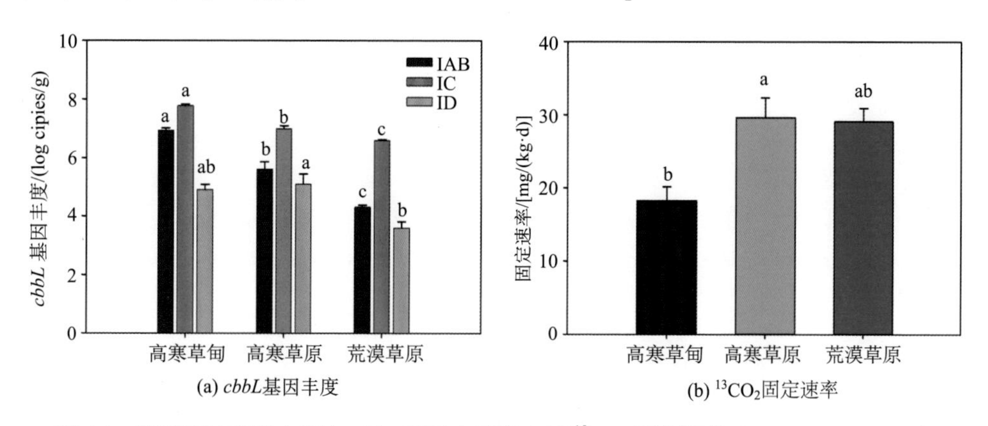

图 4.9　青藏高原草地土壤中 *cbbL* 基因丰度和土壤 $^{13}CO_2$ 固定速率（Zhao et al.，2018）

青藏高原分布着地球上海拔最高、数量最多、面积最大、以咸水湖为特色的高原湖群区。湖泊及湖泊沉积物的微生物群落多样性受盐分影响较大，并随季节变化（Liu et al.，2013）。同时，盐分也会削弱微生物的生态位分化，加强微生物间的相互作用（图 4.10）（Ji et al.，2019）。青海湖水体中参与氮循环的氨氧化古菌数量远多于氨氧化细菌，但在湖泊沉积物中氨氧化细菌数量更多（Jiang et al.，2009a）。湖泊沉积物中氨氧化古菌群落结构与湖边土壤中更相似，这说明湖边土壤对湖泊沉积物中氨氧化古菌群落结构的影响远大于水体（Jiang et al.，2009b）。

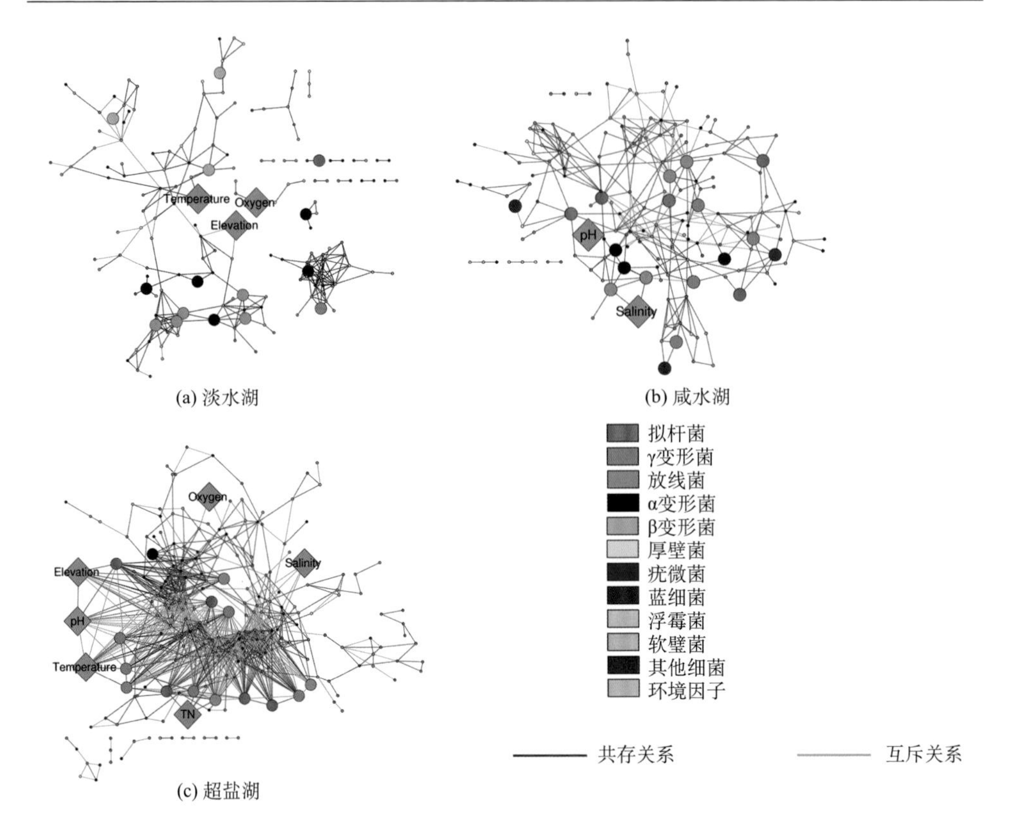

图 4.10　细菌在淡水湖、咸水湖及超盐湖相互作用（Ji et al.，2019）

Temperature：温度；Oxygen：氧气浓度；Elevation：海拔；Salinity：盐分；TN：总氮

目前对青藏高原冰川雪冰微生物的研究以冰芯细菌为主。部分冰芯中分离的微生物具有很强的生理可塑性，当环境发生改变时，这类微生物可以快速地通过基因突变和基因水平转移而获得新的代谢能力（Shen et al.，2018）。由此可见，冰川中优势类群是物种与环境之间相互作用的结果，只有可以对低温、强辐射和寡营养的冰雪环境做出快速响应的类群才能生存。除细菌外，有研究人员从喜马拉雅山达索普冰川雪冰样品中分离出两种酵母菌。冰芯中的藻类主要为雪藻和衣藻，而有关青藏高原冰芯中病毒的报道则非常少。

科研人员在青藏高原利用土壤移植野外定位试验，将海拔 3200 m 的土体，移植到 3400 m、3600 m、3800 m 海拔处，模拟气候变冷的情况；同时将 3800 m 的土体下移到 3600 m、3400 m、3200 m 海拔处，模拟温度升高的情景（Rui et al.，2015）。利用高通量测序研究了土壤微生物类群、多样性及温室气体排放通量的变化。结果表明，土体移植 2 年后，土壤细菌群落与移植区海拔的细菌群落结构越来越相似，与原来海拔处的细菌群落结构差异越来越大（图 4.11）。增温与降温对微生物群落结构和主要菌群丰度的影响具有对称性特征。总体来说，温度提高或降低改变细菌群落的机制主要是通过“物种调整”（species sorting）完成的。细菌群落的一些菌群丰度的变化与土壤 N_2O 排放通量有很高的相关性，说明微生物的变化直接与地球生物化学过程相关。该研究使科学家深入认识了土壤细菌群落改变与气候变化的关系，为预测高原生态系统结构和功能对气候变化的响应提供了科学数据。

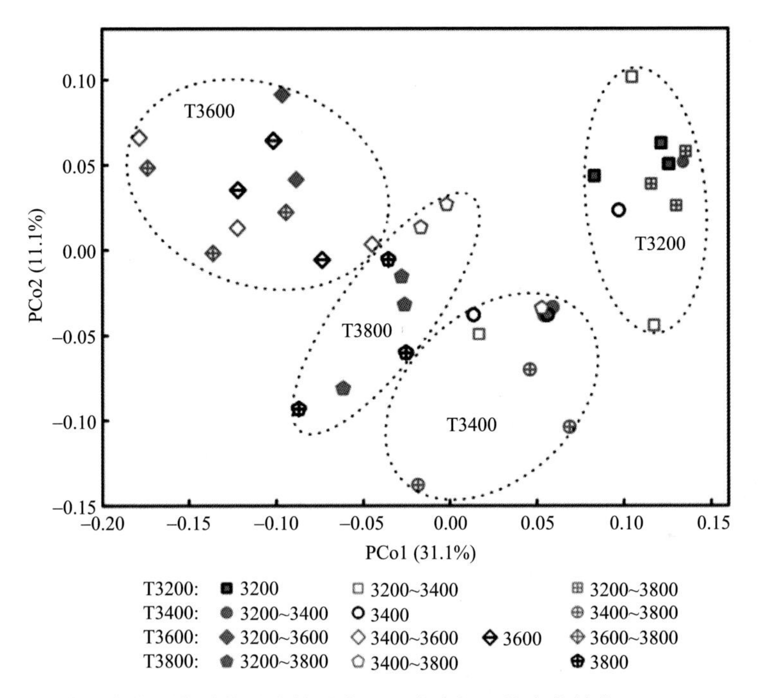

图 4.11　土壤微生物群落结构随海拔升高（温度降低）的变化趋势（Rui et al.，2015）

黑色边框为原位土壤，灰色边框为移植后土壤

4.3　碳循环过程

土壤作为陆地生态系统碳循环过程中的重要源-汇介质，对碳的排放和固定直接影响生态系统的碳循环过程。土壤是全球陆地生态系统碳的主要贮藏体，大约是大气碳库的 2 倍、植被碳库的 2～3 倍。三极地区大部分属于高寒地区，土壤碳占生态系统碳储量的主要部分。同时，三极存在大范围的冻土；按照目前的估计，

仅仅北半球多年冻土面积就能达到 2279 万 km^2，约占北半球陆地面积的 23.9%（Zhang et al.，2008）。更为重要的是，冻土中储存着大量有机碳，是全球陆地碳库的重要组成部分。按照最新估计结果，环北极地区 3 m 深度冻土碳库大小为 1035 Pg（Hugelius et al.，2014），占全球 3m 深度土壤碳库（2344 Pg）的 44.1%（Jobbágy and Jackson，2000）。

三极生态系统之间存在着显著差异，如在人类活动方面，南极洲没有原住民，人类活动强度很低，青藏高原地区人类活动强度最大，北极地区则次之；在当前全球变暖背景下，北极和青藏高原变化最为剧烈，南极则总体不甚明显，而由气候变化引起的三极碳储量响应存在较大差异。

4.3.1 北极

全球气候变化已经影响到北极地区生物地球物理能量的交换和运输，尤其是碳循环。图 4.12 说明了气候变暖背景下北极地区碳循环的变化（ACIA，2004）。例如，从图的左侧开始，预计北方森林从大气中吸收的二氧化碳会增加，尽管森林火灾和昆虫的破坏会在某些地区增加，从而向大气释放更多的碳。另外，火排放的烟尘（主要是含碳气溶胶）会增加散射光，促进荫蔽处叶片的光合速率从而增加北极地区生态系统的总初级生产力（GPP）（称为散射施肥效应）。北极地处高纬地区，太阳高度角偏低，植被冠层中处于荫蔽状态（即无法接受直射光）的叶片比例较高，因此气溶胶辐射效应对这一地区的植被生长有较大影响（Yue and Unger，2018）。越来越多的碳也会以溶解有机碳（DOC）、溶解无机碳（DIC）和颗粒有机碳（POC）的形式从苔原移动到池塘、湖泊、河流和大陆架。生物地球化学模型模拟发现，自 20 世纪以来，泛北极地区流域平均每年通过径流输送贡献 32 Tg 的 DOC 到河网并最终进入北冰洋，并呈逐年增长趋势（0.037 Tg C/a），其中大部分 DOC 来自北方落叶针叶林和欧亚流域内的森林湿地（Kicklighter et al.，2014）。

高纬度地区碳循环的响应受到陆地碳交换以及陆地和海洋之间耦合作用的影响，同时可对全球产生影响（Box et al., 2019）。近几十年，北极经历了前所未有的变化，包括北极生态系统经历的快速而多样的变化，如灌木覆盖扩张、植被生产力提高（北极绿化）、生长季延长和多年冻土融化（Hinzman et al.，2013），这些生态系统的变化会影响碳循环的速度和北极的净碳平衡。例如，多年冻土融化或土壤变暖导致碳释放增加，会使大气中的二氧化碳浓度升高；北极植被生产力提高导致碳吸收增加，最终使大气中的二氧化碳显著减少。在任何一种情况下，北极碳—气候反馈都将影响全球大气的二氧化碳浓度（Friedlingstein et al.，2015）。气候变暖对北极温室气体排放的反馈主要表现在 4 个方面（ACIA，2004），包括多年冻土中的甲烷和二氧化碳、森林和苔原中的甲烷和二氧化碳、北冰洋沿岸的甲烷水合物以及海洋中的碳吸收。

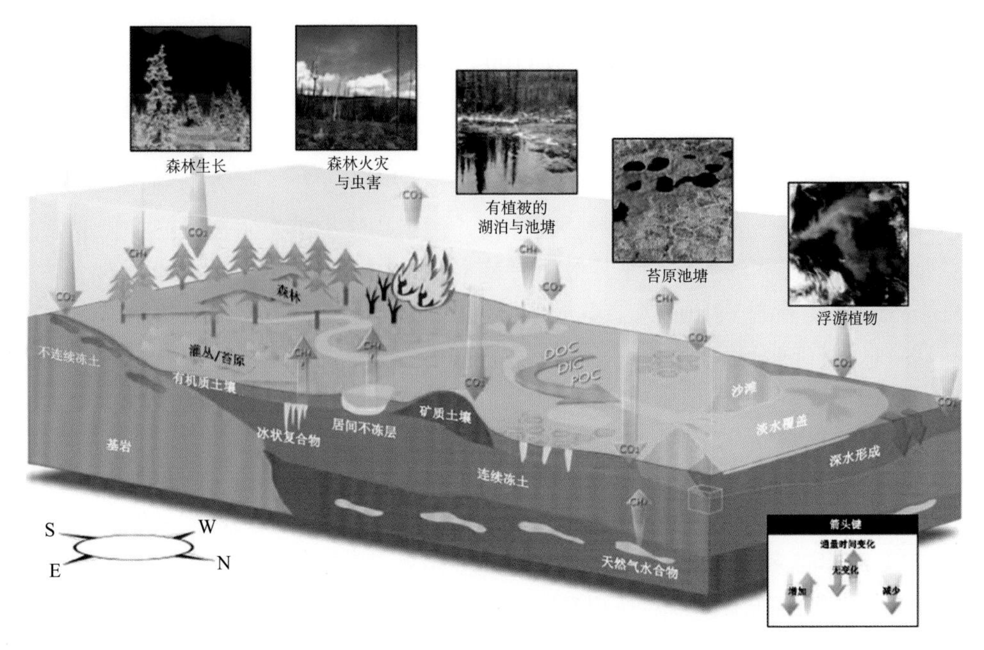

图 4.12　气候变暖背景下北极的碳循环变化（ACIA，2004）

1. 多年冻土中的碳

北极多年冻土包含陆地多年冻土，海底多年冻土以及海岸带多年冻土三大部分，总面积约为 1878 万 km^2（Tarnocai，2009）。北极地区的多年冻土碳储量大约是目前大气中的两倍。土壤无机碳主要受土壤物理化学过程影响（Mu et al.，2019），HCO_3^- 和 H_2CO_3 以及淀积碳酸盐是其主要组成部分。由于北极气温相对较低，植被凋落物和地下死根不易分解，生态系统同化的有机碳可以较长时间储存在土壤中；同时，有机质具有保温和冻融扰动作用，使得多年冻土具有较高的土壤有机碳（SOC）含量（Ping et al.，2008）。土壤有机碳库和无机碳库共同构成土壤碳库。土壤有机碳主要分布于土壤表层，由动植物和微生物的残体、分解产物等构成（Mullen et al.，1999）。

1）陆地多年冻土

随着全球变暖，深层土壤储碳能力对气候变化的重要性越来越受到关注，科学界逐渐开始了对地下较深层 SOC 储量的估算。有学者利用环北极土壤碳数据库

（NCSCD）评估了北极多年冻土区不同土壤深度中有机碳的储量。多年冻土区 SOC 储量在 0～0.3 m 和 0～1.0 m 土壤中分别为 217±12 Pg 和 472±27 Pg（±95%置信区间），在 0～3.0 m 土壤中的储量为 1035±150 Pg，多年冻土区总的 SOC 估计储量约为 1300 Pg，不确定性范围为 1100～1500 Pg。由于不同方法和数据集都会对同一地区的评估结果产生影响，当前北极地区总的 SOC 储量仍无法准确估算（Boike et al.，2012）。

2）海底多年冻土

海底多年冻土是极地地区的独特产物，源于历史上被海水淹没的多年冻土。主要沿大陆岸线和岛屿岸线呈连续条带或岛状分布，厚度达数米至数百米（秦大河等，2016），温度较其他类型多年冻土高。目前，已有研究估算出自末次盛冰期以来海水淹没的多年冻土面积约 392 万 km^2，其中 25 m 深度内有机碳储量为 1460±1010 Pg（不包括甲烷水合物）。目前海底多年冻土面积约为 230 万 km^2，其有机碳储量为 860±590 Pg，相当于目前大气中 CO_2 的总和。目前多年冻土加速退化、分解，冻结在海底的有机碳随之正在以温室气体形式（CO_2 和 CH_4）释放到大气中，增加大气中温室气体含量，加速气候变暖（Mu et al.，2019）。

3）海岸带多年冻土

海岸带多年冻土作为陆地和海底多年冻土之间的过渡地带，约占世界海岸线的 30%～34%（Lantuit et al.，2013），绝大多数位于北极地区。海岸侵蚀引起了北极多年冻土退化速率加快，综合近年来的评估发现，该过程中总的有机碳释放量大约在 5.84～46.54 Tg C/a。海冰融化、地表径流以及来自海岸侵蚀的物质输送等因素，造成近海区较低的海盐浓度和高的有机碳含量，使北极多年冻土海岸侵蚀成为温室气体排放的重要来源。随着气温的升高、开放水域时间的延长，必然会造成海岸侵蚀速率加快，这种横向通量的温室气体释放将会对全球变暖造成重大影响，甚至还会改变北极上层大陆架的生物地球化学环境（Mcguire et al.，2009）。

2. 森林和苔原中的甲烷和二氧化碳

北方森林和北极苔原拥有世界上最大的陆地碳储量，主要以森林中植物材料和苔原土壤碳的形式存在。甲烷在地球大气中捕获热量的能力大约是二氧化碳的 23 倍（按重量计算，在 100 年的时间范围内）。甲烷是由潮湿土壤（如沼泽和苔原池塘）中的分解或死亡植物物质产生的。甲烷排放主要受温度和水分的调控，气温升高和降水增加可能会导致更高的排放量，但其排放量可能被森林和冻土区的土壤所部分吸收。该区域二氧化碳的排放主要源于土壤微生物分解以及火灾中燃烧树木的释放。在气候变暖背景下，土壤有机质的分解速率加快以及冻土持续退化，导致更高的养分释放，进而引起灌木扩张并可能取代苔藓等苔原原有植被，这些变化可能会增加生态系统中的碳储存。然而，由于极端气候事件等因素的扰动，导致这些变化的净效应并不清晰。

北极苔原生态系统中植被释放到大气中的碳因被吸收和转化而不断消补，从而达到一个相对的平衡状态。而这种平衡一旦被破坏，其影响和危害就会远远超出北极圈（Jeong et al.，2018）。通过参考北极圈脆弱性实验（ABoVE）数据，美国国家航空航天局领导的一项新研究发现，在阿拉斯加北坡苔原生态系统中，碳在冻土中的保留时间比 40 年前减少了约 13%。这意味着那里的碳循环正在加速，且速度比北冰洋更快。在北极夏季，较暖的温度融化了最上层冻土层，并使得从前被冻结的有机物被微生物所分解，在这一过程中，二氧化碳会排放到大气中。同时，树木植被繁茂生长，通过光合作用吸收大气中的二氧化碳。但随着气温的升高，碳在北极土壤中的储存时间在不断缩短。研究人员指出，这两种反应之间的平衡状态将决定北极圈生态系统未来二氧化碳含量的减少或增加。根据目前的研究表明，后者更有可能。与此同时，预计北极地区碳的滞留时间缩短将导致全球大气中的二氧化碳含量发生更快且具有明显季节性的长期性变化特征。

此外，观测数据表明（Box et al., 2019），苔原生态系统的碳吸收在生长季节增加。温度的进一步升高将影响苔原二氧化碳和甲烷的排放，其比例取决于当地的水文状态和多年冻土的融化情况。

3. 北冰洋沿岸的甲烷水合物

大量的甲烷，以固态冰的形式被称为甲烷水合物，被束缚在多年冻土层中和冰冷海洋沉积物中的较浅处。研究表明，当多年冻土中冰的饱和度超过 80%时，多年冻土层内的甲烷气体可以完全被封存（Wang et al.，2014）。这意味着，当海底多年冻土内部形成冰系并持续存在时，内部的甲烷气体将不可能发生大规模转移（倪杰等，2019）。在当前气候变暖的背景下，自下而上的地热和自上而下的海水热流对海底大陆架施加的双重作用，不仅加速了海底多年冻土的升温和融化，同时也增大了甲烷气体从海底沉积物中逸出的风险（Shakhova et al.，2010）。如果多年冻土或海床的水温升高几度，就可能引发这些水合物的分解，将甲烷释放到大气中。从这个源头释放出的甲烷对气候变化的影响比本节讨论的其他排放存在更大不确定性，因为它可能需要更大幅度的变暖和更长的时间才会发生。然而，如果这种情况确实发生，其造成的气候影响可能非常大。

近几千年来，海底多年冻土正发生着缓慢的退化，引起的甲烷通量也在逐渐增加，然而目前对北极海底多年冻土区水合物储量的评估，在很大程度上没有被量化（倪杰等，2019）。一些甲烷通量组分的评估仍有待进一步量化。模型预测中，通常根据水柱高度来量化气泡的衰减程度。实际上，当气体渗透量很低时，一些小的甲烷气泡可能不会到达水柱表面，溶解在水中的甲烷可能会被氧化，停留较长时间（大约一年）并最终进入到大气，但是这些情况并不包括在模型中。

4. 海洋中的碳吸收

迄今为止，由于冰盖限制了二氧化碳气体的排放和吸收，导致北冰洋在全球碳收支过程中发挥的作用较弱。但在气候变暖背景下，随着海冰的融化，大量二氧化碳将被海水吸收，北冰洋的碳吸收量可能会显著增加。此外，因海冰融化引起更高的径流将增加可利用营养物质量，进而提高开放水域中生物生产力，致使更多的碳随着生物的死亡和下沉而被带到深海中。据之前研究估计，消融后的北冰洋，虽然面积只占了世界海洋的 3%，但吸收的二氧化碳可以占到全球海域总吸收量的 10%，即可以消除约 2 亿 t 的大气二氧化碳。但是，基于 2010 年中国国家海洋局参与的国际研究中的高精度数据分析发现，在大洋边缘海区以及深海水域接近大陆架地区，二氧化碳浓度大大低于大气浓度，但在离岸更远的无冰海域，二氧化碳浓度却接近大气浓度，虽然这些变化在区域上可能很重要，但其碳吸收量不足以显著降低全球大气二氧化碳浓度。这些过程不仅受到了北太平洋水团、河流等复杂影响，而且冰水温度、营养盐含量等因素同样发挥着重要作用。

4.3.2 南极

由于南极生态系统主要是海洋系统，南极洲在碳循环中的参与主要是南大洋的作用。南大洋在全球碳循环中发挥着重要作用。二氧化碳在冷水中更容易溶解，因此冰冷的南极海水可以容纳更多的溶解气体（carbon cycle-global warming）。彼得曼冰川在南极大陆周围形成了一个巨大的冰山，海水上涌的同时带来了大量的溶解矿物质，伴随着南半球夏季长时间的日照，导致浮游植物的大量繁殖，从而驱动了非常丰富的海洋生态系统。南极洲周围还有大量的水冷却和沉积物，其中一些水是溶解在其中的二氧化碳较少时上升的水。当暴露于现代较高水平的大气二氧化碳时，这种水吸收的量比之前保持的要多，并且将其带到海洋深处。

南极锋（polar front）以南的上涌深水将溶解的养分和二氧化碳带到地表，并将这种气体释放到大气中（Sabine et al.，2004）。相反，在南极锋以北下沉的中层水（intermediate water）和模态水（mode water）从大气中吸收二氧化碳。这些互补过程使南大洋成为大气二氧化碳的源和汇。通过光合作用，浮游植物生长从大气中吸收二氧化碳，并通过腐烂的有机物质将其泵入海床或地下水域。如果没有这个过程，并且没有二氧化碳溶解在海岸附近的冷密集沉没水中，大气中二氧化碳的积累将会快得多。海洋和大气之间的二氧化碳交换主要通过海—气通量，空间和时间变化很大（Hanna，1996）。

此外，典型的南极动物是磷虾（*Euphausia superba*）。南极磷虾消化能力并不强，它不仅会排出含有大量未消化食物的粪便，还会吐出部分未消化的食物。这些排泄物富含硅和碳，会沉积在海底。如果不是被磷虾摄取，这些碳会在海洋表层循环，于是南极磷虾扮演了碳埋藏者的角色。高纬度海洋每年可以从大气中吸收 30～50 g C/m^2 使之转化成生物质。看上去这个数量并不大，但是如果将之乘以巨大的海洋面积，结果就是，南极冰冷的海洋在碳循环中起到的固碳作用甚至超过热带雨林。所以，小小磷虾帮助埋藏的碳其实是个天文数字。然而，这其中的细节尚未为我们所知。

南极洲海域是全球碳循环的关键组成部分，它是连接大气与深海的通道。极地东风带驱动的南极绕极环流使得南大洋成为实现深海碳循环（通过海洋最深处富碳海水上升至洋表）的最理想环境之一。现代南大洋拥有极大的碳循环潜力：深部的富碳海水持续不断地同上层海水相混，并且该过程因洋流同深部洋脊的作用而加强。但在末次盛冰期，永久性海冰覆盖面积超过了南大洋面积，因而扩展的海冰如何影响南大洋与大气之间交换二氧化碳的过程成为科研人员最关心的核心问题。

为揭示末次盛冰期地球所经历的长达 200 年之久的气候剧变的内在机理，美国麻省理工学院、普林斯顿大学和加州理工学院联合研究小组，聚焦南大洋即环南极洲海域，首次就与此次事件相关的大量离散于海洋、大气及冰盖中的信息之间的关联性展开研究（Ferrari et al.，2014），利用南极绕极环流数学模型，计算出了末次盛冰期被海冰封存的海水总量。结果令人震惊：海冰覆盖了深海同大气交换二氧化碳的唯一通道，自从南大洋深部海域被海冰封闭，南大洋中的二氧化碳就再也没有向大气释放。该研究不仅首次揭示海冰覆盖的提高将隔绝深海与大气之间的气体交换，并基于此成功解释了末次盛冰期全球大气二氧化碳含量极低的原因；更重要的是，据此可以进一步得出结论：不只是末次盛冰期，在古气候记录中，最近的 4 次冰期均发生了与之相同的过程。研究人员强调，这并不意味着每次冰期所导致的大气二氧化碳含量下降幅度是相同的，而是表明在同一时期所有同时发生的事件之间必定是密切关联的，如果不同事件之间的关联效应在冰期开始就存在，那么这些关联事件就会以相同的速率发生。

2018 年，美国国家自然科学基金会资助的南大洋碳和气候观测与建模项目通过一系列潜水和漂流机器人在南大洋收集了冬季的数据。连续 4 年的监测数据显示，在冬季，南极洲海冰附近的开阔水域释放出的二氧化碳量远远超过预期[南大洋碳和气候观测与建模（SOCCOM）项目收集]①。因为该区域深水中含有极为丰富的碳，但由于此前在该区域获取的冬季数据有限，低估了二氧化碳的释放程度，这意味着南大洋所吸收的碳量要比想象的少。研究人员指出，观测到的数据令人非常惊讶，因为此前南大洋被认为是当代海洋吸收二氧化碳的关键，而如果真像这些数据所表明的那样，那就意味着我们需要重新考虑南大洋在碳循环和气候中的作用。此外，研究人员发现南大洋水域的 pH 接近中性，这与此前人们认为的南大洋吸收大量碳的研究结果相反，或许在海洋中的其他地方有未发现的碳吸收机制，这样便会解释本次新的发现。

2019 年，罗格斯大学新布伦瑞克分校的科学家利用南大洋 25 年来前所未有的海洋学测量结果，发现气候变化正在改变南极半岛西部的南大洋吸收二氧化碳的能力，从长远来看，这可能会加剧气候变化。南极半岛西部正在经历地球上最迅速的气候变化，其特点是温度急剧上升，冰川消退，海冰减少。研究表明，南极半岛西部表层水吸收二氧化碳与上层海洋的稳定性以及藻类的数量和种类有关。稳定的上层海洋为藻类提供了理想的生长条件。在光合作用过程中，藻类从表层海洋中吸收二氧化碳。1993～2017 年，南极半岛西部海冰动态变化稳定了上层海洋，导致藻类浓度增加和藻类种类混合的变化，这导致夏季二氧化碳吸收增加了近五倍。该研究还发现，二氧化碳吸收趋势存在明显的南北差异，半岛南部迄今受气候变化影响较小，但二氧化碳吸收量大幅增加，表明该地区气候变化向两极发展。这些结果也证明了气候变化的不确定性影响。科学家们推测，随着海冰继续减少，未来几十年，南极半岛西部的上层海洋稳定性可能最终会下降。一旦海冰达到一个非常低的水平，就没有足够的冰来阻止风驱动的上层海洋的混合，或者提供足够的稳定融水。从长远来看，这可能会减少南大洋对二氧化碳的吸收。而海洋吸收二氧化碳能力的下降可能会让更多的吸热型气体留在大气中，从而导致全球变暖。

4.3.3 青藏高原

近 30 年来，青藏高原地区的气候变暖明显早于中国其他地区及全球，且升温幅度是全球平均升温幅度的两倍，是过去 2000 年中最温暖的时段。青藏高原主要生态系统在碳循环中均表现为碳固定大于碳释放，且其碳汇功能呈增强态势（张镱锂等，2013）。1980～2002 年，青藏高原高寒生态系统形成平均每年 2300 万 t

① 南大洋碳和气候观测与模拟项目由美国国家科学基金会通过其极地项目办公室（Office of Polar Programs）资助，项目为期 6 年，共计资助 2100 万美元，目的是安置数十台漂浮机器人来监测南极洲周围的水域，并了解其在全球气候系统中的作用

的净碳汇，约占中国陆地植被碳汇增加量的 13%，其中高寒草地生态系统形成平均每年 1760 万 t 的碳汇，已成为中国的重要碳汇地区之一。1982～2011 年，青藏高原植被总体变好，生长季植被覆盖度呈总体上升态势（张宪洲等，2013）。气候变化是青藏高原植被总体变好及碳汇能力增强最为重要的驱动因子，在此期间退牧还草等大型生态工程也发挥着重要作用，但是青藏高原植被总体变好的同时也存在着区域及季节间的不平衡。

青藏高原生态系统二氧化碳各通量都存在明显的季节变化，夏季最大，冬季最小（范广洲等，2006）。从当年 10 月至翌年 4 月，生态系统为弱的大气碳源；5～9 月为碳汇，尤其夏季 6～8 月的碳汇作用最强，全年平均为大气碳汇。各通量的时间和空间变化也很明显，夏季高原西南、东南边界以及东北部各通量值最大；而冬季高原腹地和西北部地区最小。从生态系统净二氧化碳吸收随气温升高的变化特征来看，随气温升高，二氧化碳净通量呈跃变式的增加趋势，这一变化特征有着重要的气候学意义，表明：由人类活动导致的大气二氧化碳浓度的异常升高而引起温室效应的增强，将可能被青藏高原地区陆地生态系统活动减弱。高原地区生态系统具有调节温室效应的能力，并且在越暖的气候背景情况下，这种调节能力可能越强。

青藏高原地区植被净初级生产力（NPP）整体增加，其分布总体表现为自东南至西北递减，这与该地区的水热条件和植被类型的地带性分布规律一致（张炳华等，2016），并且表现出较强的海拔异质性。张扬建研究员团队结合 CASA（光能利用率模型）和实测数据模拟高寒草地 NPP 发现：①2001～2015 年，青藏高原草地的平均全年 NPP 呈现显著增加趋势，增加速率为 1.25 g C/（m^2・a），年均增加 0.54%。不同季节的 NPP 变化趋势存在明显差异。春季 NPP 也同样显著增加，增加速率为 0.32 g C/（m^2・a），年均增加 1.12%。夏季 NPP 呈现边际显著增加趋势，增加速率是 0.83 g C/（m^2・a），年均增长 0.56%。但是，秋季 NPP 的变化趋势并不明显（图 4.13）；②2001～2015 年期间，青藏高原草地平均全年 NPP 为 232.25 g C/（m^2・a）。平均全年 NPP 总量约为 223.76 Tg C/a（提取的青藏高原草地像元总面积约为 9630 亿 m^2）（图 4.13）。从不同草地类型来看，青藏高原高寒草甸和高寒草原的平均全年 NPP 分别为 260.87 g C/（m^2・a）和 127.88 g C/（m^2・a）；③全年 NPP 变化趋势与海拔之间具有紧密的关系，全年 NPP 变化趋势随海拔梯度的变化在 3500 m 附近出现转折点。在 2700～5500 m 海拔区间，海拔每升高 100 m，草地区全年 NPP 的增加速度减弱 0.12 g C/（m^2・a）；在 3500～5500 m 海拔区间，海拔每升高 100 m，草地区 NPP 的增加速度减弱 0.16 g C/（m^2・a）；但是在 2700～3500 m 海拔区间，海拔每升高 100 m，草地区的 NPP 的增加速度提升 0.14 g C/（m^2・a）（图 4.14）。

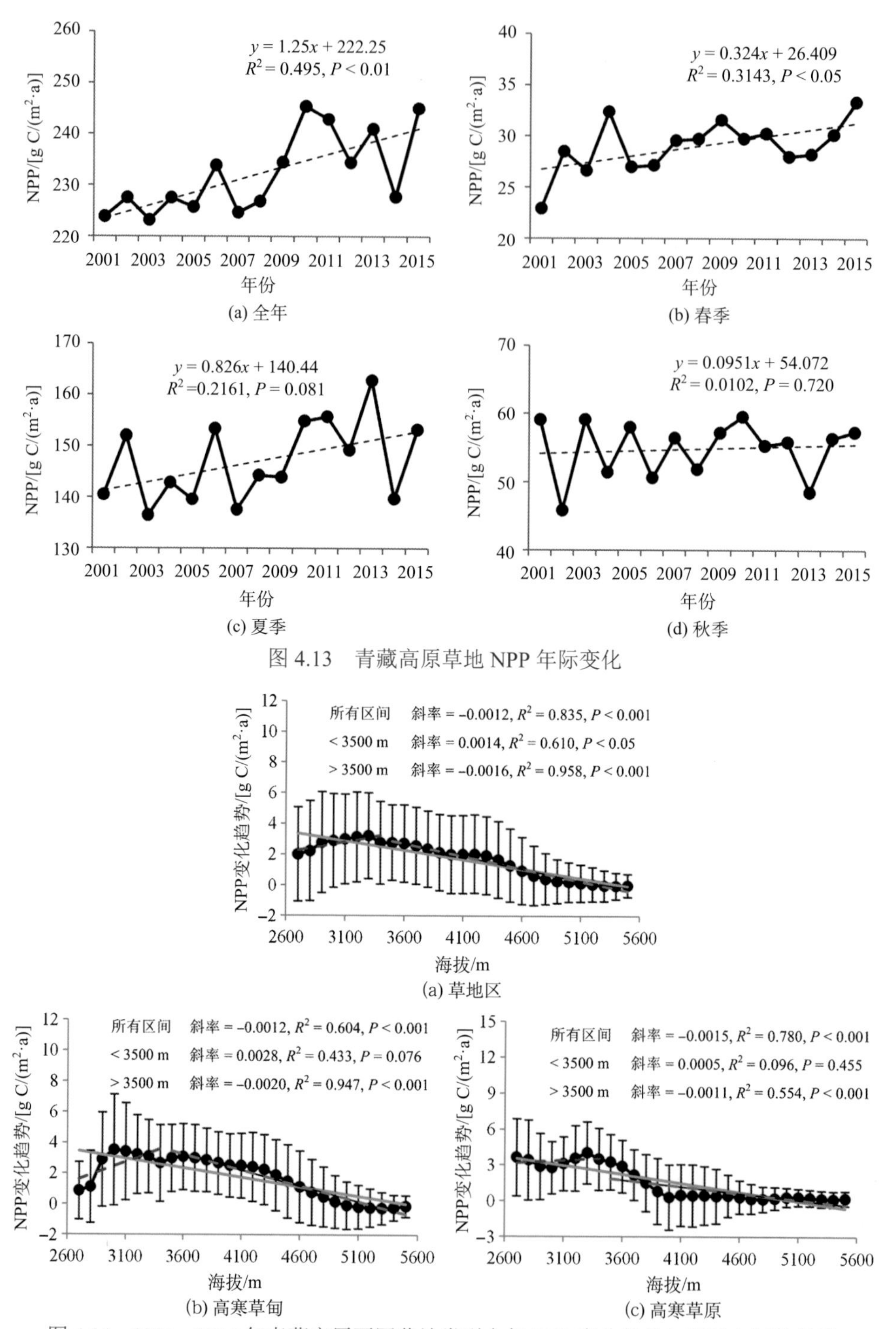

图 4.13 青藏高原草地 NPP 年际变化

图 4.14 2001～2015 年青藏高原不同草地类型全年 NPP 变化趋势与海拔之间的关系

沈妙根研究员团队利用卫星遥感数据和气候数据研究表明：植被生产力对温度年际变化的响应决定了等绿度线垂直移动的方向，而等温线上移不一定会引起植被等绿度线上移，当等绿度线和等温线都上移时，等绿度线上移速率则落后于等温线上移速率（An et al.，2018）（图 4.15）。因此，青藏高原的植被绿度变化很可能落后于快速的气候变化，这对该区域生态系统演化和生态系统服务可能造成重要的影响，同时对该区域生态系统管理以及如何应对气候变化也提出了挑战。

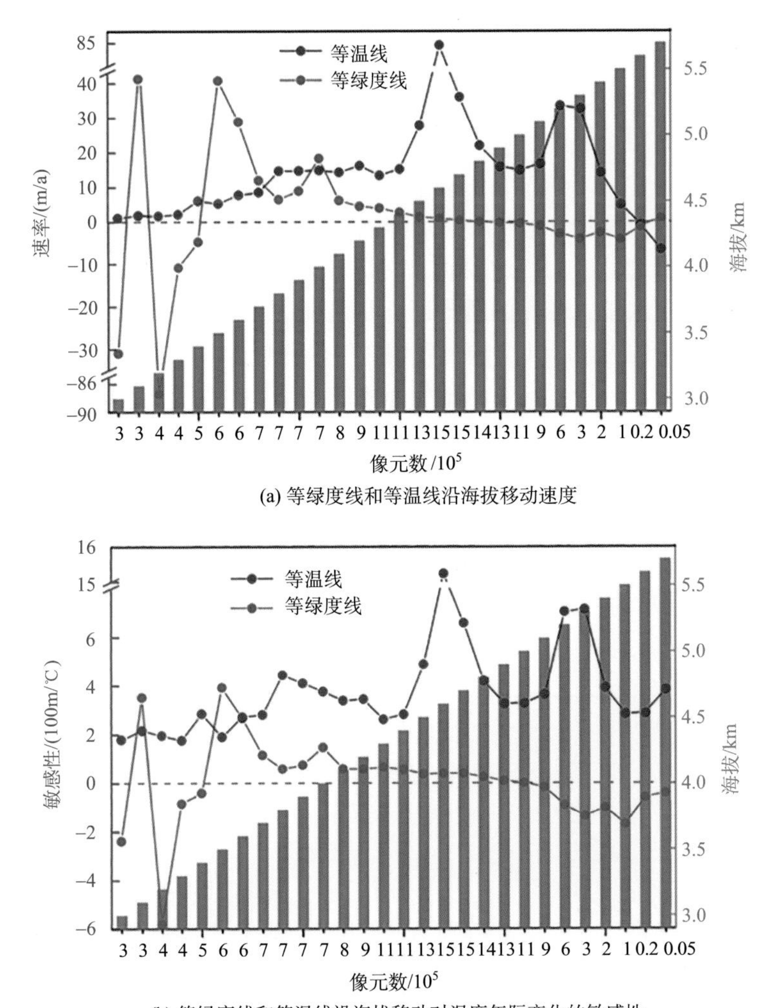

图 4.15　青藏高原植被等绿度线和等温线沿海拔移动速度及对温度年际变化的敏感性（An et al.，2018）

$NDVI_{GS}$，growing season NDVI，生长季 NDVI；T_{GS}，growing season temperature，生长季温度正值表示向上移动

科研人员发现（Shen et al.，2016），近30年来，随着青藏高原持续变暖，遥感观测显示高原生长季植被活动呈持续增强趋势。增强的植被活动降低了生长季白天地表温度，对生长季夜间温度的影响不显著，总体上降低了局地生长季平均温度。这种局地降温效应，主要是由于植被增加导致局地蒸腾作用增强，从而降低了地表能量。不同于北极植被对气候变化的“正反馈”作用，青藏高原植被活动对气候变化形成了“负反馈”。高原植被对气候的这种“负反馈”作用，表明我国政府在青藏高原实施的“退牧还草”等植被恢复措施有助于减缓当地气候变暖。

影响植被生产力的因素主要为温度和降水（张炳华等，2016），除了温度，降水也会对生产力产生很大影响，并且可以调节增温效应。张扬建研究员团队基于多年涡度相关数据和实地观测数据发现：①土壤含水量是控制碳通量的最重要因素，在任何温度条件下，生态系统初级生产力（GPP）和生态系统呼吸（Re）随着土壤水分的增加而增加。此外，水的可用性调节了生态系统对温度的响应大小，并可以缓解低温引起的压力。这项研究表明，气候变化对这一高山生态系统的影响可能更多地受到水模式变化的诱导而不是温度的升高，这为高寒草甸碳通量的气候控制提供了新的见解，并增加了我们对气候变化影响的认识（图4.16）。②通过开顶箱增温实验，分析了高寒草地生态系统植物物候和生态系统生产力增温的响应，发现增温驱动了高寒草甸生态系统碳吸收过程的季节位移。在生长季初期，增温导致水分亏欠，使植物生育期推迟，从而抑制了生长季初期的生产力（图4.17），而在生长季中后期，降水充沛的条件下，增温显著促进了生态系统的碳吸收，从而显著提高了生长季中后期的生产力，最终增温对生态系统生产力的抑制和促进作用相互抵消，使高寒草甸生态系统生产力维持不变，这是高寒草甸生产力维持稳定的重要机制之一（图4.18）。

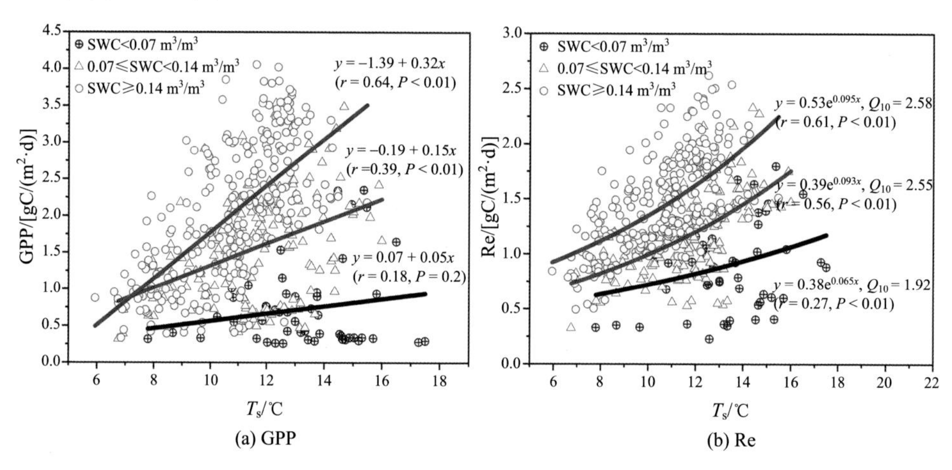

图4.16　不同土壤湿度（SWC）条件下土壤温度（T_s）与GPP及Re的关系

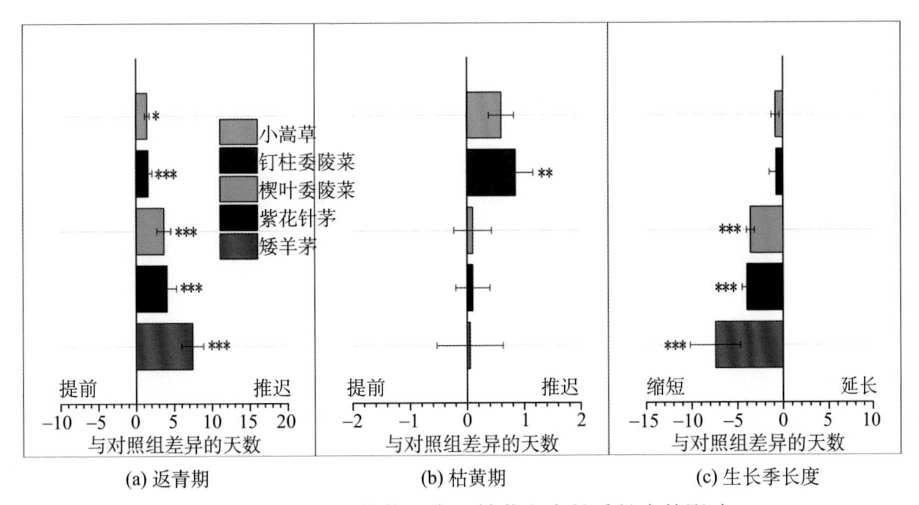

(a) 返青期　　(b) 枯黄期　　(c) 生长季长度

图 4.17　增温对植物返青、枯黄和生长季长度的影响

注：*，**，***表示对照和增温实验处理中的植物返青期、枯黄期和生长季长度存在显著性差异（*表示 $p<0.05$；**表示 $p<0.01$；***表示 $p<0.001$）；生长季长度：植被返青期至枯黄期的持续时间长度

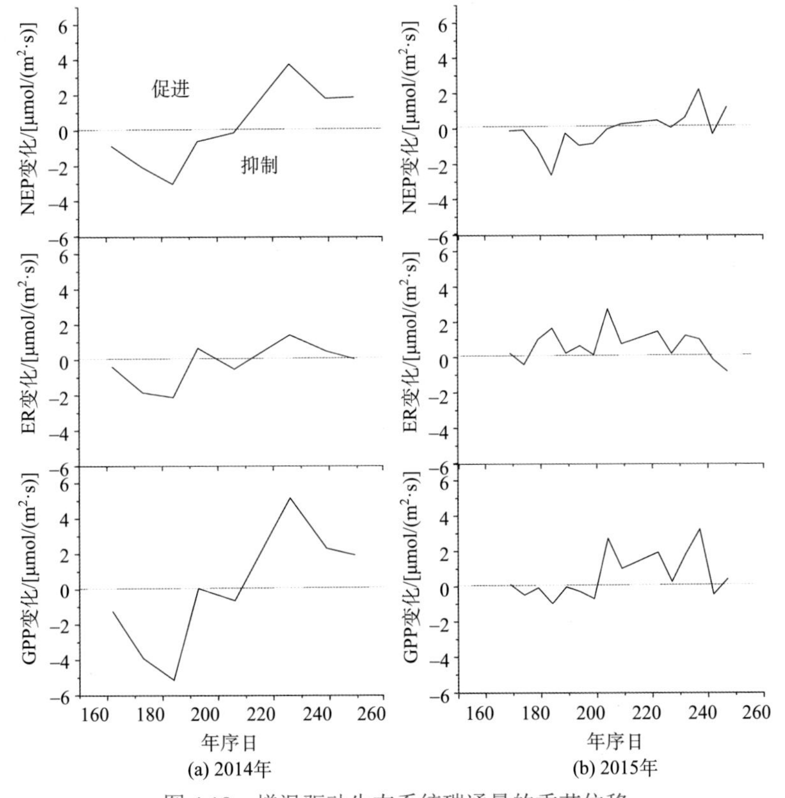

(a) 2014年　　(b) 2015年

图 4.18　增温驱动生态系统碳通量的季节位移

4.4 本章小结

本章对三极生态变化及其影响涉及的相关研究主题进行了较为详细的讨论和分析。总的来说，目前，三极植被、微生物、碳储量和碳循环过程正面临快速的变化。虽然三极有类似的低温条件，但三极的气候条件、植被类型存在显著的差别。在全球变暖的背景下，三极地区植被绿度整体呈增加趋势，且春季返青期提前，生长季延长。植被结构也发生了一定变化，其中北极植物变得越来越高，苔原生态系统中灌木正在扩张，但其扩张率空间异质性较大；南极植物正在加速生长，南极洲边缘出现越来越多的绿色苔原；青藏高原植被总体良好，但存在区域差异。温度升高导致北极植被的生长季延长，1982～2014 年，北极植被的生长季每 10 年延长了 2.60 天。50°N 以北的整个陆地区域，生长季长度每 50 年增加 6%。生长起始时间提前和生长结束时间延迟通常被认为是由于代谢的低温限制减轻而导致碳同化期延长。青藏高原地区，1980 年代和 1990 年代平均的返青期提前 15～18 天，是北半球中高纬度平均同期的 3 倍左右。

微生物分布主要受扩散限制和当地微环境影响。南北极水体（如海洋、湖泊等）微生物相似度要高于其与温带之间的微生物相似度。南北极海水中约 15%的微生物为南北极所共有，超过 85%的微生物为南北极特有。南北极湖泊之间的生物膜微生物种类相似度也明显高于南北极与温带湖泊之间的相似度，且南北极湖泊生物膜所共有的微生物比例更高，超过了 50%。同时，在低温和寡营养的环境下，南北极微生物具有较相似的代谢产物，均具备大量单糖（如木糖、甘露糖、鼠李糖及果糖）合成基因，其代谢产物可防止反复冻融对细胞结构造成伤害。微生物对南北极极端环境的适应性更体现在其细胞生理生化适应上，而不是微生物类型，这导致南北极微生物细胞生理生化过程相似度远高于其群落结构。但目前青藏高原与南北极微生物群落结构及功能的比较研究还很少。

北极和青藏高原地区在气候变暖的驱动下植被面积和生产力不断增加。但与此同时，多年冻土融化或土壤变暖导致碳释放增加，也会使大气中的二氧化碳浓度升高。在南极地区，气候变化正在改变南极半岛西部的南大洋吸收二氧化碳的能力，从长远来看，这可能会加剧气候变暖。三极气候变化对生态系统碳循环的影响是目前地球科学的热点研究课题之一。近年来，该前沿课题受到了广泛的关注并取得了重要的进展，但是争议仍然存在，例如，由于采样地点、范围和数量等因素的影响，导致北极和青藏高原地区的深层土壤碳库储量并不确定。基于数据驱动的机器学习方法可为评估气候变化背景下冻土融化对区域乃至全球碳循环的影响提供新思路（Wang et al.，2020）。

参考文献

范广洲, 周定文, 李洪权, 等. 2006. 青藏高原碳循环特征及对气候影响的数值模拟. 全国优秀青年气象科技工作者学术研讨会论文集.

孔维栋. 2013. 极地陆域微生物多样性研究进展. 生物多样性, 21(4): 456-467.

李兰晖. 2015. 青藏高原气候变化及其对植被物候的影响. 南昌: 江西师范大学硕士学位论文.

李友训, 关翔宇, 高焱, 等. 2016. 北极地区深海微生物研究进展及对策. 海洋科学, 40: 138-145.

刘振元, 张杰, 陈立. 2017. 青藏高原植被指数最新变化特征及其与气候因子的关系. 气候与环境研究, 22(3): 289-300.

孟梦, 牛铮, 马超, 等. 2018. 青藏高原 NDVI 变化趋势及其对气候的响应. 水土保持研究, 25(3): 360-372.

倪杰, 吴通华, 赵林, 等. 2019. 环北极多年冻土区碳循环研究进展与展望. 冰川冻土, 41(4): 845-857.

秦大河, 姚檀栋, 丁永建, 等. 2016. 冰冻圈科学辞典. 北京: 气象出版社.

张炳华. 2016. 青藏高原植被对气候变化响应的研究进展. 安徽农业科学, 44(17): 230-235.

张宪洲, 李文华, 石培礼. 2013. 青藏高原主要生态系统变化及其碳源/碳汇功能作用. 自然杂志, 35(3): 172-178.

张镱锂, 祁威, 周才平, 等. 2013. 青藏高原高寒草地净初级生产力(NPP)时空分异. 地理学报, 68(9): 1197-1211.

郑江珊, 徐希燕, 贾根锁, 等. 2020. 基于多遥感产品和地面观测的北极苔原春季返青期特征研究. 中国科学：地球科学, 11: 1618-1632.

ACIA. 2004. Impacts of a warming Arctic: Arctic climate impact assessment. https://www.amap.no/arctic-climate-impact-assessment-acia.

Algora C, Vasileiadis S, Wasmund K, et al. 2015. Manganese and iron as structuring parameters of microbial communities in Arctic marine sediments from the Baffin Bay. FEMS Microbiology Ecology, 91: fiv056.

Amesbury M J, Roland T P, Royles J, et al. 2017. Widespread biological response to rapid warming on the Antarctic Peninsula. Current Biology, 27: 1616-1622.

An S, Zhu X, Shen M, et al. 2018. Mismatch in elevational shifts between satellite observed vegetation greenness and temperature isolines during 2000–2016 on the Tibetan Plateau. Global Change Biology, 24: 5411-5425.

Bhatt U S, Walker D A, Raynolds M K, et al. 2017. Changing seasonality of panarctic tundra vegetation in relationship to climatic variables. Environmental Research Letters, 12: 055003.

Bjorkman A D, Myers-Smith I H, Elmendorf S C, et al. 2018. Plant functional trait change across a warming tundra biome. Nature, 562: 57-62.

Bockheim J G. 2008. Functional diversity of soils along environmental gradients in the Ross Sea region, Antarctica. Geoderma, 144: 32-42.

Boike J, Langer M, Lantuit H, et al. 2012. Permafrost – Physical Aspects, Carbon Cycling, Databases and Uncertainties. Springer Netherlands.

Bosi E, Fondi M, Orlandini V, et al. 2017. The pangenome of(Antarctic)Pseudoalteromonas bacteria: evolutionary and functional insights. BMC Genomics, 18(1): 93.

Box J E, Colgan W T, Christensen T R, et al. 2019. Key Indicators of Arctic Climate Change: 1971-2017. Environmental Research Letters, 14(14): 045010.

Brinkmeyer R, Knittel K, Jurgens J, et al. 2003. Diversity and structure of bacterial communities in arctic versus antarctic pack ice. Applied and Environmental Microbiology, 69: 6610-6619.

Buongiorno J, Herbert L C, Wehrmann L M, et al. 2019. Complex microbial communities drive iron and sulfur cycling in Arctic fjord sediments. Applied and Environmental Microbiology, 85: e00949-19.

Cameron K A, Hodson A J, Osborn A M. 2012. Structure and diversity of bacterial, eukaryotic and archaeal communities in glacial cryoconite holes from the Arctic and the Antarctic. Fems Microbiology Ecology. 82: 254-267.

Cao S N, Zhang W P, Ding W, et al. 2020. Structure and function of the Arctic and Antarctic marine microbiota as revealed by metagenomics. Microbiome, 8(1): 47.

Che R X, Deng Y C, Wang F, et al. 2018. Autotrophic and symbiotic diazotrophs dominate nitrogen-fixing communities in Tibetan grassland soils. Science of the Total Environment, 639: 997-1006.

Chong C W, Tan G Y A, Wong R C S, et al. 2009. DGGE fingerprinting of bacteria in soils from eight ecologically different sites around Casey Station, Antarctica. Polar Biology, 32: 853-860.

Chu H, Fierer N, Lauber C L, et al. 2010. Soil bacterial diversity in the Arctic is not fundamentally different from that found in other biomes. Environmental Microbiology, 12: 2998-3006.

Dang H, Zhou H, Yang J, et al. 2013. Thaumarchaeotal signature gene distribution in sediments of the Northern South China Sea: an indicator of the metabolic intersection of the marine carbon, nitrogen, and phosphorus cycles? Applied and Environmental Microbiology, 79: 2137-2147.

Dennis P G, Newsham K K, Rushton S P, et al. 2013. Warming constrains bacterial community responses to nutrient inputs in a southern, but not northern, maritime Antarctic soil. Soil Biology & Biochemistry, 57: 248-255.

Dennis P G, Newsham K K, Rushton S P, et al. 2019. Soil bacterial diversity is positively associated with air temperature in the maritime Antarctic. Scientific Reports, 9: 2686.

Ding M, Li L, Nie Y, et al. 2016. Spatio-temporal variation of spring phenology in Tibetan Plateau and its linkage to climate change from 1982 to 2012. Journal of Mountain Science, 13: 83-94.

Elmendorf S C, Henry G H, Hollister R D, et al. 2012. Plot-scale evidence of tundra vegetation change and links to recent summer warming. Nature Climate Change, 2: 453-457.

Feng J, Wang C, Lei J, et al. 2020. Warming-induced permafrost thaw exacerbates tundra soil carbon decomposition mediated by microbial community. Microbiome, 8(1): 3.

Ferrari B C, Bissett A, Snape I, et al. 2016. Geological connectivity drives microbial community structure and connectivity in polar, terrestrial ecosystems. Environmental Microbiology, 18: 1834-1849.

Ferrari R, Jansen M F, Adkins J F, et al. 2014. Antarctic sea ice control on ocean circulation in present and glacial climates. Proceedings of the National Academy of Sciences, 111(24): 8753-8758.

Forland E J, Skaugen T E, Benestad R E, et al. 2004. Variations in thermal growing, heating, and freezing indices in the nordic arctic, 1900-2050. Arctic Antarctic Alpine Research, 36: 347-356.

Friedlingstein P, Meinshausen M, Arora V K, et al. 2015. Uncertainties in CMIP5 climate projections due to carbon cycle feedbacks. Journal of Climate, 27: 511-516.

Frost G V, Bhatt U S, Epstein H E, et al. 2019. Tundra Greenness in NOAA Arctic Report Card 2019.

Fu Y, Piao S, Op de Beeck M, et al. 2014. Recent spring phenology shifts in western Central Europe based on multiscale observations. Global Ecology and Biogeography, 23(11): 1255-1263.

Galand P E, Potvin M, Casamayor E O, et al. 2010. Hydrography shapes bacterial biogeography of the deep Arctic Ocean. The ISME Journal, 4: 564-576.

Ghiglione J F, Galand P E, Pommier T, et al. 2012. Pole-to-pole biogeography of surface and deep marine bacterial communities. Proceedings of the National Academy of Sciences, 109: 17633-17638.

Green T G A, Sancho L G, Pintado A, et al. 2011. Functionaland spatial pressures on terrestrial vegetation in Antarcticaforced by global warming. Polar Biology, 34: 1643-1656.

Hanna E. 1996. The role of Antarctic sea ice in global climate change. Progress in Physical Geography, 20: 371-401.

Hinzman L D, Deal C J, McGuire A D, et al. 2013. Trajectory of the Arctic as an integrated system. Ecological Applications, 23: 1837-1868.

Høgda K A, Tømmervik H, Karlsen S R. 2013. Trends in the start of the growing season in Fennoscandia 1982-2011. Remote Sensing, 5: 4304-4318.

Hugelius G, Strauss J, Zubrzycki S, et al. 2014. Estimated stocks of circumpolar permafrost carbon with quantified uncertainty ranges and identified data gaps. Biogeosciences, 11: 6573-6593.

Jeong S J, Bloom A A, Schimel D, et al. 2018. Accelerating rates of Arctic carbon cycling revealed by long-term atmospheric CO_2 measurements. Science Advances, 4: eaao1167.

Ji M, Greening C, Vanwonterghem I, et al. 2017. Atmospheric trace gases support primary production in Antarctic desert surface soil. Nature, 552: 400-403.

Ji M, Kong W, Stegen J, et al. 2020. Distinct assembly mechanisms underlie similar biogeographical patterns of rare and abundant bacteria in Tibetan Plateau grassland soils. Environmental Microbiology, 22: 2261-2272.

Ji M, Kong W, Yue L, et al. 2019. Salinity reduces bacterial diversity, but increases network complexity in Tibetan Plateau lakes. FEMS Microbiology Ecology, 95: fiz190.

Jiang H C, Dong H L, Deng S C, et al. 2009a. Response of archaeal community structure to environmental changes in lakes on the Tibetan Plateau, Northwestern China. Geomicrobiology Journal, 26: 289-297.

Jiang H C, Dong H L, Yu B S, et al. 2009b. Diversity and abundance of ammonia-oxidizing archaea and bacteria in Qinghai Lake, Northwestern China. Geomicrobiology Journal, 26: 199-211.

Jobbágy E G, Jackson R B. 2000. Global controls of forest line elevation in the northern and southern hemispheres. Global Ecology & Biogeography, 9(3): 253-268.

Jorgensen S L, Hannisdal B, Lanzén A, et al. 2012. Correlating microbial community profiles with geochemical data in highly stratified sediments from the Arctic Mid-Ocean Ridge. Proceedings of the National Academy of Sciences, 109: E2846-E2855.

Karlsen S R, Høgda K A, Wielgolaski F E, et al. 2009. Growing-season trends in Fennoscandia 1982-2006, determined from satellite and phenology data. Climate Research, 39: 275-286.

Kicklighter D W, Hayes D J, Mcclelland J W, et al. 2014. Relative importance of multiple factors on terrestrial loading of DOC to Arctic river networks. Ecological Applications, 23.

Kielak A M, Barreto C C, Kowalchuk G A, et al. 2016. The ecology of acidobacteria: moving beyond genes and genomes. Frontiers in Microbiology, 7: 744.

Kleinteich J, Hildebrand F, Bahram M, et al. 2017. Pole-to-pole connections: similarities between Arctic and Antarctic microbiomes and their vulnerability to environmental change. Frontiers in Ecology and Evolution, 5: 11.

Lantuit H, Overduin P P, Wetterich S J P, et al. 2013. Recent progress regarding permafrost coasts. Permafrost and Periglacial Processes, 24: 120-130.

Lee J R, Raymond B, Bracegirdle T J, et al. 2017. Climate change drives expansion of Antarctic ice-free habitat. Nature, 547: 49-54.

Lin X, Zhang L, Liu Y, et al. 2017. Bacterial and archaeal community structure of pan-Arctic Ocean sediments revealed by pyrosequencing. Acta Oceanologica Sinica, 36: 146-152.

Liu Y Q, Yao T D, Jiao N Z, et al. 2013. Seasonal dynamics of the bacterial community in lake Namco, the largest Tibetan lake. Geomicrobiology Journal, 30: 17-28.

Ma D, Zhu R, Ding W, et al. 2013. Ex-situ enzyme activity and bacterial community diversity through soil depth profiles in penguin and seal colonies on Vestfold Hills, East Antarctica. Polar Biology, 36: 1347-1361.

Malard L A, Anwar M Z, Jacobsen C S, et al. 2019. Biogeographical patterns in soil bacterial communities across the Arctic region. FEMS Microbiology Ecology, 95: fiz128.

Malard L A, Pearce D A. 2018. Microbial diversity and biogeography in Arctic soils. Environmental Microbiology Reports, 10: 611-625.

Martin A C, Jeffers E S, Petrokofsky G, et al. 2017. Shrub growth and expansion in the Arctic tundra: An assessment of controlling factors using an evidence-based approach. Environmental

Research Letters, 12(8): 085007.

Mcguire A D, Anderson L G, Christensen T R, et al. 2009. Sensitivity of the carbon cycle in the Arctic to climate change. Ecological Monographs, 79: 523-555.

Mu C, Zhang T, Abbott B W, et al. 2019. Organic carbon pools in the subsea permafrost domain since the Last Glacial Maximum. Geophysical Research Letters, 46: 8166-8173.

Mullen R W, Thomason W E, Raun W, et al. 1999. Estimated increase in atmospheric carbon dioxide due to worldwide decrease in soil organic matter. Journal Communications in Soil Science and Plant Analysis, 30: 1713-1719.

Myers-Smith I H, Grabowski M M, Thomas H J D, et al. 2019. Eighteen years of ecological monitoring reveals multiple lines of evidence for tundra vegetation change. Ecological Monographs, 89(2): 1-21.

Nemani R R, Keeling D C, Hashimoto H, et al. 2003. Climate-driven increases in global terrestrial net primary production from 1982 to 1999. Science, 300: 1560-1563.

Nemergut D R, Costello E K, Meyer A F, et al. 2005. Structure and function of alpine and arctic soil microbial communities. Research in Microbiology, 156: 775-784.

Oberbauer S F, Elmendorf S C, Troxler T G, et al. 2013. Phenological response of tundra plants to background climate variation tested using the International Tundra Experiment. Philosophical Transactions of the Royal Society B: Biological Sciences, 368(1624): 20120481.

Pandey K D, Shukla S P, Shukla P N, et al. 2004. Cyanobacteria in Antarctica: ecology, physiology and cold adaptation. Cellular and Molecular Biology, 50: 575-584.

Park H, Jeong S J, Ho C H, et al. 2018. Slowdown of spring green-up advancements in boreal forests. Remote Sensing of Environment, 217: 191-202.

Park T, Ganguly S, Tømmervik H, et al. 2016. Changes in growing season duration and productivity of northern vegetation inferred from long-term remote sensing data. Environmental Research Letters, 11(8): 1-11.

Phoenix G K, Bjerke J W. 2016. Arctic browning: Extreme events and trends reversing arctic greening. Global Change Biology, 22: 2960-2962.

Ping C L, Michaelson G J, Jorgenson M T, et al. 2008. High stocks of soil organic carbon in the North American Arctic region. Nature Geoscience,1: 615-619.

Post E, Kerby J, Pedersen C, et al. 2016. Highly individualistic rates of plant phenological advance associated with arctic sea ice dynamics. Biology Letters, 12(12): 20160332.

Rui J P, Li J B, Wang S P, et al. 2015. Responses of bacterial communities to simulated climate changes in Alpine meadow soil of the Qinghai-Tibet Plateau. Applied and Environmental Microbiology, 81: 6070-6077.

Sabine C L, Feely R A, Gruberet N, et al. 2004. The Oceanic Sink for Anthropogenic CO_2. Science, 305: 367-371.

Schmidt N M, Mosbacher J B, Nielsen P S, et al. 2016. An ecological function in crisis? The temporal overlap between plant flowering and pollinator function shrinks as the Arctic warms. Ecography, 39(12): 1250-1252.

Schostag M, Priemé A, Jacquiod S, et al. 2019. Bacterial and protozoan dynamics upon thawing and freezing of an active layer permafrost soil. The ISME Journal, 13: 1345-1359.

Shakhova N, Semiletov I, Leifer I, et al. 2010. Geochemical and geophysical evidence of methane release over the East Siberian Arctic Shelf. Journal of Geophysical Research: Oceans, 115(C8): C08007.

Shen L, Liu Y Q, Wang N L, et al. 2018. Variation with depth of the abundance, diversity and pigmentation of culturable bacteria in a deep ice core from the Yuzhufeng Glacier, Tibetan Plateau. Extremophiles, 22: 29-38.

Shen M, Piao S, Chen X, et al. 2016. Strong impacts of daily minimum temperature on the green-up date and summer greenness of the Tibetan Plateau. Global Change Biology, 22: 3057-3066.

Shen M, Piao S, Dorji T, et al. 2015. Plant phenological responses to climate change on the Tibetan Plateau: research status and challenges. National Science Review, 2(4): 454-467.

Shen M, Zhang G, Cong N, et al. 2014. Increasing altitudinal gradient of spring vegetation phenology during the last decade on the Qinghai–Tibetan Plateau. Agricultural and Forest Meteorology, 189-190: 71-80.

Siciliano S D, Palmer A S, Winsley T, et al. 2014. Soil fertility is associated with fungal and bacterial richness, whereas pH is associated with community composition in polar soil microbial communities. Soil Biology and Biochemistry, 78: 10-20.

Sul W J, Oliver T A, Ducklow H W, et al. 2013. Marine bacteria exhibit a bipolar distribution. Proceedings of the National Academy of Sciences, 110: 2342-2347.

Swann A L, Fung I Y, Levis S, et al. 2010. Changes in Arctic vegetation amplify high latitude warming through the greenhouse effect. Proceedings of the National Academy of Sciences, 107(4): 1295-1300.

Tarnocai C. 2009. Arctic Permafrost Soils. Springer Berlin Heidelberg.

Tarnocai C, Canadell J G, Schuur E A, et al. 2009. Soil organic carbon pools in the northern circumpolar permafrost region. Global biogeochemical cycles, 23(2): GB2023.

Tiao G, Lee C K, McDonald I R, et al. 2012. Rapid microbial response to the presence of an ancient relic in the Antarctic Dry Valleys. Nature Communications, 3: 660.

Torres-Mellado G A, Jaña R, Casanova-Katny M A. 2011. Antarctic hairgrass expansion in the South Shetland archipelago and Antarctic Peninsula revisited. Polar Biology, 34:1679-1688.

Tucker C J, Slayback D A, Pinzon J E, et al. 2001. Higher northern latitude NDVI and growing season trends from 1982 to 1999. International Journal of Biometeorology, 45: 184-190.

Varin T, Lovejoy C, Jungblut A D, et al. 2012. Metagenomic Analysis of Stress Genes in Microbial Mat Communities from Antarctica and the High Arctic. Applied and Environmental Microbiology, 78: 549-559.

Vieira S, Sikorski J, Dietz S, et al. 2020. Drivers of the composition of active rhizosphere bacterial communities in temperate grasslands. The ISME Journal, 14: 463-475.

Walker D A, Leibman M O, Epstein H, et al. 2009. Spatial and temporal patterns of greenness on the Yamal Peninsula, Russia: Interactions of ecological and social factors affecting the Arctic normalized difference vegetation index. Environmental Research Letters, 4(4): 045004.

Wang P, Zhang X, Zhu Y, et al. 2014. Effect of permafrost properties on gas hydrate petroleum system in the Qilian Mountains, Qinghai, Northwest China. Environmental Science: Processes and Impacts, 16(12): 2711-2720.

Wang T H, Yang D W, Yang Y T, et al. 2020. Permafrost thawing puts the frozen carbon at risk over the Tibetan Plateau. Science Advances, 6(19): eaaz3513.

Wang X, Piao S, Xu X, et al. 2015. Has the advancing onset of spring vegetation green-up slowed down or changed abruptly over the last three decades? Global Ecology and Biogeography, 24(6): 621-631.

Wang X F, Xiao J F, Li X, et al. 2019. No trends in spring and autumn phenology during the global warming hiatus. Nature Communications, 10: 2389.

Wheeler H C, Hoye T T, Svenning J C. 2018. Wildlife species benefitting from a greener Arctic are most sensitive to shrub cover at leading range edges. Global Change Biology, 24: 212-223.

Wietz M, Månsson M, Bowman J S, et al. 2012. Wide distribution of closely related, antibiotic-producing Arthrobacter strains throughout the Arctic Ocean. Applied and Environmental Microbiology, 78: 2039-2042.

Wu W, Sun X, Epstein H, et al. 2020. Spatial Heterogeneity of Climate Variation and Vegetation Response for Arctic and High-Elevation Regions from 2001-2018. Environmental Research Communications, 2(1): 011007.

Xu X, Riley W J, Koven C D, et al. 2018. Observed and simulated sensitivities of spring green up to preseason climate in northern temperate and boreal regions. Journal of Geophysical Research: Biogeosciences, 123: 60-78.

Xu X, Riley W J, Koven C D, et al. 2019. Heterogeneous spring phenology shifts affected by climate: Supportive evidence from two remotely sensed vegetation indices. Environmental Research Communications, 1: 091044.

Xu X, Riley W J, Koven C D, et al. 2020. Earlier leaf-out warms air in the north. Nature Climate Change, 10: 370-375.

Yergeau E, Hogues H, Whyte L G, et al. 2010. The functional potential of high Arctic permafrost revealed by metagenomic sequencing, qPCR and microarray analyses. The ISME Journal, 4: 1206-1214.

Yergeau E, Newsham K K, Pearce D A, et al. 2007. Patterns of bacterial diversity across a range of Antarctic terrestrial habitats. Environmental Microbiology, 9: 2670-2682.

Yu H, Luedeling E, Xu J. 2010. Winter and spring warming result in delayed spring phenology on the Tibetan Plateau. Proceedings of the National Academy of Sciences, 107(51): 22151-22156.

Yuan M M, Zhang J, Xue K, et al. 2018. Microbial functional diversity covaries with permafrost thaw-induced environmental heterogeneity in tundra soil. Global Change Biology, 24: 297-307.

Yue X, Unger N. 2018. Fire air pollution reduces global terrestrial productivity. Nature Communications, 9: 5413.

Zeng H, Jia G, Epstein H. 2011. Recent Changes in Phenology over the northern high latitudes detected from multi-satellite data. Environmental Research Letters, 6(4): 45508-45518.

Zhang G, Zhang Y, Dong J, et al. 2013. Green-up dates in the Tibetan Plateau have continuously advanced from 1982-2011. Proceedings of the National Academy of Sciences of the United States of America, 110: 4309-4314.

Zhang T, Barry R, Knowles K, et al. 2008. Statistics and characteristics of permafrost and ground-ice distribution in the Northern Hemisphere. Polar Geography, 31: 47-68.

Zhao K, Kong W, Wang F, et al. 2018. Desert and steppe soils exhibit lower autotrophic microbial abundance but higher atmospheric CO_2 fixation capacity than meadow soils. Soil Biology & Biochemistry, 127: 230-238.

Zheng J, RoyChowdhury T, Yang Z, et al. 2018. Impacts of temperature and soil characteristics on methane production and oxidation in Arctic tundra. Biogeosciences, 15: 6621-6635.

第 5 章

三极水资源变化

青藏高原祁连山七一冰川　素材提供：吴玉伟

本章作者名单

首席作者

王　磊，中国科学院青藏高原研究所

主要作者

王宁练，西北大学

沈嗣钧，美国俄亥俄州立大学地球科学学院/中国科学院精密测量科学与技术创新研究院

刘建宝，中国科学院青藏高原研究所

张国庆，中国科学院青藏高原研究所

吴玉伟，西北大学

唐　寅，中国科学院地理科学与资源研究所

赵求东，中国科学院西北生态环境资源研究院

张晓涛，中国科学院青藏高原研究所

柴晨好，中国科学院青藏高原研究所

张　宇，美国俄亥俄州立大学地球科学学院

陈安安，西北大学

宋　蕾，中国科学院青藏高原研究所

尹圆圆，中国科学院青藏高原研究所

李秀萍，中国科学院青藏高原研究所

全球淡水资源的 70%以上储存在冰川、冰盖中，因此三极地区（南极、北极、青藏高原）拥有全球最丰富的淡水资源库。北极地区冰盖、冰川、冻土大量分布，河流流量大、流程长、结冰期长；南极地区以冰盖为主。“第三极”青藏高原发育着大量的冰川、积雪和冻土，是亚洲十多条主要江河的发源地，影响着超过 20 亿人的用水安全，被誉为“亚洲水塔”。在全球变暖的背景下，三极地区陆地冰冻圈加速消融（冰雪融化和冻土退化等），已对区域河流、湖泊、地下水、生态环境等产生了显著影响，改变了河流径流的年内分配和年总径流量，对河流源区以及中下游国家的用水安全和粮食供给产生了直接威胁。本章主要梳理了北极格陵兰冰盖、南极冰盖和青藏高原水资源研究的已有成果，以期系统认识气候变化驱动下的三极水资源动态变化规律及其对人类用水安全的潜在影响，为全球应对三极水资源变化提供科技支撑。

5.1　冰库水资源变化

5.1.1　冰库水资源变化估计：方法和数据

位于格陵兰岛和南极的冰盖是地球上最大的两个固态水体。随着全球气候变暖，格陵兰冰盖和南极冰盖正在迅速融化，对于全球海平面变化、大洋环流、大气循环等有着深远影响。据估计，如果格陵兰冰盖和南极冰盖完全融化，分别会造成海平面上升 7.4 m 和 58 m（Fretwell et al.，2013；Morlighem et al.，2017）。研究显示，进入 21 世纪以来，格陵兰冰盖和南极冰盖有加速融化趋势（Groh et al.，2019；Mouginot et al.，2019；Shepherd et al.，2018；Shepherd et al.，2020；Zwally et al.，2011）。

目前主流的监测冰盖质量变化的技术手段有三种：一是卫星雷达或激光测高（如 CryoSat、EnviSat、ERA、ICESat-1、ICESat-2 等），通过测量表面高度变化结合冰雪密度模型得到质量变化；二是输入-输出法（或质量成分法），即先由降水、温度等气象数据驱动区域气候模型（如 MAR、RECMO2、HIRHAM5 等）得到表面物质平衡，然后减去由冰速测量得到的入海口冰川质量损失（Discharge，D），最终得到总质量变化；三是卫星重力测量（如 GRACE、GRACE-FO、Swarm 等），通过质量变化引起的万有引力变化直接反演冰盖总质量变化。

美国宇航局 NASA 和德国宇航局 DLR 合作的 GRACE（重力场恢复和气候试验卫星）和 GRACE-FO（重力场恢复和气候试验的后续卫星）可以在>300 km 范围实现约 1 cm 等效水高精度的质量变化监测，并且能够直接得到包括表面质量平衡 SMB 和冰川流失 D 的总质量变化。这里我们主要采用 GRACE（2002 年 4 月至 2017 年 6 月）和其后续任务 GRACE-FO（2018 年 6 月至今）数据来估计格陵兰冰盖和南极冰盖质量变化。同时为了填补 GRACE 和 GRACE-FO 之间约 1 年的数据间断，我们额外采用了由欧洲航天局 ESA 的 Swarm 三星星座 GNSS（全球导航卫星系统）数据得到的重力场模型（Teixeira da Encarnação et al.，2020）。在不引起歧义的情况下，本书 GRACE 和 GRACE-FO 统称为 GRACE。

我们采用了三个 GRACE 官方数据处理中心（德州大学奥斯汀空间研究中心 CSR、德国地学研究中心 GFZ 和美国宇航局喷气推进实验室 JPL）发布的 GRACE 二级数据（Level-2，L2），另外加上俄亥俄州立大学（OSU）采用能量法解算得到的 GRACE 重力场模型。为了减小随机误差，我们对四套数据取加权平均值，并将四套数据的标准差作为 GRACE 误差。类似的，Swarm 重力场数据也是由四家机构采用四种不同反演方法得到的模型加权平均而来（Teixeira da Encarnação et al.，2020）。GRACE L2 数据是表达地球重力场的球谐系数，还需经过一系列后处理得到地表质量变化。为了尽可能减小误差，我们采用了最先进的后处理策略，包括填补 GRACE 数据中缺失的地心运动项（一阶球谐系数）（Sun et al.，2016），替换卫星激光测距（SLR）得到的 C_{20} 和 C_{30}（Loomis et al.，2020），去条带滤波（Chen et al.，2006a），300 km 半径高斯平滑（Jekeli，1981），冰川均衡调整校正（Peltier et al.，2018），信号泄露误差改正（Chen et al.，2015）和椭球误差改正（Li et al.，2017a）等。

GIA 校正是目前基于 GRACE 卫星反演冰盖总质量变化时最关键的步骤之一。GRACE 测量的是包含所有质量变化过程引起的重力变化信号，其中包括 GIA 效应，即自上次冰期后冰盖融化而导致的缓慢地幔物质回流和地壳抬升。为了得到当前冰盖质量变化，需要使用 GIA 模型从 GRACE 结果中扣除 GIA 效应造成的质量变化。GIA 效应在格陵兰岛影响较小，而且不同模型结果比较一致。GIA 效应在南极的影响更加显著，更重要的是不同模型得到的结果差异较大。图 5.1 所示为三种 GIA 模型结果，可见其有明显差异。表 5.1 中列出三种 GIA 模型对南极冰盖质量变化估计的影响，其差异最小为 9.7 Gt/a，最大为 51.8 Gt/a，标准差为 27.5 Gt/a。注意图 5.1 中结果采用的是 ICE-6G_D 模型（Peltier et al.，2018），且蓝色阴影表示的误差不包括 GIA 模型误差。

对青藏高原冰川变化的研究数据和方法而言，较早被用于整个青藏高原及周边地区大尺度冰川物质平衡估算的资料是 GRACE 重力卫星资料和 ICESat（NASA 冰、云和陆地高度卫星）卫星测高资料，其中 GRACE 资料因其较粗的空间分辨

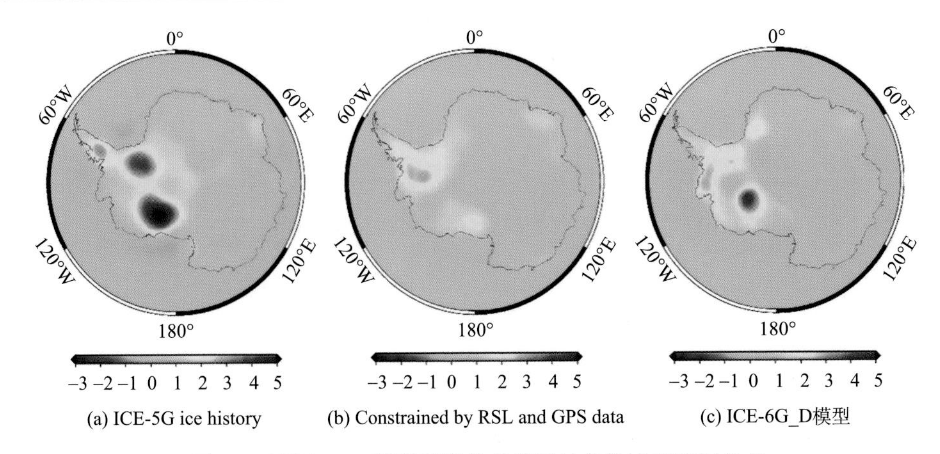

图 5.1　不同 GIA 模型得到的南极质量变化速率空间分布

质量变化已转化为等效水高，单位：cm/a。资料来源：（a）图（Ivins et al.，2013），（b）图（Caron et al.，2018），（c）图（Peltier et al.，2018）

表 5.1　不同 GIA 模型得到的南极质量变化速率

模型序号	方法	参考文献	GIA 校正/（Gt/a）	冰盖质量变化率/（Gt/a）
（a）	3-D，ICE-5G ice history，VM2	Ivins et al.，2013	139.7	–177.8
（b）	Constrained by RSL and GPS data	Caron et al.，2018	97.6	–135.7
（c）	ICE-6G_D，VM5a	Peltier et al.，2018	87.9	–126.0

率和不同的模型处理方法导致利用其估算出的第三极地区冰川物质平衡存在近 10 倍的差异，范围可从–4±20 Gt/a 至–47±12 Gt/a（Matsuo and Heki，2010；Jacob et al.，2012；Gardner et al.，2013；Yi and Sun，2014）。激光雷达遥感观测也是获取冰川物质平衡的一种主要方法，目前在轨运行的激光雷达卫星 ICEsat 尽管具有超高的观测精度，但其光斑在山地冰川上分布稀疏成为制约其估算区域冰川物质平衡的重要因素（Gardner et al.，2013）。随着测绘卫星的发展，多源遥感资料和全球性数字高程模型的逐步公布，使通过大地测量学方法获取区域尺度的冰川物质平衡在第三极地区得到快速发展。尤其是近期随着大数据平台的引入，使得利用海量 DEM 资料进行第三极地区冰川物质平衡的估算得到了快速发展。Brun 等（2017）利用超过 5000 景 ASTER 影像生成 DEM 数据估算第三极地区的冰川物质平衡仅为–16.3±3.5 Gt/a（明显小于之前估计的结果），随后 Shean 等（2020）和 Brun 等（2017）引入了 WorldView-1/2/3 和 GeoEye-1 等高分辨率资料，结合 ASTER 资料估算出 2000～2018 年第三极地区的冰川物质平衡约为–19.0±2.50 Gt/a，尽管双方估算结果在整体上接近（如果将误差考虑在内），但在流域尺度上的估算结果

却存在明显差异，尤其在丝绸之路途经的流域。其中差异最大的塔里木河流域是我国最大的内陆河流域，Shean 等（2020）的估算结果显示该流域的冰川呈负平衡状态（–0.87±0.71 Gt/a），而 Brun 等（2017）的估算结果却为微弱的正平衡（+0.4±1.3 Gt/a）；其他流域（诸如阿姆河流域、锡尔河流域、印度河流域和伊犁河流域）的结果也存在 10%～40%的估算差异。

5.1.2 格陵兰冰盖

格陵兰冰盖总量虽然大约只是南极的八分之一，但总质量的损失速率却是南极的两倍左右，而且目前是全球海平面升高的最大贡献因素（WCRP Global Sea Level Budget Group，2018）。图 5.2 所示为 GRACE 和 Swarm 得到的格陵兰冰盖在 2002～2019 年期间质量变化时间序列，阴影表示一倍标准差。在整个 2002～2019 年期间，格陵兰冰盖平均每年损失 234.7±0.5 Gt 质量。由图 5.2 可见，格陵兰冰盖质量损失速率并非恒定，2009～2013 年间质量损失速率相对于 2002～2009 年间明显加快，2013 年之后质量损失又有所减缓，三个时期内质量损失速率分别为–204.8±1.2 Gt/a、–372.0±3.3 Gt/a 和–169.0±3.3 Gt/a。此外格陵兰冰盖还展现出明显的年际变化信号，如 2010 年、2012 年和 2019 年夏季的快速融化事件，以及 2013～2014 年间一年半左右的“停滞”现象。

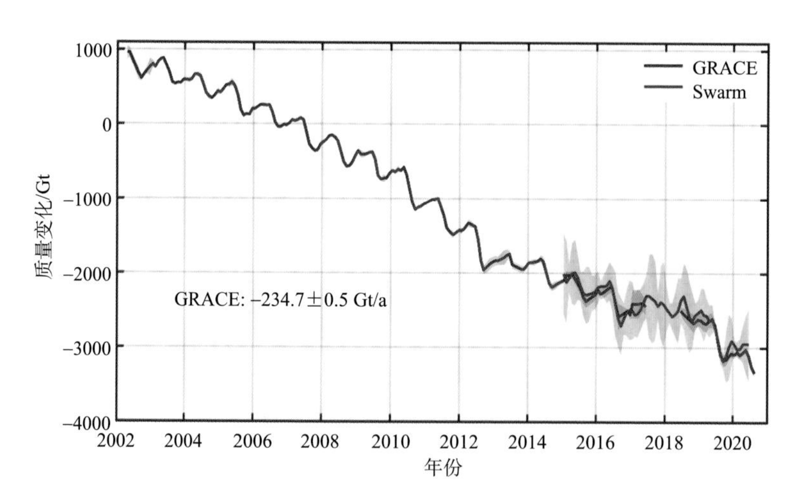

图 5.2 由 GRACE 和 Swarm 得到的格陵兰冰盖 2002～2019 年质量变化时间序列

参考重力场为 GGM05C。蓝色阴影表示 CSR、GFZ、JPL 和 OSU 的 GRACE 数据标准差，类似的红色阴影为 AIUB、ASU、IFG 和 OSU 的 Swarm 数据标准差。在 2002～2019 年期间格陵兰冰盖质量变化为–234.7±0.5 Gt/a

图 5.3 所示为格陵兰冰盖 2002～2019 年间质量变化速率的空间分布。格陵兰冰盖质量损失主要集中在西部和东南部冰盖边缘，特别是西部的 Jakobshavn Isbræ 冰川和 Upernavik Isstrøm 冰川以及东南部的 Helheim 冰川。在格陵兰岛内陆部分地区，由于降雪累积导致质量缓慢增加，但是远远小于由于边缘冰川崩塌和冰盖表面融水径流造成的质量损失。

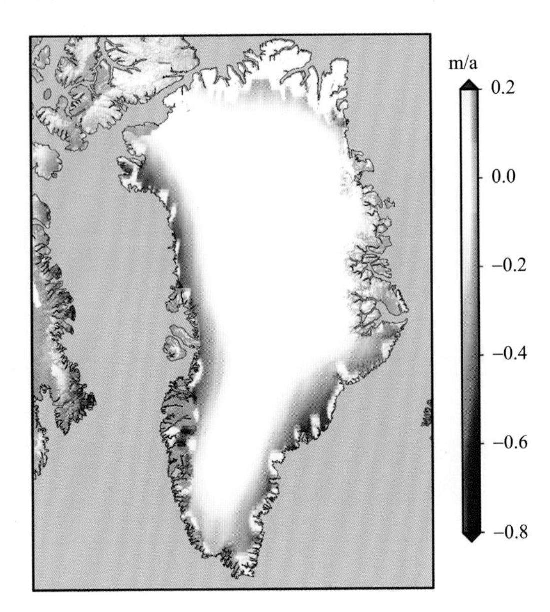

图 5.3　GRACE 得到的格陵兰冰盖 2002～2019 年质量变化速率空间分布

质量变化已转化为等效水高，单位：m/a

格陵兰冰盖质量损失主要由两部分构成，一是冰盖边缘冰川崩塌入海，二是冰盖表面融水径流。图 5.4 所示为格陵兰冰盖总质量变化及其分量冰川流失和冰盖表面质量平衡。近期将近一半（50.3%）的质量损失及其短期变化是由地表质量平衡造成，而在 2007～2012 年间其占比甚至达到 70%。2010 年和 2012 年夏季的格陵兰冰盖快速质量损失事件也是由温度异常升高导致的冰盖表面快速融化引起（Shepherd et al.，2020）。

5.1.3　南极冰盖

南极冰盖是地球最大的固态水体，是全球气候变化的重要指示器和海平面升高的重要贡献者。图 5.5 所示为 GRACE 得到的南极冰盖质量变化时间序列。在整个 2002～2020 年区间，南极冰盖每年损失质量约为 126.0±5.1 Gt。南极冰盖质量损失速率在时间上有着很强非均匀性，在 2002～2007 年间相对来说速度较慢，每年损失约 20.6±16.8 Gt，之后明显加速，2007～2019 年间平均每年损失约 146.4±6.8 Gt。此外相对于格陵兰冰盖（图 5.2），南极冰盖质量变化时间序列不确定度也更大。

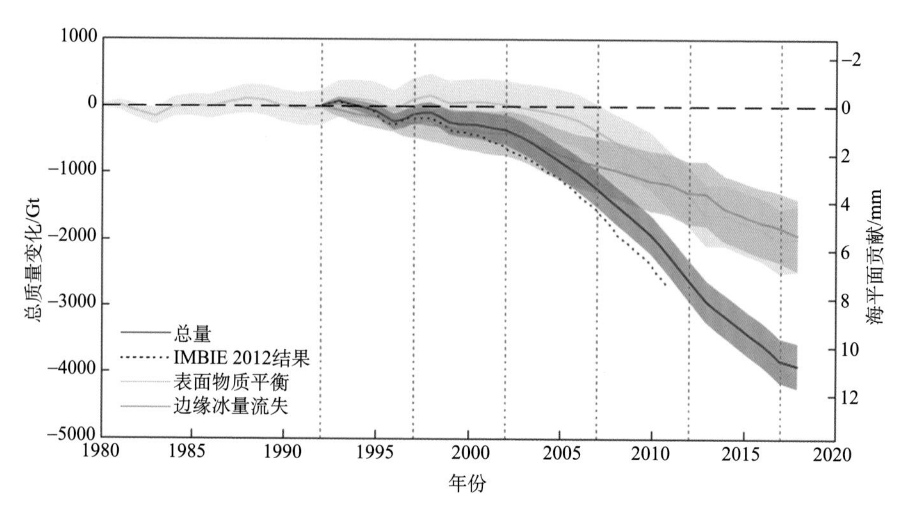

图 5.4　格陵兰冰盖总质量变化及其分量（地表质量平衡 Surface 和冰川流失 Dynamics）时间序列（截取自 Shepherd et al.，2020）

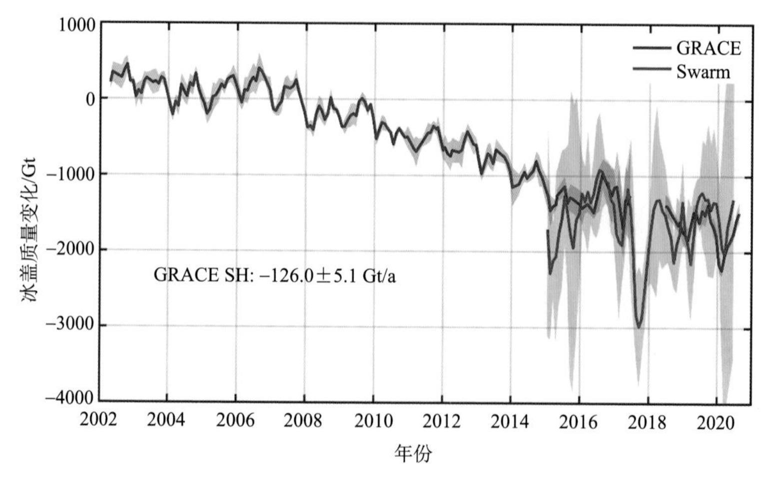

图 5.5　GRACE 得到的南极冰盖 2002～2020 年质量变化时间序列

参考重力场为 GGM05C，蓝色阴影表示 CSR、GFZ、JPL 和 OSU 的 GRACE 数据标准差

南极冰盖质量变化在空间分布上也呈现非常明显的非均匀性。由图 5.6 可见，南极冰盖质量损失主要发生在西南极边缘（特别是 Pine Island 和 Thwaites 冰川）

和南极半岛，而南极东北边缘（特别是 Queen Maud Land 和 Enderby Land）以及部分内陆地区则由于降雪积累质量有所增加。图 5.7 为南极冰盖不同区域质量变化时间序列，由图可知西南极贡献了绝大部分的南极质量损失，南极半岛对整个南极质量损失相对来说贡献较小，而东南极则质量有缓慢增加。

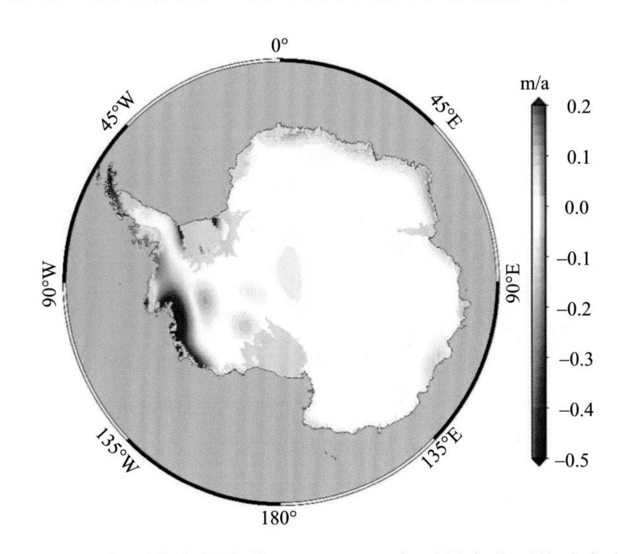

图 5.6　GRACE 得到的南极冰盖 2002～2019 年质量变化平均速率空间分布

已转化为等效水高，单位：m/a

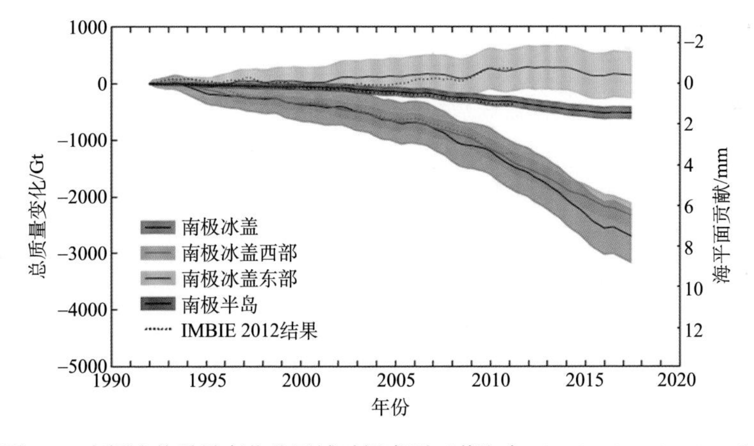

图 5.7　南极冰盖质量变化分区域时间序列（截取自 Shepherd et al.，2018）

5.1.4　青藏高原冰川

以青藏高原为核心的第三极地区作为亚洲众多河流的发源地，素有“亚洲水塔”之称（Immerzeel et al.，2010）。最近关于全球水塔的评估结果表明，亚洲水塔是全球 78 个水塔中最为重要的水塔，同时也是气候变暖背景下最脆弱的水塔（Immerzeel et al.，2020）。过去几十年间第三极地区冰川消融加剧导致了下游江河径流呈现出不稳定的变化，已对下游数亿人口的粮食安全和社会发展产生了潜在威胁（Yao et al.，2012；Pritchard，2019）。在气候变暖背景下，第三极地区冰川融水对海平面上升的贡献和对区域水资源安全的影响等问题已经引起了国际社会的广泛关注（姚檀栋等，2004; Immerzeel et al.，2020）。由于人工监测难度大，费用高且监测数量有限，因此通过遥感资料反演第三极地区冰川物质平衡变化成为当前国际研究的热点。

为进一步明确目前第三极地区冰川过去几十年来的时空变化特征，我们利用获取于 1960～1980 年代的地形图数据、2000 年 SRTM（航天飞机雷达地形探测任务）DEM 数据和 2015 年前后的 ASTER 立体像对数据，基于大地测量学方法获取了近 50 年来第三极地区的冰川表面高程变化信息，各个典型冰川区不同时段的冰川表面高程变化信息表明：冰川物质亏损速率增大较快（差值大于 0.3 m w.e. /a）的区域主要分布在昆仑山东段（布喀达坂峰和东昆仑地区）、唐古拉山中东段（冬克玛底地区和布加岗日地区）、冈底斯山（格尔耿山和康青日山）和念青唐古拉山（东西两段）等区域；喜马拉雅山地区（西段、中段和东段的查加乌地区）、祁连山的团结峰、羌塘高原西南部的昂龙岗日和隆格尔山、塔里木南缘等区域的物质亏损速率增大稍缓（差值范围为 0.2～0.3 m w.e. /a）；物质亏损速率变化较小（差值 0.1～0.2 m w.e. /a）的地区主要分布在喜马拉雅山东段的查加乌、青藏高原中东部的杂多北和阿尼玛卿山、祁连山西段、阿尔金山、哈密盆地及阿尔泰山等区域；天山东段、藏东南和纳木那尼等区域的物质平衡亏损增速微弱（小于 0.1 m w.e. /a）；而青藏高原西北的喀喇昆仑、帕米尔、西昆仑以及天山中西段的物质平衡亏损速率呈减缓趋势。而西昆仑地区的冰川物质平衡从负平衡的–0.33±0.10 m w.e. /a（1970～1999 年）变为 1999～2015 年时段的 0.17±0.17 m w.e. /a；喀喇昆仑地区的冰川物质在 1970 年代以来的物质平衡基本维持稳定，乃至微弱正平衡，这个与 Bolch 等（2017）在罕萨地区的研究基本一致；帕米尔东部公格尔山的研究结果表明该地区 2000 年以后的物质平衡亏损速率要明显小于 2000 年以前，而本章中对 2000～2016 年帕米尔西部的冰川物质平衡估算结果也表明了该地区的物质平衡趋近于 0，这同样与近年来研究得到帕米尔—喀喇昆仑异常的结论相一致（Hewitt，2005; Gardelle et al.，2013）；虽然天山中西段冰川物质平衡在研究时段内呈持续的退缩趋势，但 Ak-Shirak 和托木尔峰地区两个研究区的结果显示了天山中西段地区物质亏损速率呈明显的减缓趋势。

依据不同区域物质平衡变化的空间分布特征，图 5.8 中的红线划定了高亚洲地区物质平衡亏损速率加快（红色负号）和减缓（蓝色正号）的界限（图 5.8 中的红色虚线为稳定线）。2000 年以后高亚洲西部的帕米尔、喀喇昆仑和西昆仑地区物质平衡维持稳定乃至微弱的正平衡，而天山中西段的物质平衡亏损速率则呈明显的减缓趋势。为验证天山西段 2000 年以后物质平衡亏损速率减缓的正确性，图 5.9 展示了 Tuyuksuyskiy 冰川过去 50 年利用冰川学方法观测得到的物质平衡记

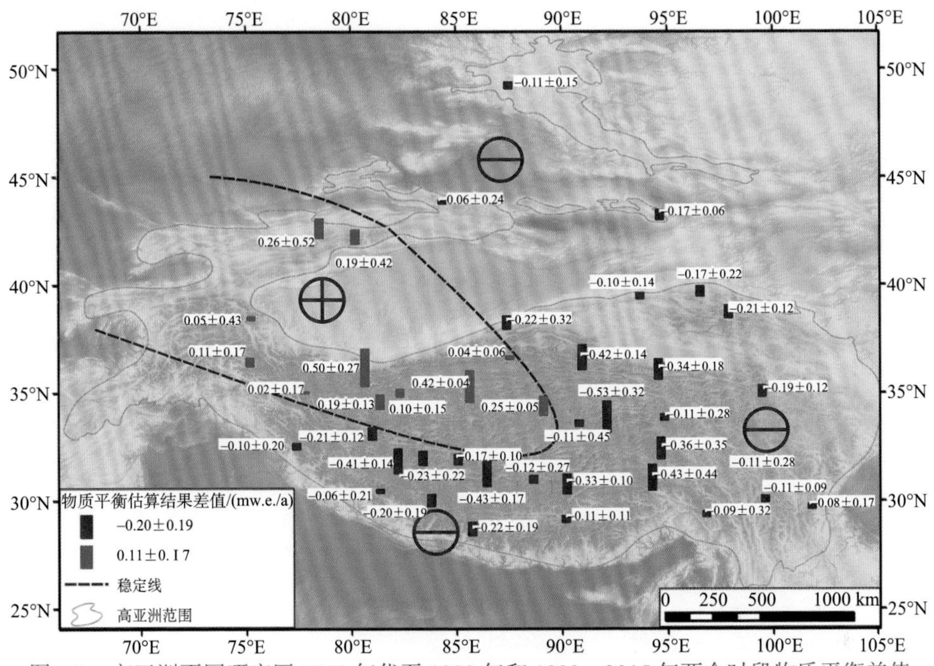

图 5.8　高亚洲不同研究区 1960 年代至 1999 年和 1999～2015 年两个时段物质平衡差值

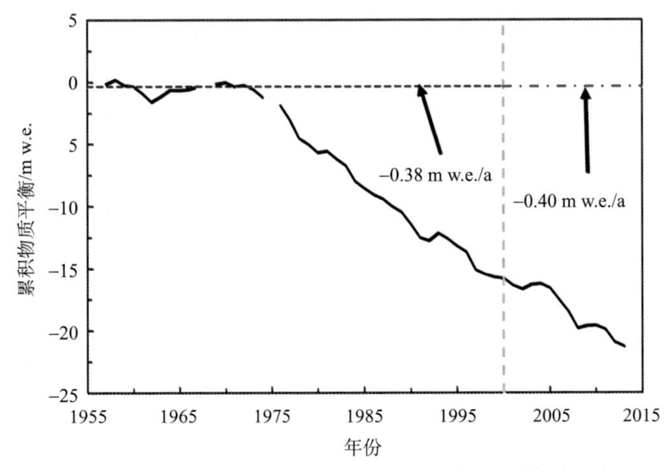

图 5.9　Tuyuksuyskiy 冰川 1955～2013 年累积物质平衡

录，对比 2000 年之前（–0.38 m w.e. /a）和之后（–0.40 m w.e. /a）的平均物质平衡变化可以得出该冰川上述两个时段的物质亏损速率并没有明显的加速趋势，这与本书通过大地测量学获得的结论基本一致。

5.2 河流径流变化

5.2.1 北极

1. 北极水系分布及主要河流概述

环北极地区发育了多条河流，每年都有大量的淡水从欧亚和北美大陆及邻近区域注入北冰洋，按照地理位置其淡水来源可划分为十个大的流域（图 5.10）。其中区域 1～3 河流的水流入哈得孙湾，区域 4～10 河流的水则注入北冰洋。欧亚大陆的叶尼塞（Yenisey）河、勒拿（Lena）河、鄂毕（Ob）河及科雷马（Kolyma）河和北美大陆的马更些（Mackenzie）河及育空（Yukon）河，每年注入北冰洋的径流流量分别是 673 km^3、581 km^3、427 km^3、136 km^3、316 km^3 和 208 km^3（表 5.2），这六条河流域水量约占全部注入北冰洋的入海径流的 80%。因此，目前研究北极大河入海径流变化，主要关注这 6 条对北冰洋影响较大的河流。本书在每条河

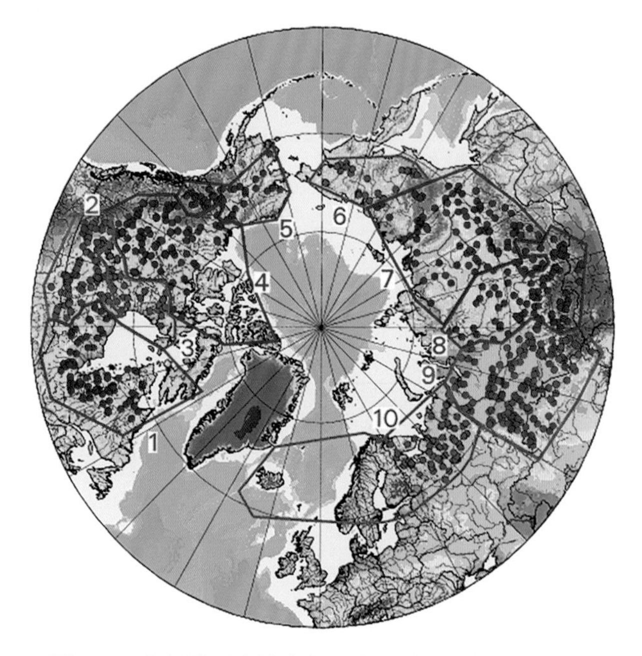

图 5.10　北极地区流域分布及地形图（引自 http://www.r-arcticnet.sr.unh.edu）

流靠近入海口处选取站点，提取其径流资料，代表这条河流流入北冰洋的径流量。

表 5.2　北极 6 条大河基本概况

河流名称	水文站点	流域面积/km^2	多年平均径流量/km^3	1978～2017 年径流变化速率[a] /（km^3/10a）
鄂毕河	Salekhard	2949998	427	7.75
叶尼塞河	Igarka	2440000	673	5.68
勒拿河	Kusur	2430000	581	23.16
科雷马河	Kolymskoye	526000	136	3.06
马更些河	Arctic Red River	1680000	316	9.7
育空河	Pilot Station	831390	208	4.11

a.后文中计算得到

2. 北极大河径流变化趋势及原因

北极气候系统的迅速变化正在改变陆海之间水、热、盐等之间的联系，影响着沿海和海洋的物理、化学和生物过程。径流变化作为流域尺度上降水、蒸发蒸腾和蓄水变化的综合反映，其变化趋势及成因研究在北极地区正受到越来越多的关注。Erik Stokstad 在 2002 年的 *Science* 新闻中阐述了北极径流对气候的重要作用，径流量的持续增加可能会中断与整个气候系统密切相关的北大西洋热盐环流（Peterson et al.，2002），从而引起全球气候系统的不稳定，给人类带来巨大的灾难。

1978～2017 年近 40 年北极 6 条大河的径流均呈现增加趋势（图 5.11），增加速率分别为每 10 年增加 7.75 km^3、5.68 km^3、23.16 km^3、3.06 km^3、9.7 km^3 和 4.11 km^3，其中勒拿河增加速率最快（表 5.2）。从不同的季节来看（图 5.12），过去 40 年 6 条大河 6～7 月份径流均表现为明显下降趋势，叶尼塞河和马更些河径流最大减少趋势出现在 6 月，其他 4 条河流径流减少最大月份为 7 月，科雷马河和育空河 8 月份也有所下降；其他月份均表现为增加趋势，五大河径流最大增加月份均出现在 5 月份。

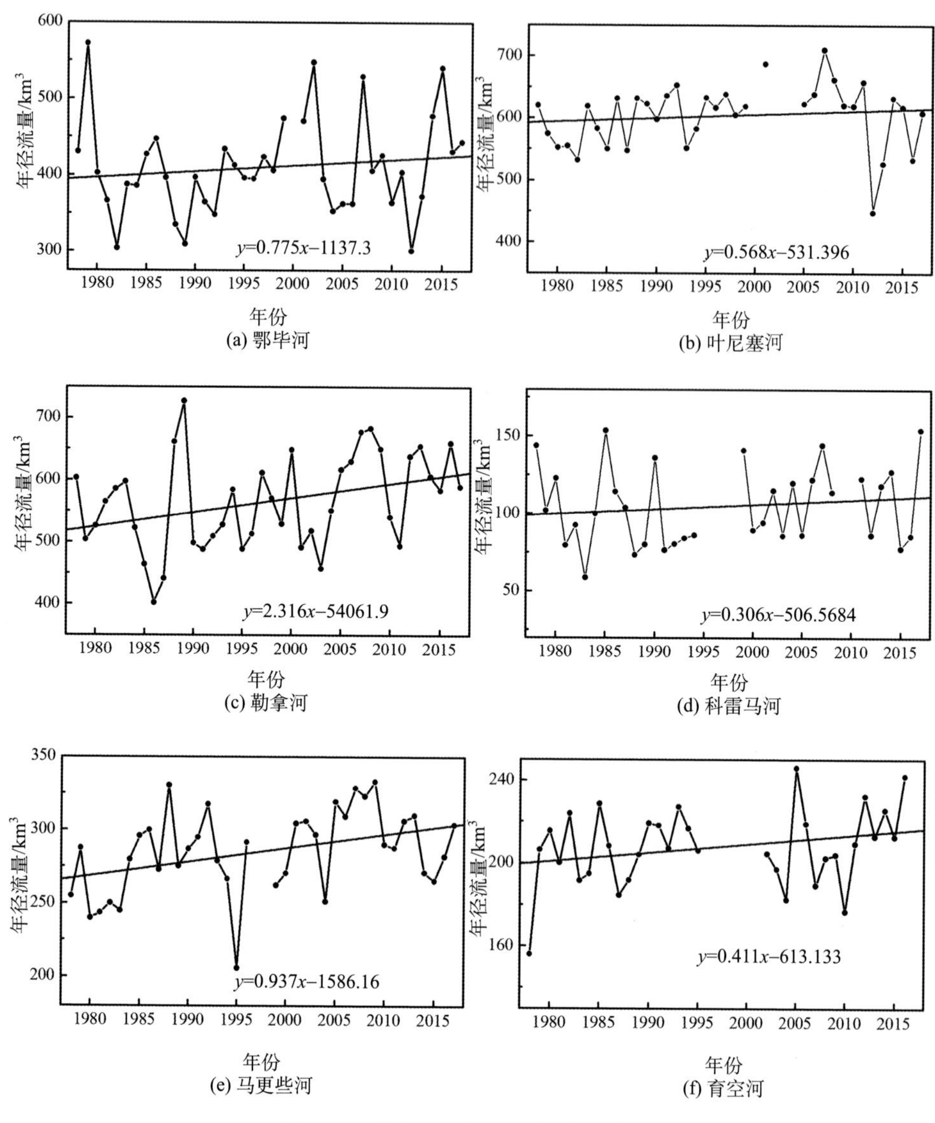

图 5.11 北极大河径流年际变化趋势

高纬度地区人口少，经济发展缓慢，与中低纬度地区相比，北极河流域的径流主要受气候变化的影响，受人类活动影响较小（Vörösmarty et al., 1997; Lammers et al., 2001）。降水增加导致北极地区的鄂毕河、叶尼塞河和勒拿河等的径流量均表现出增加趋势（Yang et al., 2002, 2004b; Rawlins et al., 2009; Grabs et al., 2000; Lammers et al., 2001; Serreze et al., 2002; Peterson et al., 2002; Ye et al., 2003）。气候变暖有关的早期融雪和融雪径流的提前改变了流域径流的年内分配

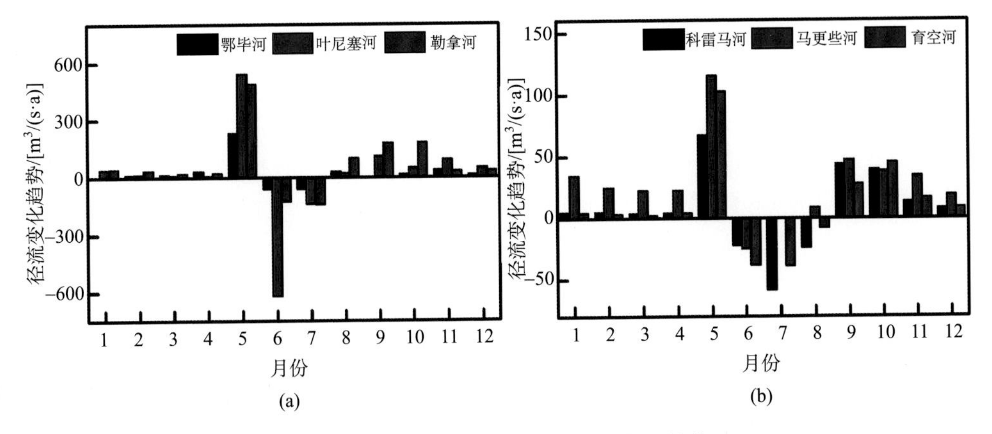

图 5.12　北极 6 条大河径流年内变化趋势

（Yang et al.，2015；Stewart，2009），是导致西伯利亚地区春季径流量增加的主要原因（Nijssen et al.，2001；Yang et al.，2003）。北极大河的春季融雪季节的径流还与积雪量变化有较强的相关性，即融雪期，高（低）洪峰值与高（低）最大雪水当量之间具有很强的相关性（Yang et al.，2007，2009）。极端气候事件增加的背景下，截至 2012 年的 20 年里，北极洪水的强度和持续时间都在增加（Gautier et al.，2018）。

气候变暖造成多年冻土退化和活动层增厚，导致更多地表水转化为地下水，增加了北极河流冬季径流（Peterson et al.，2002；Yang et al.，2007；Ye et al.，2009）。勒拿河作为北半球最冷的地区，对全球变暖的响应很明显，在连续多年冻土分布地区尤为明显。值得注意的是，北极大河地下径流和冬季径流呈显著增加趋势，而地表径流呈下降趋势。北极的负积温呈显著上升趋势，通过分析负积温与最大最小径流比发现，随着负积温的上升，该比值呈减小趋势，即气温的升高导致最大径流（夏季径流）减小，而最小径流（冬季径流）增大。此外，气温升高还引起冻土退化和地表径流下渗，导致北极冻土区的地表径流减少，而地下径流增加。北极大河 12 月至翌年 3 月份的退水系数呈增加趋势，表明该地区冬季地下水库蓄水能力在增加。而冬季的退水系数与负积温有显著的正相关关系，说明气温升高引起北极冻土退化，使得更多地下水库的径流在冬季释放并导致北极地区冬季径流显著增加。冬季径流的变化可能与在气候变暖条件下多年冻土的减少和活动层厚度的增加有关。

北极地区六大流域近几十年年最小月径流呈明显增加趋势，而最大月径流呈略微减小趋势，这表明流域的退水过程已经发生改变（图 5.13）。由于冻土的不透水特性使得多年冻土覆盖率较大的河流具有相对较大的径流峰值和相对较小的枯水径流，多年冻土流域最大和最小月径流量比值与流域冻土覆盖率存在较好的关系，因此推断多年冻土退化可能会引起这一比值的变化。最大径流与最小径流比值的减小趋势明显，这主要是由于气候变暖导致多年冻土退化，进而有更多的地表水能够入渗转为地下水，使冬季最小月径流量增加，同时也导致最大月径流量减少，结果使最大和最小月径流量比值减少。这一结果表明多年冻土退化对多年冻土覆盖率较大的流域径流影响比较显著。在六大流域中，北美洲马更些河和育空河流域最大/最小月径流变化趋势相对较小。

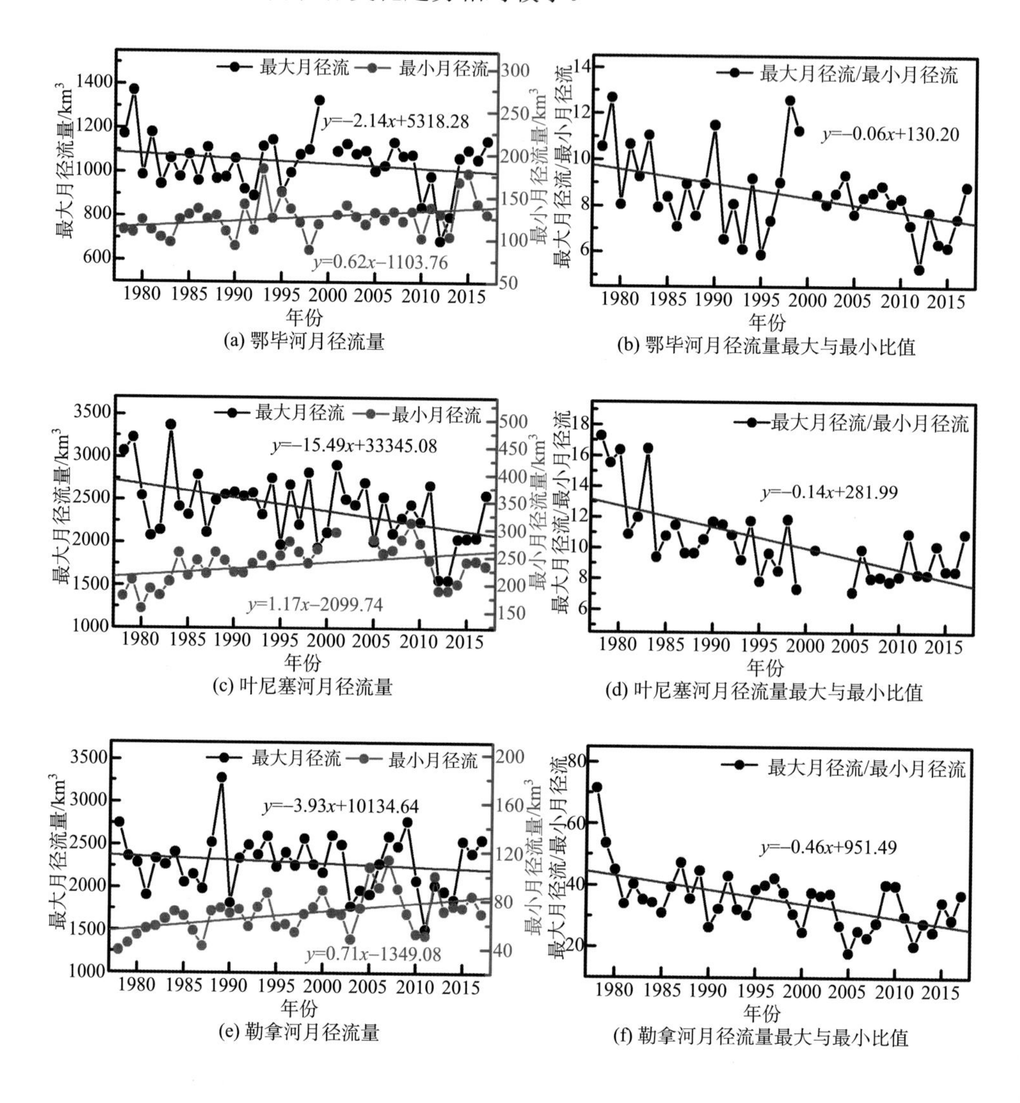

(a) 鄂毕河月径流量

(b) 鄂毕河月径流量最大与最小比值

(c) 叶尼塞河月径流量

(d) 叶尼塞河月径流量最大与最小比值

(e) 勒拿河月径流量

(f) 勒拿河月径流量最大与最小比值

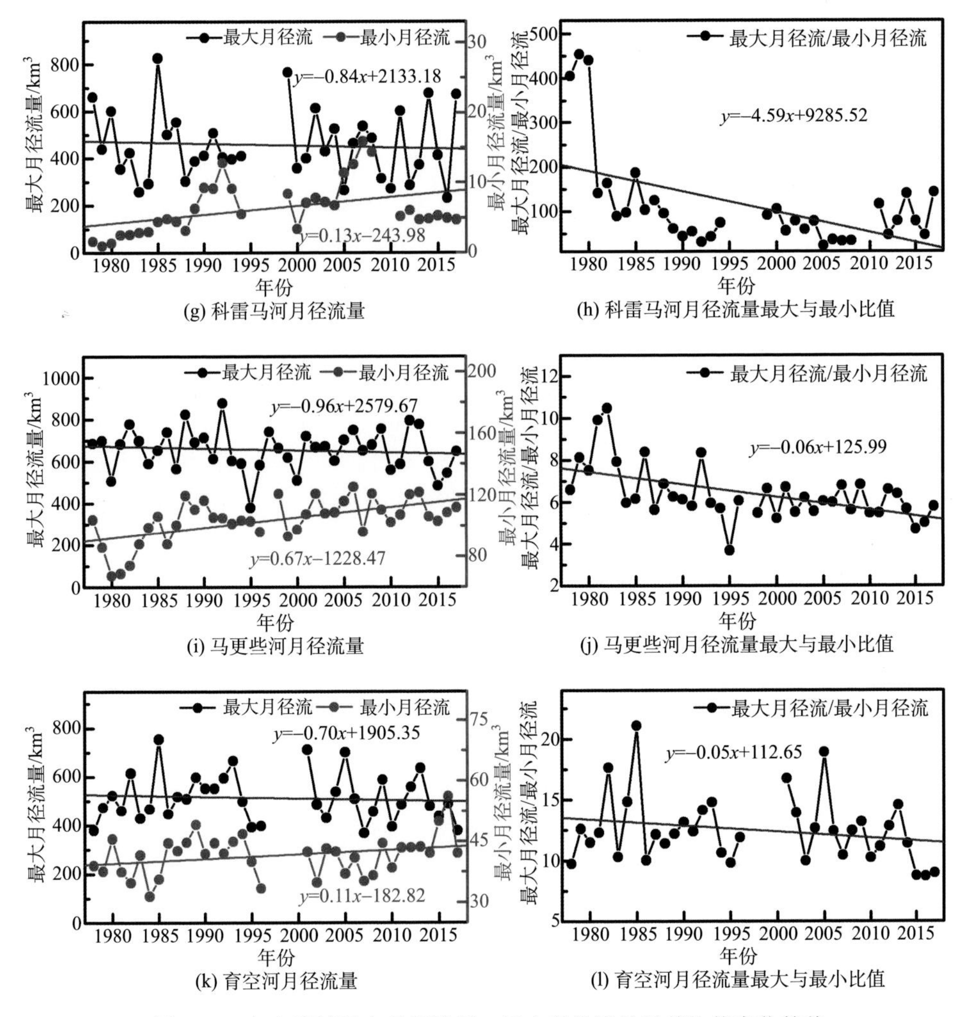

图 5.13　六大流域最大月径流量、最小月径流量及其比值变化趋势

春季径流的增加主要是由春季气温升高所致的积雪加速消融造成的，其次是春季降水的补给。夏、秋季径流主要与降水的作用有关。冬季径流增加，一方面是由于冬季升温导致冻土退化或活动层加厚，冻土的隔水作用减小，促使更多的地表水变为地下水，造成流域地下水水库储水量加大。另一方面是由于冬季升温导致冻土升温，使得冻土中的未冻水含量增加而补给了径流。

除了气候引起的河流流量变化外，人类活动，如建造大型水库、流域间调水以及城市、工业和农业需求，也会影响河流径流在空间和时间上的变化（Vörösmarty et al.，1997；Ye et al.，2003；Yang et al.，2004a；Wu et al.，2005）。

相对于气候影响，人类活动有时在改变区域水文规律并影响其长期变化方面更为重要和直接，特别是在季节性和区域尺度上。例如，由于勒拿河流域有一座大水坝，维柳伊（Vului）河子流域的夏季洪峰流量减少了10%～80%，冬季径流量在寒冷月份增加了7～120倍。鄂毕河流域上游和下游径流模式的变化则有所不同，上游夏季流量减少，冬季增加。夏季减少的主要原因是沿河谷的农业和工业用水，以及水库调节以减少夏季洪峰洪水。冬季流量增加的原因是水库影响，在冬季释放发电用水。然而，下游区仲夏和冬季的流量增加，秋季流量减少。夏季流量的增加与北部鄂毕河流域夏季降水量和冬季积雪覆盖的增加有关（Yang et al.，2004b）。水库的调控也大大改变了叶尼塞河流域东北部和上游的月径流量。在叶尼塞河流域东北地区修建的四座大型水坝使安加拉（Angara）河子流域夏季洪峰流量减少了15%～30%，冬季流量增加了5%～30%。叶尼塞河流域上部两座大型水库导致冬季流量增加了45%～85%，夏季流量减少了10%～50%（Yang et al.，2004b）。

5.2.2 青藏高原

青藏高原平均海拔超过4000 m，发育着大量的积雪、冰川和冻土，是亚洲的冰川作用中心。积雪、冰川和冻土的融化带来了丰富的冰雪融水，由此产生了大量的地表径流，也是亚洲十多条河流重要的水源地，蕴藏着我国乃至亚洲地区重要的淡水资源，被誉为“亚洲水塔”（徐祥德和陈联寿，2006；Yao et al.，2019）。近50年来，青藏高原的变暖趋势明显高于同纬度其他地区，并且升温幅度是同期全球平均升温率的两倍，而降水则表现出北部明显增加、南部减少的趋势，气候总体呈现出“暖湿化”的变化趋势（陈德亮等，2015）。气候变化使得青藏高原气温和降水的时空分布更为不均且更为复杂，改变了区域的自然水循环过程和水文条件，使得河流径流和区域水资源状况发生了剧烈的变化。同时，冰川退缩、冻土退化、湖泊扩张等冰冻圈要素的显著变化深刻影响着该地区河流径流的季节变化和年总径流量及水资源的时空格局，增加了以冰雪融水补给为主的河流的不稳定性。发源于青藏高原的十多条江河的径流量均呈现出不稳定的变化，不仅表现在径流总量上，也表现在径流的季节分配上，给流域水资源的调控和利用带来诸多问题，已威胁到下游数十亿人口的水源供给和粮食安全（姚檀栋等，2013）。相对于北极和南极，气候变化对青藏高原水文循环过程的影响更为显著，直接影响着区域的生态安全、人类的生存环境以及社会经济发展（Cuo et al.，2014）。因此，认识气候变化背景下青藏高原河流径流的特征及其长期变化对制定区域水资源可持续发展战略十分重要。本节依据已发表的文献，并结合青藏高原主要河流的长期径流记录，对主要河流径流的变化特征进行归纳总结。

1. 水系分布及主要河流概述

青藏高原上的河流根据其所处地形和最终流向大致可分为三种类型（图 5.14）：①太平洋水系，包括：黄河（Yellow River）、长江（Yangtze River）和湄公河（Mekong River）流域上游，长江流域是青藏高原外流水系中最大的流域；②印度洋水系，包括萨尔温江（Salween River）、伊洛瓦底江（Irrawaddy River）、雅鲁藏布江（Upper Brahmaputra River）和印度河（Indus River）流域的上游；③藏南、羌塘、柴达木盆地、祁连山和南疆等内陆水系，包括：塔里木盆地、柴达木和青海湖盆地、北祁连山盆地及羌塘盆地（Cuo et al.，2014）。

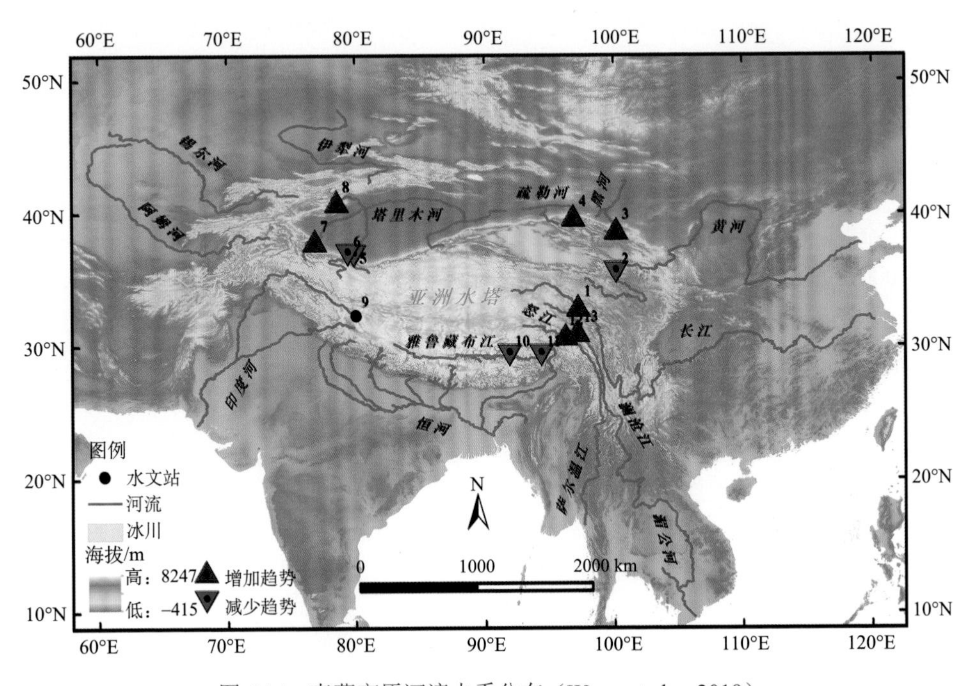

图 5.14　青藏高原河流水系分布（Wang et al.，2019）

1. 直门达（1961～2011 年）；2. 唐乃亥（1965～2009 年）；3. 莺落峡（1944～2005 年）；4. 昌马堡（1953～2005 年）；5. 同古孜洛克（1953～2005 年）；6. 乌鲁瓦提（1957～2003 年）；7. 卡群（1957～2003 年）；8. 沙里桂兰克（1957～2003 年）；9. 狮泉河；10. 羊村（1956～2000 年）；11. 奴下（1956～2000 年）；12. 嘉玉桥（1980～2000 年）；13. 昌都（1968～2000 年）

长江发源于唐古拉山脉各拉丹冬峰西南侧的姜根迪如冰川，江源由沱沱河、南源当曲、北源楚玛尔河三大源流组成（孙广友，1988）；黄河发源于青藏高原巴颜喀拉山北麓的约古宗列盆地，一般认为正源为约古宗列曲（玛曲）（Lin et al.，2011）；澜沧江（出国境后称为湄公河）正源为扎阿曲，发源于青海省玉树藏族自治州杂多县扎青乡的果宗木查山。雅鲁藏布江发源于喜马拉雅山西段北坡的杰玛央宗冰川，其平均海拔超过 4000 m，是青藏高原最长的河流，也是中国坡降最陡的大河。雅鲁藏布江出境后称为布拉马普特拉河，是恒河的第二大支流（杨志刚等，2014）；怒江发源于唐古拉山南麓的将美尔岗尕楼冰川，源流区河段为将美尔曲，出境后称为萨尔温江（贾建伟等，2014）。印度河流域总面积达 114 万 km^2，其中 86%的面积位于巴基斯坦和印度境内（胡文俊等，2010）。Tarbela 大坝以上称为印度河上游流域，共分为狮泉河、Kharmong、Astore、Hunza、Shigar、Shyok、Gilgit 和 UIB Downstream 等子流域，其中狮泉河是印度河源头，发源于冈底斯山主峰冈仁波齐峰北面的冰川湖。塔里木河位于青藏高原西部、塔里木盆地西南缘的西昆仑—喀喇昆仑山区，是中国最大的内陆河，以冰雪融水补给为主（王光焰 等，2018）。

2. 主要河流径流变化趋势及其原因

1956～2009 年内黄河各水文站年径流量均表现为减少趋势，其中唐克、玛曲和兰州三个站点最为显著（常国刚等，2007；Cuo et al.，2013）（表 5.3）。6～10 月的径流量占全年总径流量的 55%～72%，降雨对年总径流量的贡献最大（燕华云，2000；董晓辉等，2007）（表 5.4）。该区径流量减少主要是由 7～9 月份玛曲至吉迈之间的产流断面降水量减少，区域蒸散发加强，以及流域下游唐乃亥地区人类活动加剧等因素共同造成的（Cuo et al.，2013）。

表 5.3 青藏高原主要流域的径流量变化（修改自 Cuo et al.，2014）

河流	子流域	站点	海拔/m	集水面积/km^2	时间序列年	趋势	参考文献
黄河		黄河源	4272	26541	1995～2005	–	Cuo et al., 2014
		吉迈	3955	57000	1959～2009	–	Cuo et al., 2014
		唐克	3435	7800	1981～2009	–[a]	Cuo et al., 2014
		玛曲	3435	109000	1960～2009	–[a]	Cuo et al., 2014
		唐乃亥	2700	122000	1956～2018	+	张建云等，2019
		循化		177275	1956～2000	+	Cuo et al., 2014
	湟水河	海晏			1956～2000	+	Cuo et al., 2014
		西宁			1956～2000	–	Cuo et al., 2014
		民和			1956～2000	–	Cuo et al., 2014
	大通河	疙瘩滩			1957～2000	–	Cuo et al., 2014
		兰州	1600	220000	1956～2009	–[a]	Cuo et al., 2014
长江		沱沱河	4533		1959～2000	+	Cuo et al., 2014
		玉树	3681		1956～2000	–	Cuo et al., 2014
		直门达		137704	1957～2018	+[a]	张建云等，2019

续表

河流	子流域	站点	海拔/m	集水面积/km^2	时间序列年	趋势	参考文献
长江	雅砻江	小德石	1063		1960～2004	+	Cuo et al., 2014
	金沙江	石鼓	1823		1953～2005	+	Cuo et al., 2014
澜沧江-湄公河		香达			1956～2000	+	罗贤等，2016
		昌都		50608	1960～2018	+	张建云等，2019
雅鲁藏布江		拉孜	4557		1956～2000	+	Cuo et al., 2014
		奴格沙	3720	106060	1956～2000	–	Cuo et al., 2014
		羊村	3500		1956～2000	–	Cuo et al., 2014
		奴下	2780		1956～2018	+	张建云等，2019
	拉萨河	拉萨	3659	26225	1956～2003	+	Cuo et al., 2014
怒江-萨尔温江		嘉玉桥	3182		1981～2018	+	张建云等，2019
		道街坝	818		1960～2009	+	Cuo et al., 2014
塔里木河	阿克苏	协合拉	1427	12816	1957～2003	+[a]	Cuo et al., 2014
		沙里桂兰克	1909	19166	1957～2003	+[a]	Cuo et al., 2014
	叶尔羌河	喀群	1960		1957～2003	+	Cuo et al., 2014
		玉孜门勒克	1620		1957～2003	+	Cuo et al., 2014
	和田河	同古孜洛克	1650		1957～2003	–	Cuo et al., 2014
		乌鲁瓦提	1800		1957～2003	–	Cuo et al., 2014
	喀什	卡拉贝利	1900		1959～2005	+[a]	Cuo et al., 2014
		喀勒克	1960		1959～2005	–	Cuo et al., 2014
		萨满	2330		1959～2005	+	Cuo et al., 2014
	车尔臣河	且末		24692	1956～2006	+	Cuo et al., 2014

a 为显著性检验（p<0.1）；
注：+表示增加，–表示减少；空白表示缺少的数据

表 5.4　降水、冰雪融水和地下水占青藏高原流域年总径流量的比例（Cuo et al.，2014）（单位：%）

河流	次级流域	降水	冰雪融水	地下水
黄河	上游	a	—	—
长江	上游	a	—	—
澜沧江（湄公河）	昌都	32	68	—
雅鲁藏布江	奴格沙	42	18	40
	羊村	44	20	36
	奴下	30	38	32
	年楚河	31	21	48
	拉萨河	46	26	28
	尼洋河	27	50	23
	易贡藏布	25	53	22

续表

河流	次级流域	降水	冰雪融水	地下水
怒江（萨尔温江）	上游	a	—	—
狮泉河（印度河）	森格藏布	16	84	—
	朗钦藏布	—	a	a
塔里木河	四河一干	28	48	24

注：a 表示未公开的资料；—表示资料缺失

长江源区的冰川面积为 1709.2 km^2，多年冻土广布，多年平均雪水当量大于 5 mm（Han et al.，2019）。其中直门达站（1961～2011 年）、小德石站（1956～2004 年）和下游石鼓站（1953～2005 年）的年径流量呈小幅上升趋势（曹建廷等，2005；徐长江等，2010；赵文焕和高袁，2011；陈媛等，2012）（表 5.3），其径流增加除了与降水增加有关之外，还可能与气温升高、冰雪消融贡献增加有关。

澜沧江上游香达站 1956～2000 年的年径流变化表现为 1980 年前呈下降趋势，之后则为微弱上升的趋势（周陈超等，2005），而张永勇等（2012）发现在 1958～2005 年，昌都站年径流量、洪水流量和非洪水季节性流量则表现为不显著的下降趋势。冰雪融水和地下水对其年径流的贡献比例较大（表 5.3 和表 5.4）。

印度河流域上游主要由地下水和融水补给（表 5.4）。在森各藏布，地下水和融水占年径流的 84%，其中 55%的年径流发生在 7～9 月。印度河上游径流的季节分布呈现出较大的差异性。该流域径流主要集中在 6～8 月，其峰值出现在 7 月。这是因为降水主要集中在冬季，多以固态降雪为主；随着气温的升高，积雪冰川融化，形成了夏季径流洪峰（Immerzeel et al.，2009；Zhang et al.，2013；Mukhopadhyay and Khan，2015；Lutz et al.，2016）。

雅鲁藏布江 6～9 月径流量占年总径流量的 65%～75%。其干流上的羊村和奴下两站，以及支流的拉萨、日喀则和更张站的年径流在 1956～2011 年呈微弱增加趋势。根据表 5.4，径流变化主要由地下水补给、融水补给、降水等影响（刘天仇，1999）。

1990 年代以来怒江流域枯水径流有较为明显的增长。怒江流域中上游枯季径流量的增加是由于冰雪消融补给大于蒸散发消耗增强造成。此外怒江流域上游冬季径流补给以地下水为主，冻土退化对枯季径流量及其分配将会造成一定影响（罗贤等，2016）。

塔里木河各水系地表径流量基本处于增加趋势，其中阿克苏河、和田河和叶尔羌河汇入干流的总径流显著增加（邓铭江，2009；Ling et al.，2012；Qin et al.，2016a）。塔里木河流域的径流补给以冰雪融水为主（表 5.4），6～9 月流量占全年总量的72%～80%（陈亚宁等，2003；傅丽昕等，2010）。由于上中游人类生产生活用水的不断增加，致使塔里木河干流水文站观测径流量持续下降。

总之，青藏高原河川径流量主要集中于5～10月，峰值出现在7～8月。径流变化大多与青藏高原盛行的气候系统有关，在东亚和南亚季风的作用下，降水主要集中在暖季5～10月的东部和东南部，暖季降水量可占年降水量的80%以上，因此暖湿季节的降水主导了径流的年际变化。在西风带控制的西部地区，降水呈双峰分布，当气温上升到季节最高值时，冰川积雪融水相应增加，从而造成径流和融水峰值的变化。而在青藏高原中部地区，虽受到西风带的影响，但该区降水极少，且地下水冻结，径流的季节变化主要受气温的影响，一方面气温升高使冰雪消融加速，从而提高春季径流补给量；另一方面气温升高有助于蒸散发消耗加强，从而抵消冰雪消融的补给（Cuo and Zhang，2017）。人类用水对青藏高原径流量的影响主要集中在黄河上游、雅江拉萨河下游和年楚河下游，但对河流径流的影响十分有限；其他人类活动，如草地生态工程则显著增强了地表的蒸散发过程，减少了丰水期径流，其减少幅度约占同期平均径流量的16%，同时导致大气水汽含量增加，在一定程度上增强了降水（Li et al.，2017b）。人类活动对径流变化到底产生了多大影响仍然不是十分清楚，后续需要通过定量化方法深入研究（Harris，2010）。

3. 青藏高原径流模拟研究进展

21世纪以来，全球变暖加剧，青藏高原冰冻圈变化显著，主要表现为雪线上升、冰川退缩、冻土退化以及湖泊面积的急剧变化。由于青藏高原站点稀少且分布不均，导致对气候变化背景下冰冻圈的水文循环过程认识不够深入，无法定量估算出冰冻圈要素变化对水资源变化的影响和贡献，也无法理解该区各圈层间水分和能量的交换过程（王磊等，2014）。同时，传统的观测方式和数据源以及单要素分析并不能准确揭示流域径流变化的历史过程以及预测更大流域水文变量的未来趋势（Cuo et al.，2013）。因而构建包括冰冻圈、水圈、生物圈、大气圈等各个圈层的集成模型，采用数值模拟的方法是再现各个圈层内部过程及其相互作用的唯一手段。因此，众多学者通过多种数值模拟的方法对青藏高原不同流域尺度的径流变化进行了大量研究。Immerzeel等（2010）利用概念性融雪径流模型SRM对长江上游及黄河上游、印度河上游、恒河上游、雅鲁藏布江上游在全球气候变化影响下的水资源量进行了分析。阚宝云等（2013）将VIC（可变下渗能力模型）陆面水文模型和度—日因子冰川模型进行耦合，对包括长江源区在内的青藏高原上六个大江大河源头区进行了水文模拟，并分析了径流量中降雨、融雪、冰川消融所产生的径流各自的贡献量。对于1963～2005年的时间序列，耦合了冰川模块的VIC模型比单纯的VIC模型表现要好，其径流模拟的纳什效率系数分别为0.74和0.68；径流量中降水径流、融雪径流、冰川径流所占比例分别为71.3%、22.2%、6.5%。Qin等（2016b）利用GBEHM水文模型在黑河流域模拟发现年平均基流在大多数支流中显著增加，其中暖季（5～10月）降水量增加是主要因素，而冷季（11月至翌年4月）季节冻土最大冻结深度是基流增加的另外一个主要因素。Zheng等（2018）和Qi等（2019）分别利用Noah LSM（NoaH陆面模型）和WEB-DHM（基于水和能量平衡的分布式水文模型）开关冻土两种方案，模拟了长江源流域的逐日（逐月）径流，从而强调了土壤冻融对水文及径流过程的解析有至关重要的作用。Cuo等（2015）用VIC模型研究了青藏高原北部的冻土退化和其对地表水文过程的影响，因缺乏该地区的冻土观测资料，以模拟的土壤温度和土壤含水量作为冻土的时间序列进行研究。结果表明，1962～2009年间，站点的土壤温度统计上呈显著的增长趋势，由此导致了土壤含冰量的减少，液态含水量的增加。表层水文过程的轻微增强主要归因于降水变化的影响，其次是冻土退化。除此之外也可以运用水文模型对高原湖泊的径流进行模拟和定量解析，如Zhou等（2015）利用WEB-DHM模型对色林错流域2003～2012年的水储量变化进行了定量的研究。研究发现，入湖径流对水储量影响最大，其次是降水和蒸发，三个因素对水储量变化贡献约90%，分别为49.5%、22.1%和8.3%。而在冷季暖季，水储量变化的主导因素不同，暖季主要主导因素是入湖径流和降水，因为降水主要出现在5～9月，而入湖径流主要依赖于降水，以及冰雪融水；而冷季降水稀少，湖面和河面均已结冰，主导因素是湖面蒸发。

青藏高原径流对气候变化的响应极为敏感。基于全球大气环流模式（GCM）数据探讨青藏高原未来河流径流变化及极端事件对高原地区及其河流中下游水资源管理具有重要意义。Lutz等（2016）、Luo等（2018）和Zhao等（2019）通过对青藏高原主要河流未来径流预估研究发现，季风主导的源区流域（长江、黄河、澜沧江、怒江和雅鲁藏布江源区流域）径流的季节分配特征在未来可能保持不变，未来径流增加将主要集中在降水较多的暖湿季节（5～10月），暖季降雨的增加导致未来径流呈上升趋势。西风主导的印度河上游和受冰雪影响的塔里木河流域上游由于冰川融水径流增加导致其未来径流也呈现增加趋势。Lutz等（2016）、Gu等（2018）、Hoang等（2016）和Wang等（2016）通过对青藏高原主要河流极端事件的发生概率分析，发现青藏高原河流源区未来径流极端事件变化主要体现在洪水频率和强度增加。但是上述研究对青藏高原未来径流变化预估仍存在很大的不确定性，由于目前水文模型只包括单一冰冻圈要素，集成过程模型缺乏，水文模型对冰冻圈变化的模拟能力不强。气候系统模式中，有关冰冻圈物理过程的参数化方案还不够精细，诸多复杂过程主要依赖观测和经验模型。SHAW（同步水热耦合模型）、VIC、Coup、WEB-DHM 等模型是目前包含冻土和积雪参数化的主流水文模型，但仍存在诸多问题，针对高寒地区陆面过程的特殊性以及高寒地区（如青藏高原）观测资料比较缺乏等问题，发展具有物理机制的冰冻圈水文过程模型非常必要，能够为区域及全球气候变化、水循环等研究提供有效的模型工具，从而实现冰川—积雪—冻土—河流—湖泊的综合水文过程模拟，以更好地认识全球多圈层相互作用机理，提升对区域水资源和水灾害的模拟和认识。

综上所述，目前青藏高原冰冻圈诸要素在气候系统中的作用目前还处于较简单的认识层面，水循环、冰冻圈过程、气候系统变化、多圈层过程相互作用机制还不清楚。常规的实地观测虽然能够提供更为准确的信息，但很难区分冰雪融水和降雨径流。统计方法、经验模型等对于深入理解冰冻圈过程变化和机理等方面仍然有限。而水文模型目前对冰雪和冻土对径流贡献的考虑多为经验性方法，对冰雪消融、冻土水分释放等物理过程的描述还不够充分。因此，在较为详细的实地观测的基础上，在分布式水文模型中耦合对冰冻圈要素变化的物理过程是未来深入理解高寒区流域径流和水资源对气候变化响应机理的重要方向。

5.3　蒸散发时空变化

一方面，蒸散发作为自然界水分循环的重要组成，其变化受到气温、太阳辐射、风速、相对湿度、下垫面状况等多重因素的相互作用，是气候变化影响陆地表层的关键过程，在气候变化与环境变化中起着非常重要的作用。另一方面，蒸散发也是降水的一个主要耗散量，其量的大小在一定程度上决定了人类可利用水资源的多少。因此，越来越多的科学家正在关注蒸散量的时空变化。潜在蒸散发是天气气候条件决定的下垫面蒸散过程的能力，是实际蒸散发的理论上限，一般可通过观测的气象要素估算求得。参考蒸散量（RET）是一种潜在的蒸散量。定义为“一种假定参考作物的蒸发蒸腾速率”（Allen et al.，1998）。RET 是估算实际蒸散量的基础，它为比较不同气候条件下的蒸散量提供了标准值（Chen et al.，2006b；Gao et al.，2017）。

联合国粮农组织（FAO）推荐的 Penman-Monteith 方法被认为是 RET 的标准计算方法式(5-1)，计算 RET 所需的数据准备及其计算过程可以参考 FAO paper 56（Allen et al.，1998）。

$$ET_0=\frac{0.408\Delta(R_n-G)+\gamma\dfrac{900}{T_{\text{mean}}+273}u_2(e_s-e_a)}{\Delta\gamma(1+0.34u_2)} \tag{5-1}$$

式中，ET_0 为参考蒸散量，mm/d；Δ 为饱和水汽压曲线的斜率，kPa/℃；R_n 为表面净辐射量；MJ/（m^2·d）；G 为土壤热通量；MJ/（m^2·d）；γ 为湿常数，kPa/℃；T_{mean} 为平均温度，℃；u_2 为 2 m 高风速，m/s；e_s 为饱和水汽压，kPa；e_a 为实际水汽压，kPa；e_s-e_a 为水汽压差（VPD，kPa）。本书中，对于缺测（少）的日气象数据，用该站的多年平均值插补代替。

5.3.1 北极

基于 NOAA 气候数据中心提供的北极地区五条主要大河流域（鄂毕河、叶尼塞河、勒拿河、马更些河及育空河）的 477 个气象站点 1957～2014 年间的观测数据（图 5.15），采用 Thornthwaite 公式来估算北极地区主要大河流域的潜在蒸散发

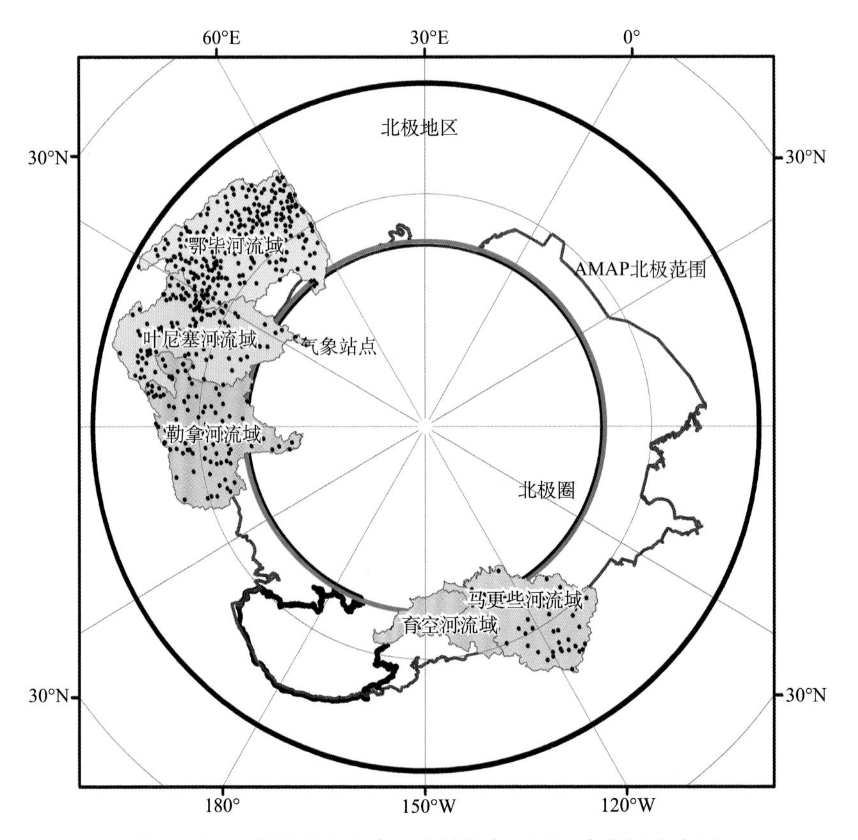

图 5.15　北极地区主要大河流域气象观测站点空间分布图

量；并在此基础上揭示北极地区潜在蒸散量的年际和年内时空变化特征，分析时空变化的潜在机制及原因。由于育空河流域的站点观测数据质量较差，故研究主要集中在剩余的四个流域中。

由于北极地区站点观测数据比较稀缺，尤其是太阳辐射的观测数据，并且北极地区的气候条件独特，一些常用的基于低纬度地区观测资料提出的潜在蒸散发估算公式常常不太适用。因此，使得关于该区蒸散发的研究相对较少。现有数据资料主要集中在 1975～2014 年。由于不同站点观测资料的长短有别，因此主要选择各流域观测序列相对完整且覆盖研究时段的气象观测站点来分析各流域潜在蒸散发量的年际变化规律。基于挑选出的气象站点观测数据，采用 Thornthwaite 公式来估算北极地区主要大河流域的潜在蒸散发量，估算的四大流域潜在蒸散发量的多年平均值如表 5.5 所示。计算结果表明，尽管位于北美地区的马更些河流域的降水量最少，且远小于位于北极地区欧洲流域的降水量，然而其潜在蒸散量与欧洲流域的潜在蒸散量接近。此外，不同流域年潜在蒸散发变化的速率是不同的，其中，位于欧洲的三条大河流域的变化速率相对较大，大约是北美洲马更些河流域的两倍多（图 5.16）。

表 5.5　北极地区主要大河流域多年平均蒸散发量及主要气象因子值

流域名称	$\overline{P}$ /mm	$\overline{T}$ /℃	$\overline{T}_{max}$ /℃	$\overline{T}_{min}$ /℃	$\overline{U}_{10}$ /（m/s）	$\overline{PET}$ /mm	$\overline{VPD}$ /（kPa/d）
勒拿河	596.22	−5.83	−1.10	−11.62	1.90	343.54	0.23
鄂毕河	598.14	−0.95	4.64	−7.08	1.90	414.60	0.29
叶尼塞河	378.61	−0.33	5.72	−6.43	2.06	432.81	0.36
马更些河	282.75	−2.58	2.96	−7.88	2.42	368.46	0.25
平均值	523.63	−1.81	3.72	−7.81	1.98	402.33	0.29

注：$\overline{P}$ 是多年平均降水量；$\overline{T}$是多年平均年平均气温；$\overline{T}_{max}$ 是多年平均年最高气温；$\overline{T}_{min}$ 多年平均年最低气温；$\overline{U}_{10}$ 是地面风速；$\overline{PET}$ 是多年平均年潜在蒸散发量；$\overline{VPD}$ 是多年平均饱和水汽压与实际水汽压之差

除了年际变化规律，潜在蒸散发年内分布对于水资源的影响也非常大。在北极地区，各流域潜在蒸散发最大月份是 7 月，并且集中分布在 6～8 月（图 5.17）。由于潜在蒸散发量存在空间异质性，因此，本书还分析了不同流域各气象观测站点的潜在蒸散量年际变化速率的空间分布，如图 5.18 所示。分析结果表明大部分站点的年际潜在蒸散发的变化速率在 0～2 mm/a 的范围内，北美洲大河马更些河的空间变异性相对于欧洲的三条大河流域而言要更大；而欧洲三条大河流域中，鄂毕河流域的空间变异性更大。

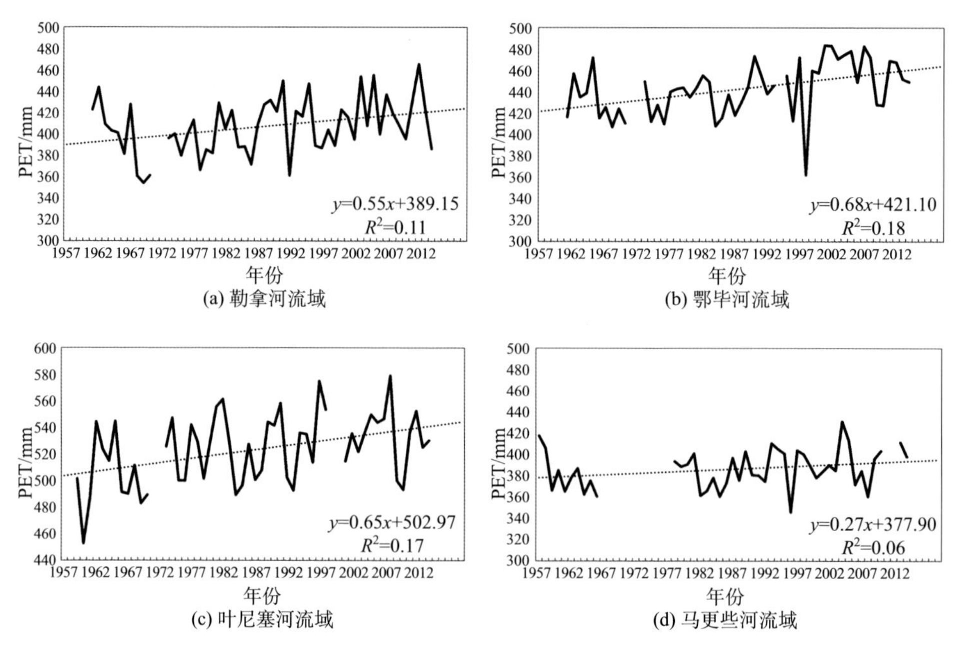

图 5.16 北极地区主要大河流域代表站点的年潜在蒸散发量年际变化趋势

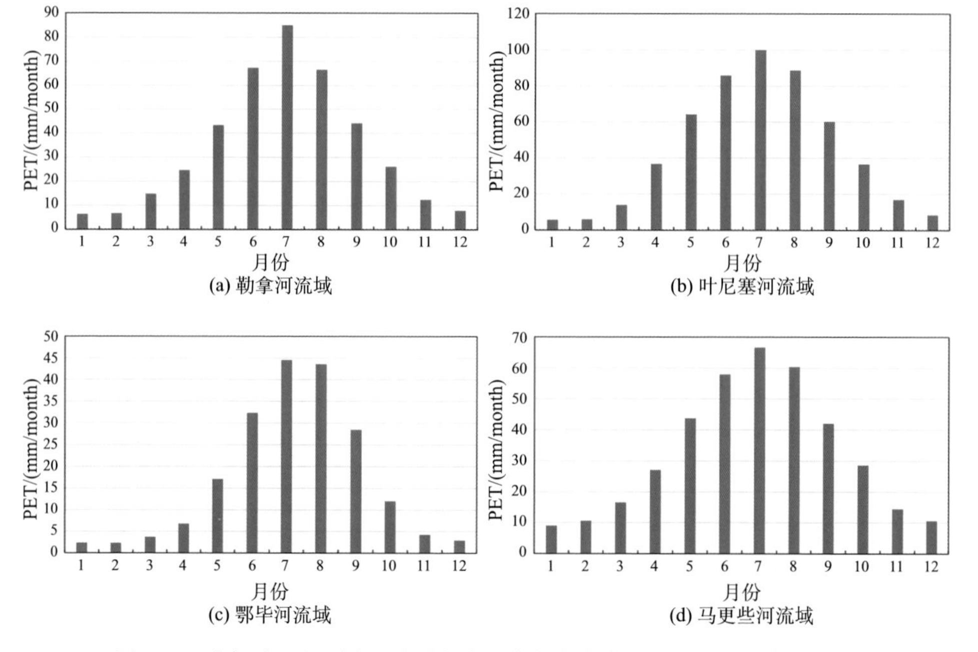

图 5.17 北极地区主要大河流域代表站点的年潜在蒸散发量年内变化趋势

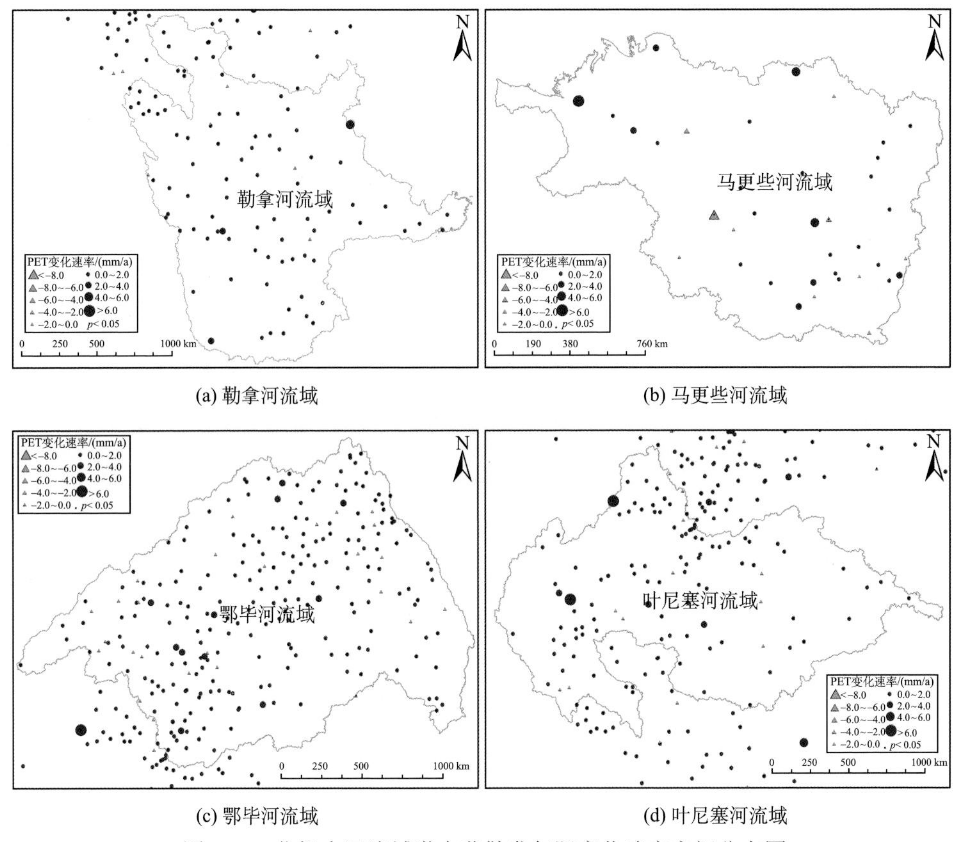

(a) 勒拿河流域　　(b) 马更些河流域

(c) 鄂毕河流域　　(d) 叶尼塞河流域

图 5.18　北极大河流域潜在蒸散发年际变化速率空间分布图

5.3.2　青藏高原

1. 青藏高原参考蒸散量的空间分布格局

青藏高原多年平均 RET 的空间分布如图 5.19（a），数值范围在 690～1300 mm 之间；其中，位于柴达木盆地的干旱区内及高原周边的站点具有相对较高的 RET 值，高原中部气候潮湿，RET 值较低。在年尺度上，RET 与主要气象变量的回归方程为 $RET=-0.410+0.033\times T_{mean}+0.134\times u_2+0.122\times R_s+1.230\times VPD$，$R^2=0.94$。RET 与主要气象变量之间的相关性可以解释 RET 的空间分布特征，其中，RET 与 VPD 的相关性最强（$R=0.87$，$P<0.01$）；与 R_s 和 T_{mean} 的相关性也较强（分别为 $R=0.55$ 和 $R=0.47$，$P<0.01$）；与 Prep 呈显著负相关（$R=-0.48$，$P<0.01$）；而与 u_2 的相关性最弱（$R=0.07$）。经度与海拔呈显著的正相关关系，$R^2=0.39$（$P<0.01$），因此，RET 与地理坐标（纬度 ϕ、经度 λ、海拔 Z）的逐步回归方程为 RET=1978.6–

10.7×λ，R^2=0.17（P<0.01）。这表明，高原上，经度每向东移动 1°，年平均 RET 通常会下降 10.7 mm。

RET 的季节性差异明显[图 5.19（b）]，夏季 RET 最大，春季其次，冬季 RET 最小。RET 在季节尺度上的空间分布特征与年尺度相似，其中，春季的空间分布与年平均值相关性最高（R=0.97，P<0.01），而冬季 RET 的空间分布与年尺度的相关性最低（R=0.52，P<0.01）。冬季的 RET 南北差异最为明显，南部地区一般大于北部地区。

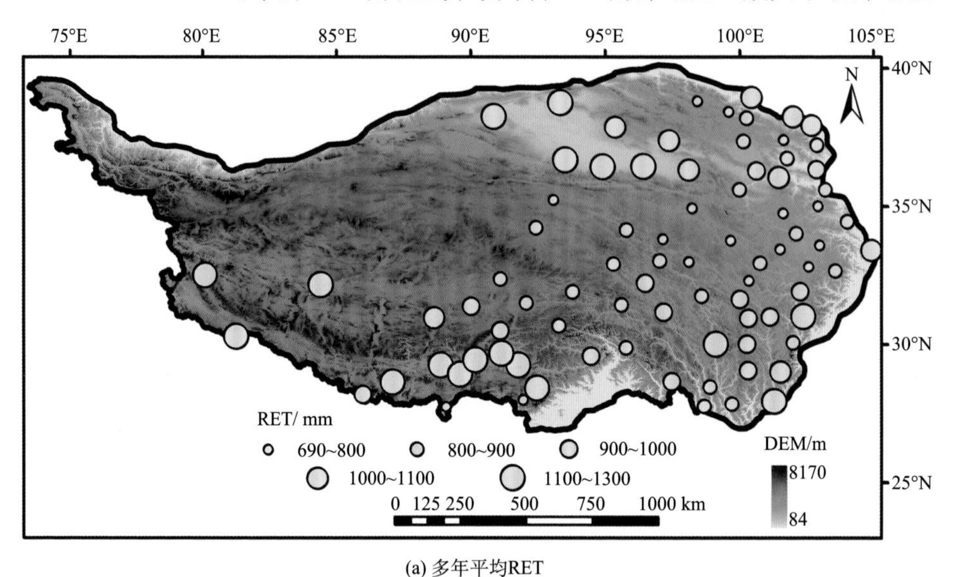

(a) 多年平均RET

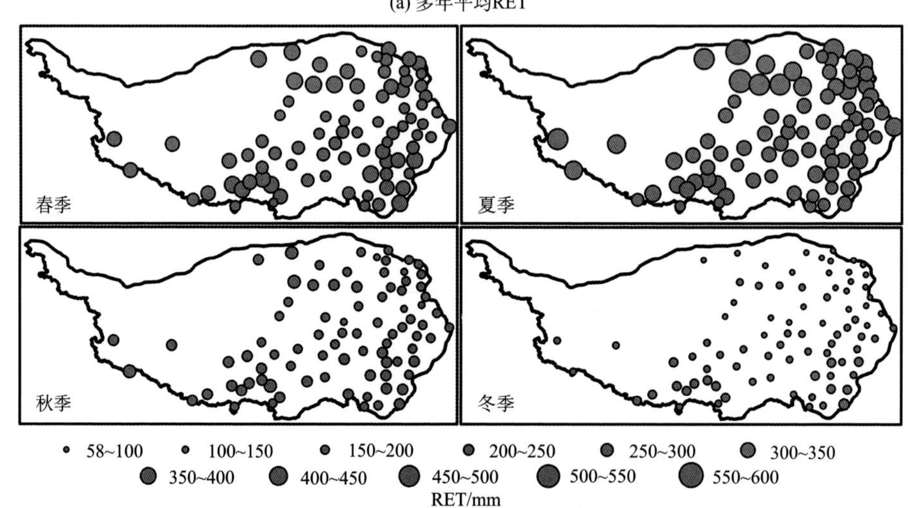

(b) 季节平均RET

图 5.19 青藏高原 1971～2015 多年平均和季节平均参考蒸散量的空间分布

（a）的背景图为数字高程模型，下载自 http://srtm.csi.cgiar.org

2. 青藏高原参考蒸散量变化趋势的空间格局

图 5.20（a）显示了 1971～2015 年平均 RET 相对变化率的空间分布。表 5.6 列出了详细的年度和季节尺度 RET 变化率的统计参数。在年尺度上，大约 60%（50）站点的 RET 呈上升趋势，10 年变化率为 0.01%（北部青海刚察）～3.72%（南部四川木里）。高原周边的站点增加率较大，而中部区域的增加率较小。呈显著下降趋势的站点主要位于高原的北部和南部区域，其具有相对较高的 RET 值，这与 Wang 等（2013）的研究结果一致。南部地区呈现出下降趋势的站点比北部更多，Kuang 和 Jiao（2016）也描述过这一现象。最大的相对下降率出现在西宁站（每 10 年减少 3.51%），其 RET 值居中。在长江、黄河源头，RET 增加显著，而这些站点的年平均 RET 值相对较低。

季节 RET 相对变化率的空间分布如图 5.20（b）所示。夏季 RET 相对变化率的空间分布与年尺度 RET 相对变化率的分布格局十分相似。同时，在秋季和冬季，高原北部和中部的 RET 相对变化较高，这与其本身的 RET 值较低和变化率相对较高有关。在 RET 增加和减少的站点中，平均增加率和减少率最高值均出现在冬季，分别为每 10 年增加 2.00%和每 10 年减少 2.15%（表 5.6）。其中，在冬季，减少率最大的站点在茫崖站（每 10 年减少 5.45%），增加率最大的在玛多站（每 10 年增加 6.94%），二者均位于高原北部。在春季和夏季，增加和减少的站点数目大约各占一半，但在秋季和冬季，约有 64%的站点 RET 呈现增加趋势。

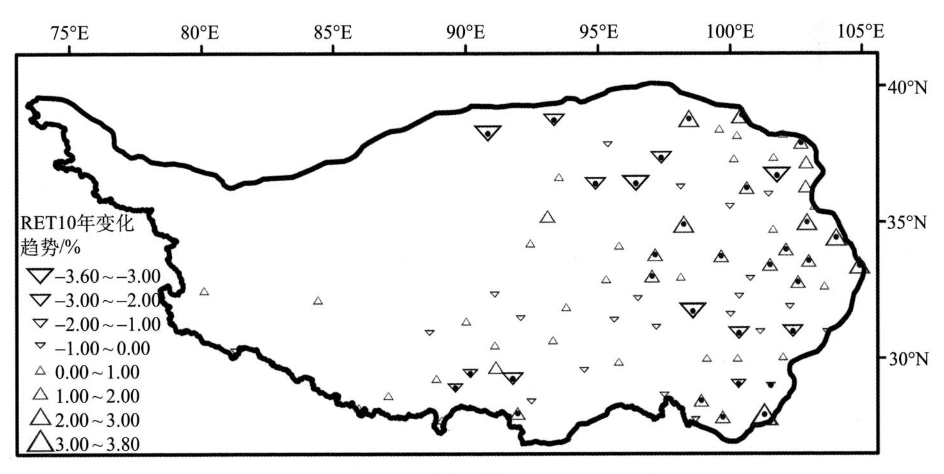

(a) 多年平均RET

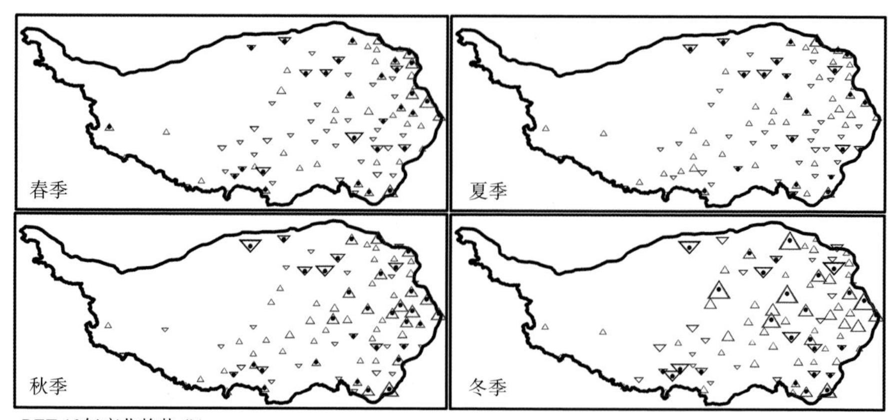

(b) 季节平均RET

图 5.20　1971～2015 年和季节尺度 RET 变化趋势的空间分布

黑点表明在 $P<0.05$ 的置信水平上有显著的变化趋势

表 5.6　青藏高原 1971～2015 年 RET 变化趋势统计

季节	增加		下降	
	站点数	10 年变化率/%	站点数	10 年变化率/%
春季	41（17）	1.146	43（13）	−1.178
夏季	43（11）	0.928	41（12）	−1.063
秋季	54（22）	1.468	30（11）	−1.406
冬季	54（14）	2.004	30（13）	−2.149
年平均	50（19）	1.057	34（14）	−1.198

注：括号中的数字表示具有显著变化（$P<0.05$）的站点数目

RET 的绝对变化率与年平均 RET 的相关关系图（图 5.21）表明，RET 变化率较大或较小的站点具有较高的年平均 RET 值。RET 的变化与海拔存在相关性，高海拔地区站点显示出 RET 较小的增长或下降率，而低海拔站点则相反。对于 RET 增加的站点，其变化率在海拔 1000 m 和 3000 m 之间的波动较大，之后趋势变得平稳，在海拔较高时下降幅度较小。而对于 RET 减小的站点，在较高的海拔范围递减率较大，波动也较大。此外对于春季、夏季的所有站点，及秋季 RET 呈现增加趋势的站点，RET 的变化率均与海拔具有显著的相关关系（$P<0.01$）。然而，对于秋季 RET 呈现减少趋势的站点，RET 的变化率与海拔高度的相关关系不显著；此外，在冬季，RET 变化率与海拔高度的相关性也不明显。

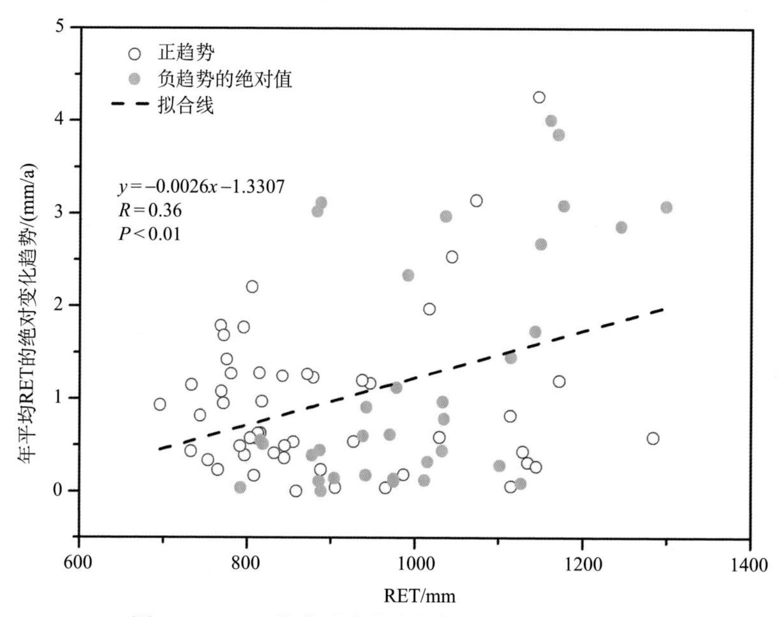

图 5.21　RET 的绝对变化率与年平均 RET 的散点图

3. 青藏高原四大流域蒸散量的变化趋势

结合 GRACE 数据，并利用传统的水量平衡方法是估算区域或流域尺度 ET（蒸散发）的有用工具（Rodell et al.，2004b；Sheffield et al.，2009；Gao et al.，2010）。

本书中，我们使用水量平衡法来估计流域尺度的月实际蒸散量（actual evapotranspiration，ET_a），作为青藏高原大流域的观测 ET 的近似值。然后，利用参考 ET 校正全球几个 ET 产品的月 ET 场数据。最后，利用校正的 ET 估计以及观测到的降水（precipitation，P）和径流（runoff，R），研究了流域尺度水量平衡各个分量在 1983～2006 年间的季节变化，这里主要展示 ET 的变化规律。

本书涉及青藏高原两种类型的流域，分别为内陆河流域和外流河流域。第一种类型包括黄河上游和长江上游流域（图 5.22），水文站有长江上游的直门达站和黄河上游的唐乃亥站。黄河上游和长江上游的流域总面积分别为 12.2 万 km^2 和 13.8 万 km^2。第二类包括羌塘高原和柴达木盆地流域，总面积分别为 70 万 km^2 和 25.8 万 km^2，这两个流域是中国最高的内陆河流域，有许多河流和湖泊。两个内陆河流域的水流入湖泊后蒸发。四个流域的气候均为半干旱和半湿润的高原大陆性气候，具有明显的雨季和旱季。

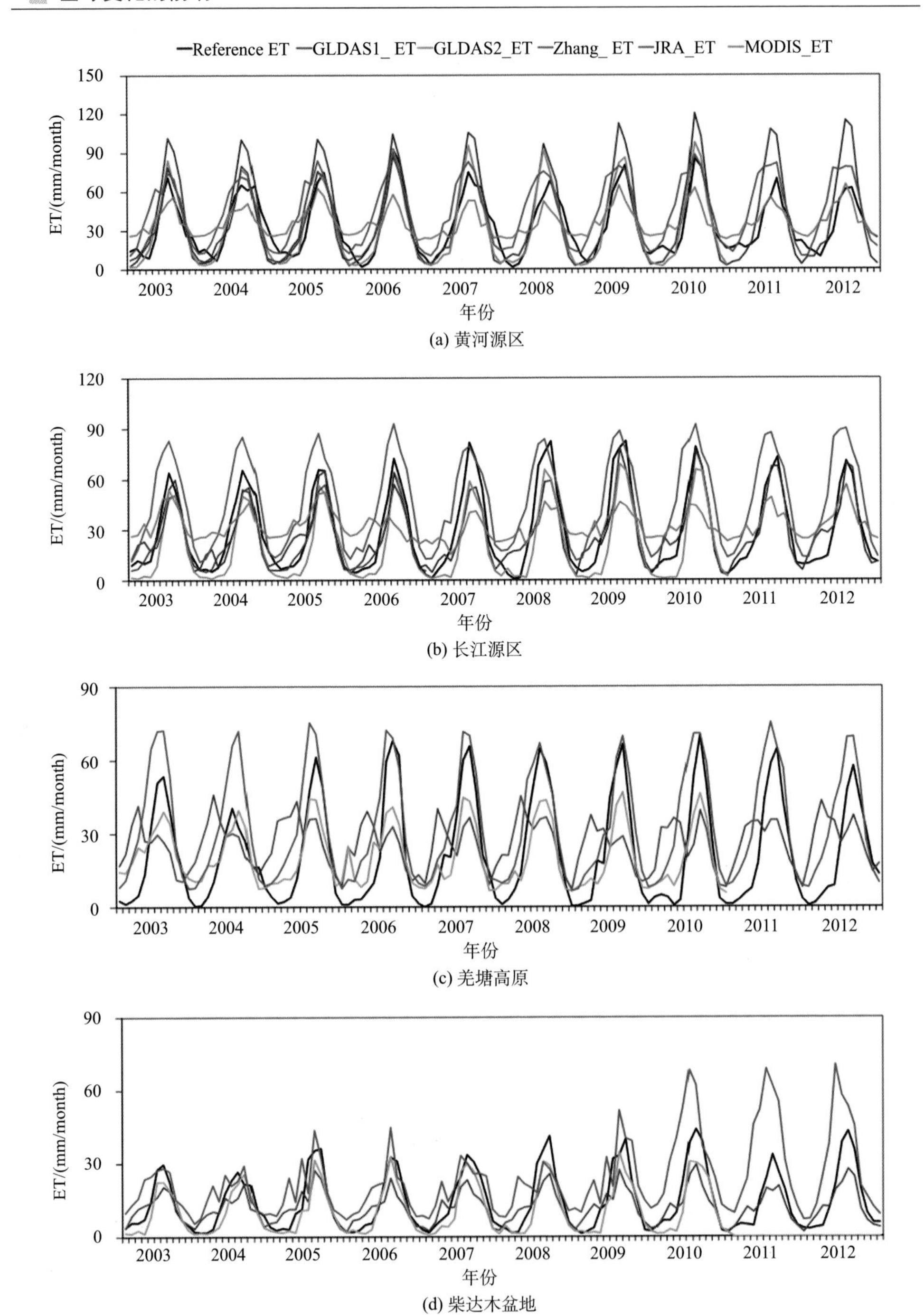

图 5.22　2003 年 1 月至 2012 年 12 月五个 ET 产品和 ET 的参考值在各个流域的比较

统计数据见表 5.9

利用中国气象局（CMA）国家气象信息中心的降水量（P）数据（水平分辨率为 0.5°×0.5°），以及唐乃亥和直门达水文站的实测径流量（R），采用水量平衡法估算了四个流域 ET。对五种 ET 产品进行了评估（详细信息见表 5.7）。水储量的变化量（ΔS）来源于 GRACE 数据（Tapley et al.，2004），这里选取 RL05 格网数据（可在 GRACE Tellus 网站上获取）来计算四个流域的平均水储量变化。

表 5.7 五种 ET 产品概述

产品名称	类别	空间分辨率	时间段/年	参考文献
Zhang_ET	Penman-Monteith method	8 km	1983～2006	Zhang et al.，2010
MODIS_ET	Penman-Monteith method	1 km	2000～2012	Mu et al.，2007
GLDAS1_ET	Land Surface Model	1°×1°	1948～2012	Rodell et al.，2004a
GLDAS2_ET	Land Surface Model	1°×1°	1948～2010	Rodell et al.，2004a
JRA_ET	Reanalysis	T106 Gaussian	1979～2012	Kazutoshi et al.，2007

传统的水量平衡法[式（5-2）]用于估算四个流域的 ET（以下简称 ET 的参考值）（Hobbins et al.，2004；Rodell et al.，2004b；Xue et al.，2013）：

$$\mathrm{ET} = P - R - \Delta S \tag{5-2}$$

式中，P 为降水量，mm；R 为径流量，mm；ΔS 为水储量的变化量（包括地表、地下和地下水变化），mm；通常情况下，P 和 R 是通过原位观测获得的，而 ΔS 在很长一段时间内（通常是一年或更长的时间尺度）可以忽略不计（Hobbins et al.，2004；Xue et al.，2013）。但在月尺度上，ΔS 不可忽略，应予以考虑。对于内陆流域（羌塘高原和柴达木盆地），流量为零，传统的水平衡方程可简化为式（5-3）：

$$\mathrm{ET} = P - \Delta S \tag{5-3}$$

将五种 ET 产品在四个流域的月序列值与参考 ET 进行比较，结果如图 5.22 和表 5.8 所示。为了提高 ET 产品的准确性，以参考 ET 为基准对所有 ET 产品进行了偏差校正（具体方法见 Li et al.，2014）。

在五种 ET 产品中，Zhang_ET、GLDAS2_ET 和 JRA_ET 分别使用 1983～2006 年、1948～2010 年和 1979～2012 年连续的驱动数据集计算得到。MODIS_ET 数据的可用时段较短（2000～2012），GLDAS1_ET 使用不断变化的驱动数据集作为输入，不适用于分析长期趋势。因而，这里选择了三个数据集（GLDAS2_ET、JRA_ET 和 Zhang_ET）来进一步分析 1983～2006 年间四个流域 ET 的季节变化趋势。需要注意的是，Zhang_ET 没有覆盖羌塘高原和柴达木盆地流域，只有 GLDAS2_ET 和 JRA_ET 两个数据集是全覆盖的。

表 5.8 五种 ET 产品与水量平衡法估算的 ET 的参考值（mm/month）比较[平均值 Mean（mm/month）]、偏差 BIAS（mm/month）、均方根误差 RMSE（mm/month）和相关系数（CORR）

产品名称	黄河上游				长江上游				羌塘高原				柴达木盆地			
	Mean	BIAS	RMSE	CORR	Mean	BIAS	RMSE	CORR	Mean	BIAS	RMSE	CORR	Mean	BIAS	RMSE	CORR
Reference ET	34.0				29.4				22.3				14.3			
GLDAS1_ET	40.0	6.0	14.7	0.96	28.0	**–1.4**	9.5	0.92	25.8	3.6	21.4	0.28	12.0	**–2.2**	7.3	0.88
GLDAS2_ET	32.9	–1.2	7.1	**0.97**	20.3	–8.9	11.8	0.95	20.5	**–1.5**	**11.8**	**0.92**	10.7	–3.5	**5.6**	**0.93**
JRA_ET	44.5	10.5	16.4	0.87	46.7	17.2	20.4	0.91	33.1	10.8	14.4	0.91	23.3	9.0	14.1	0.70
Zhang_ET	32.8	**–0.8**	**5.5**	0.95	23.2	–3.7	**7.1**	**0.96**								
MODIS_ET	36.5	2.5	17.1	0.86	32.4	3.0	18.2	0.76								

注：较小的偏差 BIAS 和均方根误差 RMSE 值，及较大的相关系数（CORR）用黑体标出

根据观测到的 P、R 和校正后的 Zhang_ET、GLDAS2_ET 和 JRA_ET 数据产品得到的平均 ET 数据，对 1983～2006 年的四个流域进行了水平衡分析（图 5.23 至图 5.26）。校正后的 ET 产品具有较好的一致性，均体现出 ET 的季节性变化规律，并且它们之间的差异较小，尤其在夏季更小（Li et al.，2014），表 5.9 提供了 P、R、ET 和 T_{air}（air temperature，空气温度）的季节平均值的线性趋势。

表 5.9 1983～2006 年间四个流域年平均降水量（P：mm/10a）、径流（R：mm/10a）、偏差校正蒸发蒸腾量（ET：mm/10a）和气温（T_{air}：℃/10a）的线性趋势

指标	黄河上游				长江上游				羌塘高原				柴达木盆地			
	春	夏	秋	冬	春	夏	秋	冬	春	夏	秋	冬	春	夏	秋	冬
P	1.7	–9.0	2.4	4.2	8.0	12.8	3.0	2.3	11.1	15.0	2.7	3.3	4.1	13.9	6.0	2.0
R	–4.3	–17.4	–6.5	–1.4	–0.5	–0.9	2.9	0.0	—	—	—	—	—	—	—	—
ET	0.7	3.4	3.4	0.7	0.2	2.4	3.4	0.0	2.3	11.9	3.9	0.5	3.1	2.4	1.1	0.2
T_{air}	0.4	0.6	0.5	0.7	0.4	0.7	0.7	1.0	0.5	0.5	0.6	0.9	0.7	0.9	0.7	0.8

注：加下划线的趋势值表示显著性为 95%

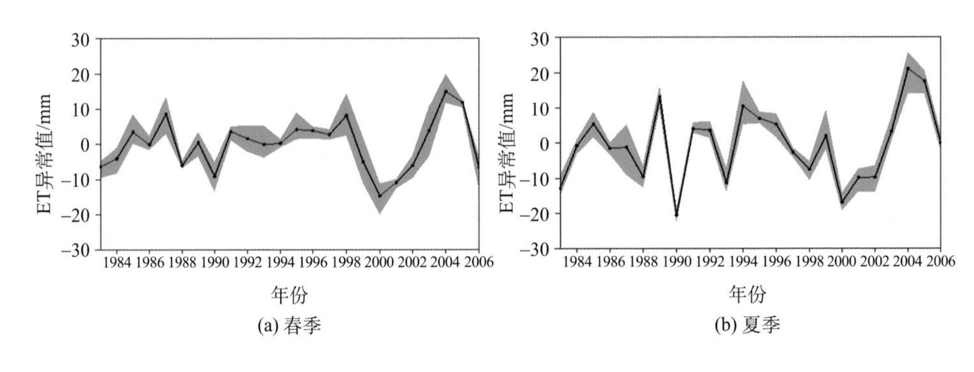

(a) 春季　(b) 夏季

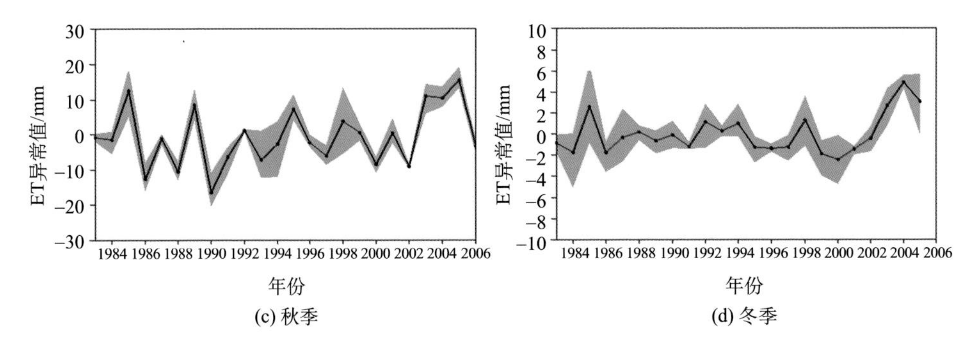

图 5.23　黄河上游流域平均季节性 ET 异常值（mm）（相对于 1983～2006 年期间）的年变化

阴影表示三种 ET 产品的数值范围

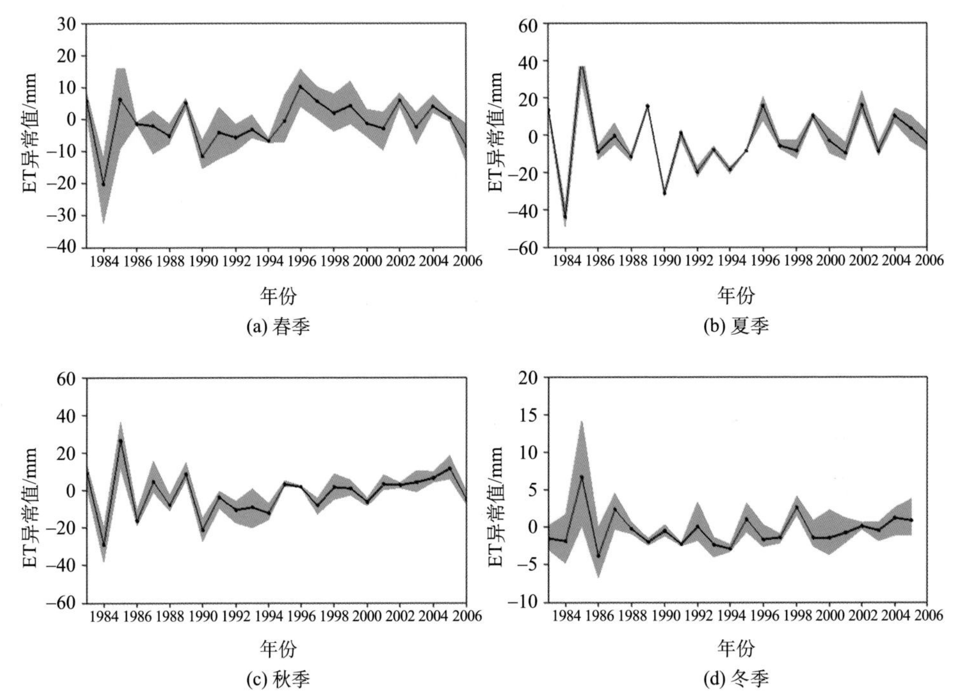

图 5.24　长江上游流域平均季节性 ET 异常值（mm）（相对于 1983～2006 年期间）的年变化

阴影表示三种 ET 产品的数值范围

对于黄河上游流域，年平均 ET 和 R 分别占总可利用水量（P）的 69%和 31%；而对于长江上游流域，年平均 ET 和 R 分别占总降水量的 75%和 25%，这与两个流域所处的地理位置（黄河上游地处高原东部边缘，而长江上游地处高原中部腹地）和气候特征（黄河上游受西风—季风交替影响，降水与径流较多；而长江上游更多受西风影响，降水与径流较少）不同有关。

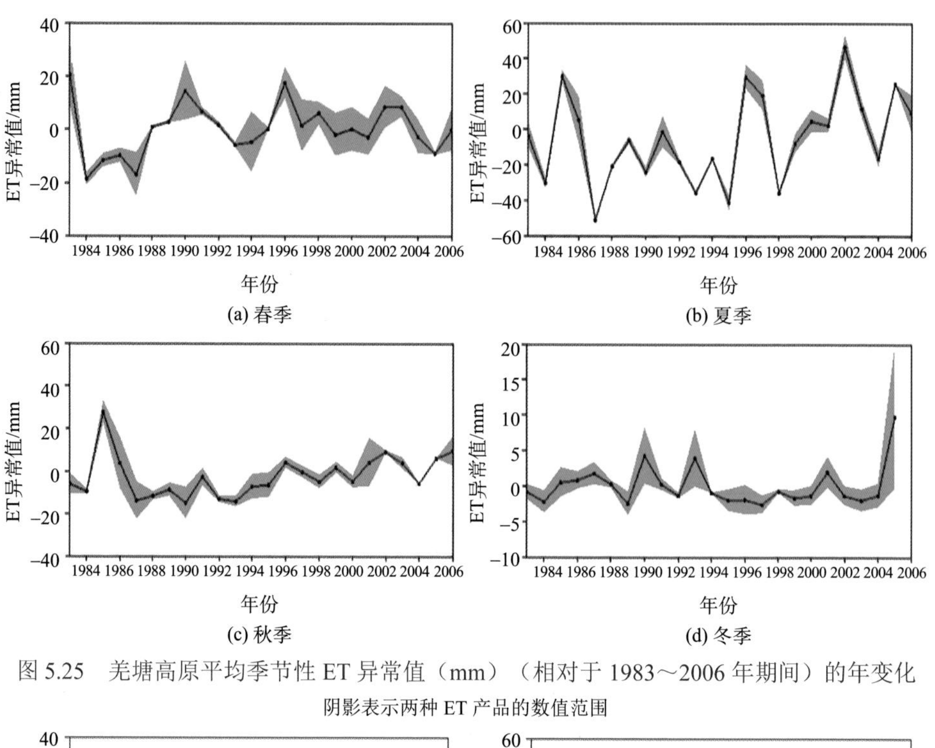

图 5.25　羌塘高原平均季节性 ET 异常值（mm）（相对于 1983～2006 年期间）的年变化

阴影表示两种 ET 产品的数值范围

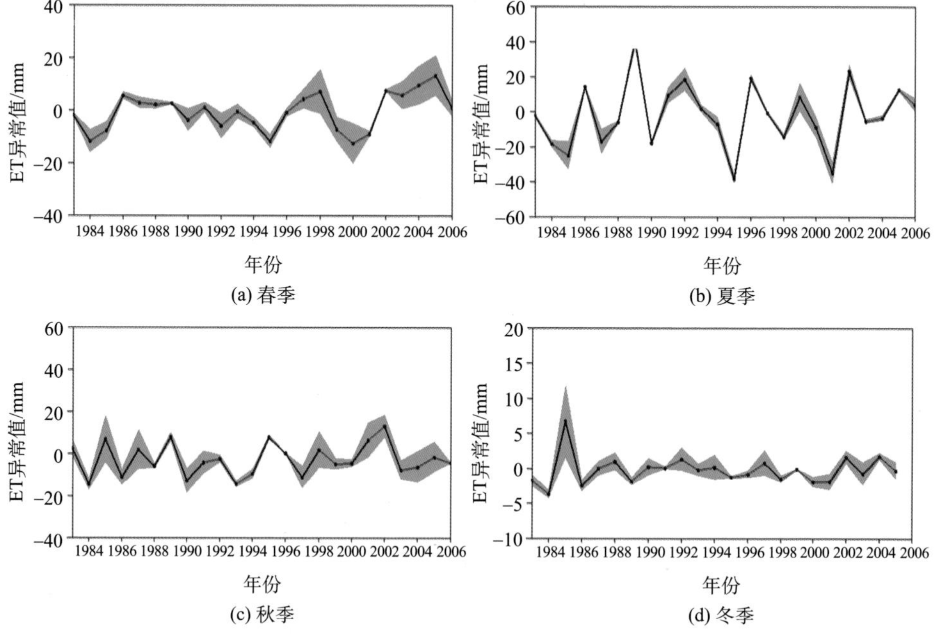

图 5.26　柴达木盆地平均季节性 ET 异常值（mm）（相对于 1983～2006 年期间）的年变化

阴影表示三种 ET 产品的数值范围

在黄河上游流域，随着流域变暖，ET 在各季节都有增加的趋势，尤其是夏、秋两季。由于蒸发损失超过降水补给，在夏、秋两季，黄河上游流域 *R* 呈下降趋势（Liu et al.，2012），在长江上游地区，*P* 和 ET 在各季节均呈上升趋势，*R* 在春、夏呈下降趋势，在秋冬季节呈上升趋势。但只有春季和冬季的 *P* 值变化显著，达到 95%的显著水平。年平均 *P* 与 *R* 和 ET 的相关系数分别为 0.76 和 0.91，意味着 *P* 的变化在很大程度上决定了 *R* 和 ET 的变化。另外，一些研究发现，由于 21 世纪气候变暖而导致的冰川融化是这一地区 *R* 上升的另一个原因（Bai and Rong，2012）。此外，羌塘高原和柴达木盆地，*P* 和 ET 在各季节均呈上升趋势。羌塘高原夏季的 *P* 和 ET 上升趋势最大。对于柴达木盆地，夏季的 *P* 的上升趋势最大，而 ET 的最大趋势出现在春季。柴达木盆地位于半干旱半湿润地区，流域夏季降水量占全年降水量的 60%。因此，集中的夏季降水可能产生了入渗径流，而对 ET 的贡献量较小。值得注意的是，这四个流域中，水量平衡分量的季节性变化上，*P* 主要呈现正的变化趋势、*R* 主要表现为负的变化趋势以及 T_{air} 不断增加，但 ET 在所有季节和流域都显示出正的季节性变化趋势。

5.4　湖　　泊

5.4.1　北极

北极是世界上湖泊数量最多且总面积最大的地区，地球上超过 25%的湖泊和 50%的湿地位于这里（Lehner et al.，2004）。在空间分布上，约有 190 万个极地湖泊位于欧亚，160 万个位于北美以及至少 5 万个湖泊位于格陵兰岛，其中 85%均为面积小于 0.1 km^2 的小型湖泊，并且超过半数的湖泊可能是热融成因（Paltan et al.，2015）。如此丰富的湖泊数量可能是由于过去的冰川活动，富冰土壤以及冻土良好的隔水属性造成的。北极湖泊不仅为候鸟、鱼类提供栖息地，维持了水生生物多样性，也是高纬度地区碳、能量和水汽传输的重要参与者，因而对气候变化十分敏感。

自 1980 年代以来，北极地区以 0.06℃/a 的速度快速升温，这是全球平均增温速率的两倍，导致北极湖泊的水文、生态和空间分布发生巨大改变（Boike et al.，2016）。北极湖泊的形成和演化受到水文气候和地貌变化的双重影响（Lantz and Turner，2015）。卫星遥感分析技术的发展，使得人们能够评估近几十年来的北极湖泊变化趋势（Sheng et al.，2008）。Smith 等（2005）通过比较中西伯利亚 1 万个极地湖泊 1970 年代与 1990 年代的卫星图像，发现面积大于 0.4 km^2 的湖泊数量减少了 11%，总面积减少了 6%。湖泊退缩在阿拉斯加中部地区更甚，基于区域遥感分析的结果表明从 1950 年代以来阿拉斯加地区湖泊面积下降了 31%，北部沿海地区的 50 个湖泊在 25 年内完全或部分干涸（Carroll et al.，2011）。此外北美极地地区的湖泊数量和面积也呈现下降的趋势。研究表明，在不连续多年冻土带（冻土覆盖<90%），如阿拉斯加西部、加拿大西北部、俄罗斯欧洲地区及西伯利亚，变暖引起湖岸热融崩塌以及下层冻土隔水层消融，导致湖水外流下渗，湖泊数量和面积近几十年来不断减少（Jepsen et al.，2013）；而在更高纬的连续多年冻土带，热融喀斯特过程会形成新湖泊，并将较大的湖泊分隔为多个小湖泊，导致湖泊数量的上升，如部分位于西伯利亚和阿拉斯加多年冻土带的湖泊数量呈现增长趋势。但位于加拿大埃尔斯米尔岛多年冻土带的湖泊数量却是下降的，这可能是蒸发导致的（Smol and Douglas，2007）。也有部分地区如加拿大西部北极地区的图克托亚图克半岛，湖泊面积没有长期变化趋势，但在短尺度上受降水影响发生波动。总体来看，近几十年来北极地区湖泊数量和面积的变化如图 5.27 所示。

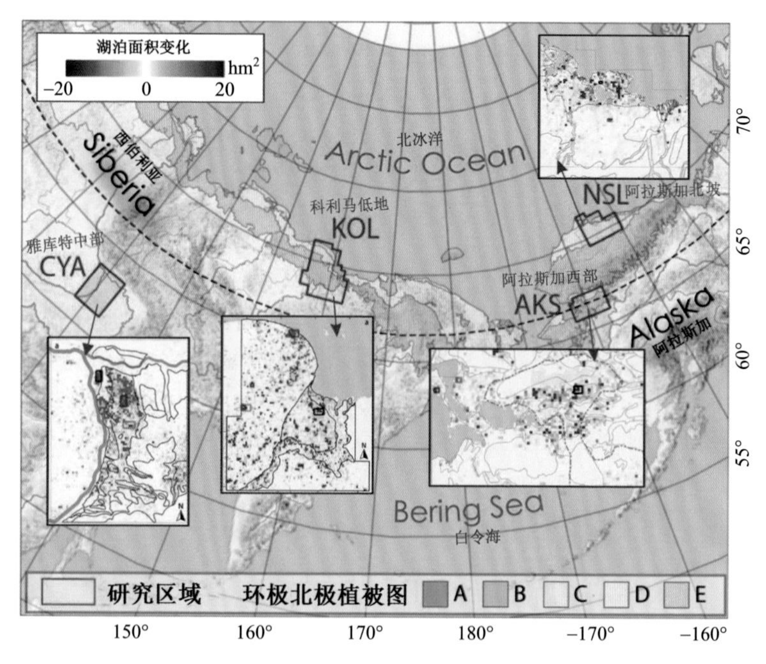

图 5.27　1999～2014 年北方冻土区 4 个不同区域（阿拉斯加北坡 NSL、阿拉斯加西部 AKS、雅库特中部 CYA、科利马低地 KOL）的湖泊面积变化趋势（修改自 Nitze et al.，2017）

红色和蓝色分别代表减少和增加

除地表湖泊外，Bowling 等（2019）通过无线电回波探测等方法在格陵兰冰盖下发现了约 60 个冰下湖，相较于南极冰下湖，格陵兰岛的冰下湖面积较小，长度从 200 m 至 6 km 不等，它们稳定地位于缓慢移动的冰层下，并且较集中地分布在冰盖边缘。冰川融水是冰下湖的补给源，其与冰下湖水体的密度差异驱动着水体内部循环。随着气候持续变暖，格陵兰岛的地表融水很可能会像南极洲一样，在冰盖海拔较高处形成湖泊和河流。当这些水体流入冰下时，可能使得冰下湖流动性增加，降低冰盖的稳定性。此外 Rutishauser 等（2018）在加拿大北极地区首次发现一个高盐度的冰下湖。

5.4.2　青藏高原

利用 2000 年的 Landsat MOSAiC 数据，共发现青藏高原有湖泊 32842 个，总面积为 43151.08 km^2，占整个青藏高原面积的 1.4%。青藏高原湖泊分布密集（图 5.28），目前大于 1 km^2 的湖泊有 1400 个左右，面积约 5.0 万 km^2，约占中国湖泊数量与面积的一半。由于较少受到人类活动的影响，这些湖泊是气候与水文变化研究的重要指标。

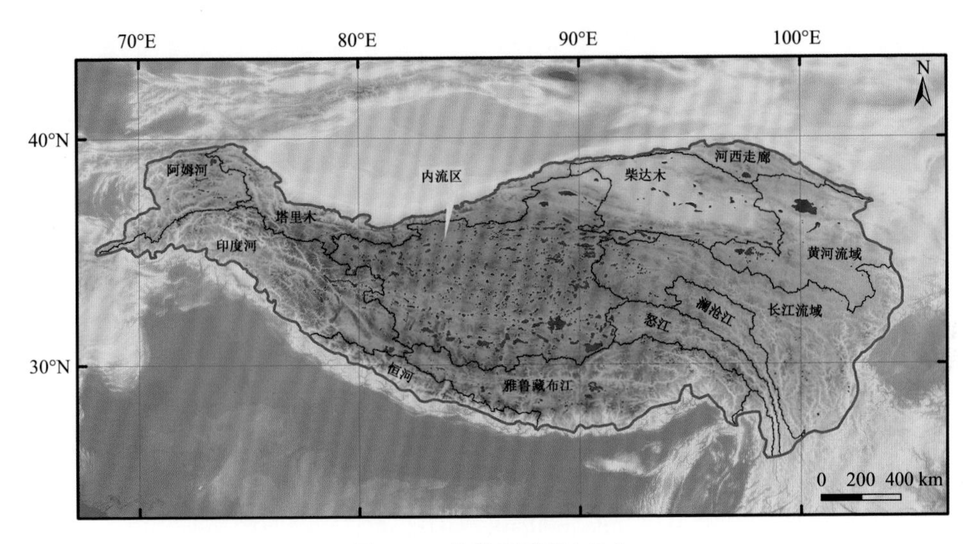

图 5.28　青藏高原湖泊分布

整个高原分为 12 大流域，湖泊主要分布在内流区，即羌塘高原

1. 湖泊数量与面积变化

利用长时间序列 Landsat 遥感数据，获取了整个青藏高原近 50 年（1970 年代至 2018 年）共 12 期湖泊观测数据，对大于 1 km^2 湖泊的数量及面积变化进行了详细分析（图 5.29）。研究发现：青藏高原湖泊数量从 1970 年代的 1080 个增加到

2018 年的 1424 个。相应地，湖泊面积从 4 万 km^2 增加到 5 万 km^2，净增加了 1 万 km^2（+25%）。同时，色林错在 2001 年也超过纳木错，成为西藏第一大湖泊。青藏高原湖泊并非持续单调地增加，在 1970 年代至 1995 年间，大部分湖泊呈现萎缩状态；但在 1995 年之后，除 2015 年受厄尔尼诺事件的影响导致湖泊数量和面积减少外，青藏高原湖泊的数量和面积总体呈现出持续增加趋势。长期连续时间序列湖泊（内流区）的快速扩张，主要发生在 1997 年、1998 年后（Zhang et al.，2017a）。流域尺度上，湖泊的扩张主要发生在内流区，青藏高原南部（雅鲁藏布江流域）湖泊出现萎缩。青藏高原湖泊的扩张主要归因于降水的增加和冰冻圈的贡献，在内流区尤为突出。

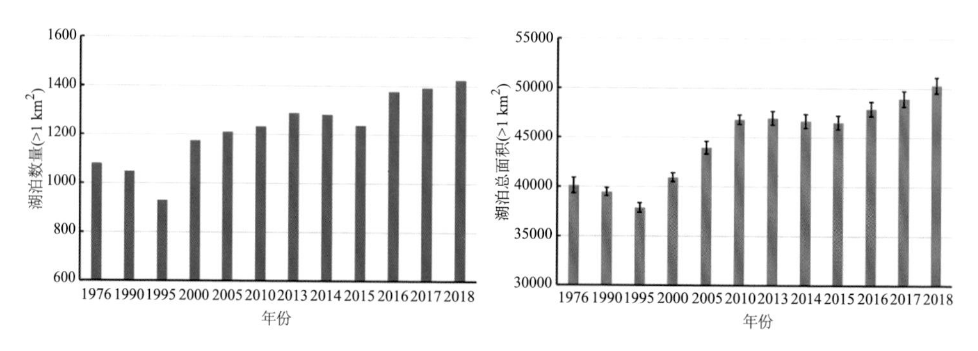

图 5.29　青藏高原湖泊数量与面积变化

2. 湖泊水位变化

青藏高原有长期连续实测水位数据的湖泊较少，如青海湖（1959～），羊卓雍错（1974～）和纳木错（2005～）；利用 ICESat 数据对青藏高原湖泊水位变化进行了监测（图 5.30）（Zhang et al.，2011）。2003～2009 年湖泊水位平均变化率为 0.21 m/a，湖面增加的湖泊的平均变化率为 0.26 m/a（0.01～0.80 m/a），湖面降低的湖泊的平均变化率为–0.06 m/a（–0.40～–0.02 m/a）。湖面增加的盐湖（多数为封闭湖）的平均变化率为 0.27 m/a，湖面降低的盐湖的平均变化率为–0.10 m/a（–0.40～–0.03 m/a）。湖面增加的淡水湖（多数为外流湖）的平均变化率为 0.24 m/a（0.01～0.39 m/a），湖面降低的淡水湖的平均变化率为–0.03 m/a（–0.04～–0.02 m/a）。

首次对 ICESat-2（2018～）在青藏高原湖泊水位监测方面的表现进行了评估，其与青海湖 2018 年对应日期的实测水位高程相比，误差仅为 2 cm（Zhang et al.，2019）。青藏高原有 236 个湖泊有 ICESat-2 可利用数据，其相对于 132 个有 ICESat 数据的湖泊数量翻了一倍。结合 ICESat（2003～2009）和 ICESat-2（2018）数据，

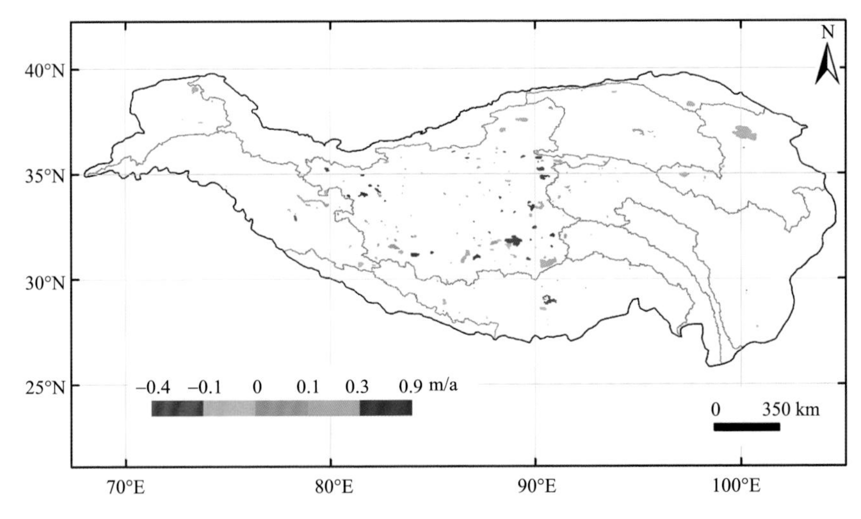

图 5.30　基于 ICESat 数据青藏高原湖泊水位变化

并将 2003～2018 年间无水位数据时间段使用 Landsat 数据补充，对青藏高原湖泊 2003～2018 年水位变化进行了监测。62 个湖泊有 2003～2018 年水位数据，其平均水位变化率为 0.28 m/a；其中 58 个湖泊水位显示了上升，其变化率为 0.30 m/a，4 个水位降低湖泊水位变化率为–0.12 m/a。结合 ICESat 与 Landsat 数据，完成了青藏高原 1970 年代至 2018 年连续湖泊水位变化。研究显示：青藏高原湖泊水位在 1976～2018 年，经历了三个演化阶段，即 1976～1995 年间略有减少、1995～2010 年间快速增加、2010～2018 年增速减缓、特别是在 2015 年略有降低。

3. 湖泊水量变化与水量平衡

通过结合 ICESat（2003～2009 年）相对于 SRTM DEM（2000 年）的高程变化和 Landsat 的湖泊面积，对青藏高原 2000～2009 年水量变化进行了估算。200 个有 ICESat 数据的湖泊平均水量变化率分别为 0.14 m/a 和 4.95 Gt/a。内流区的 118 个湖泊，平均水量变化率为 4.28 Gt/a，占青藏高原有 ICESat 湖泊数量（200 个）的 59%、水量的 86%。根据有 ICESat 数据的湖泊面积比例对青藏高原内流区和整个青藏高原所有湖泊的水量变化进行了估算，其水量变化率分别为 8.06 Gt/a 和 8.76 Gt/a。

结合 ICESat 和 Landsat 数据，并将 1976～2018 年间无水位数据时间段使用 Landsat 数据补充，对青藏高原 1976～2018 年湖泊水量进行了监测。湖泊水量变化与水位变化相似，经历了 1976～1995 年降低，1995～2018 年连续快速升高（除

2015 年的略微降低外）。

结合 GRACE 重力卫星数据、土壤水分、雪水当量、冰川物质平衡、冻土消融、湖泊水量，对 2003～2009 年青藏高原内流区质量平衡与湖泊水量平衡进行了估算（图 5.31）。研究显示：湖泊（7.72±0.63 Gt/a）与地下水储量（5.01±1.59 Gt/a）增量相似。降水对湖泊水量增加贡献占主体（74%），其次为冰川消融（13%）与冻土退化（12%），雪水当量的变化贡献较少（1%）（Zhang et al.，2017b）。

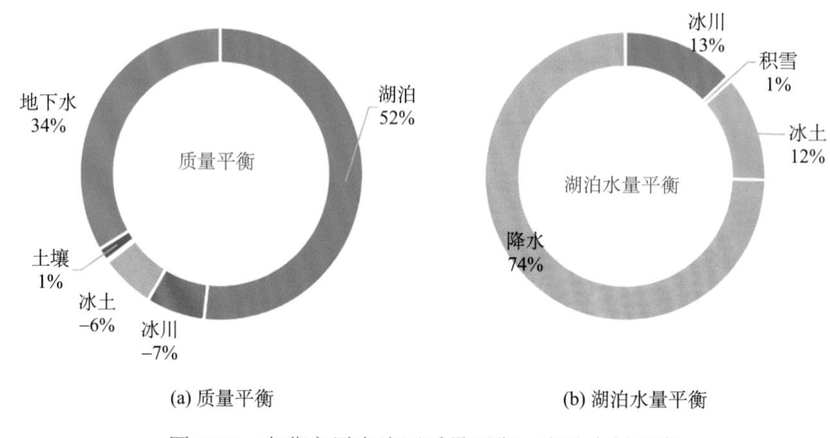

(a) 质量平衡　　(b) 湖泊水量平衡

图 5.31　青藏高原内流区质量平衡、湖泊水量平衡

4. 湖水温度变化

基于 MODIS LST（MOD11A2）数据，研究了青藏高原湖水表面温度变化，并与陆面和气温变化做了对比，进一步分析了湖水表面温度变化随海拔梯度变化的特征（Zhang et al.，2014a）。选择可利用数据的 52 个湖泊，结果表明：31（60%）个湖泊显示升温，温度变化率为 0.055℃/a；21（40%）个湖泊显示降温，温度变化率为–0.053℃/a。所有湖泊的平均温度变化率为 0.013℃/a。湖面升温可能是由于空气温度和湖岸陆地温度的上升和湖冰的减少导致；温度降低的湖泊主要集中在海拔大于 4200 m，可能是由于温度的升高，增加的冰川和积雪消融冷水的补给。湖水温度变化的空间差异显示，大部分中—北部湖泊（>33°N）显示了降温，而南部湖泊（<33°N）显示了升温（图 5.32）。

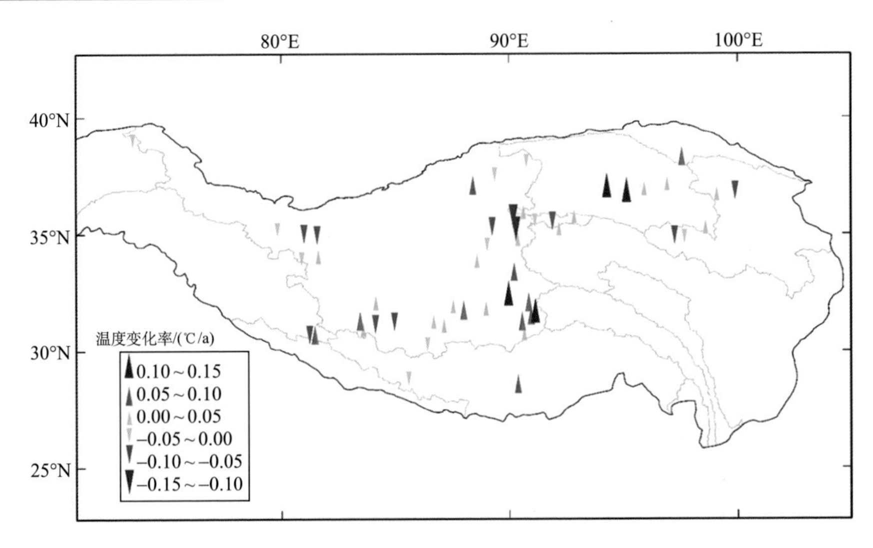

图 5.32　青藏高原湖水表面温度变化

5. 湖冰冰候和水质（透明度）变化

湖冰是气候变化的一个重要指标。通过对 MODIS 日积雪产品（MOD10A1/MYD10A1）去云处理，对青藏高原 2000～2017 年 58 个湖泊的开始冻结、完全冻结、开始破冰、完全破冰、封冻期等进行研究（Cai et al.，2019）。青藏高原湖泊在 10 月下旬开始结冰，翌年 1 月中旬完全结冰；3 月下旬，一些湖泊开始破冰，所有湖泊在 7 月初完全破冰。总的来说，中—北部湖泊相对南部湖泊开始冻结早、完全破冰晚（即结冰期长）。2000～2017 年间，58 个湖泊的平均结冰期为 157.78 天，18 个湖泊（31%）的平均结冰期延长率为 1.11 d/a，40 个（69%）湖泊的平均结冰期缩短率为 0.80 d/a。青藏高原湖水表面温度变化与湖冰冰候呈现显著的负相关（Zhang et al.，2014b）。

湖泊透明度是水体性质的一个重要参数，研究显示青藏高原湖泊水色与其透明度有很好的相关性（刘翀等，2017）。2000～2017 年青藏高原湖泊透明度遥感监测表明（朱立平等，2019），152 个有可利用数据的湖泊，91 个显示透明度增加（+0.09 m/a），61 个湖泊透明度下降（−0.04 m/a）。Zhang 等（2020）研究表明透明度下降和太阳辐射降低共同作用导致了过去数十年湖泊水下变暗。总的来说，青藏高原湖泊透明度有增加态势，其与降水的变化具有显著的正相关。

5.4.3　南极

目前已经发现南极有 400 多个冰下湖泊，其中最大的冰下湖 Lake Vostok 长度达到 250 km。尽管南极 98%的陆地被极地冰盖覆盖，在南极边缘海岸附近仍存在一些地表湖泊，这些湖泊常年被冰覆盖，而湖冰的厚度和持续时间是极地湖泊生物地球化学过程和生态系统结构功能的重要控制因素，因而南极湖泊对气候变化十分敏感。通过对南极半岛海洋性气候区的西格尼岛和大陆性气候区的麦克默多干河谷的长期监测，人们发现南极气候变化的巨大区域性差异，并且湖泊生态系统对升温和降温趋势均有强烈的响应。西格尼岛地区的湖泊冬季温度在 1980 至 1995 年期间上升了近 1℃，平均增幅是全球气温增幅的 3～4 倍。卫星影像显示，自 1951 年以来湖冰覆盖减少了～45%，1993 年的无冰期相比 1980 年延长了 63 天，湖泊生产力大幅增加（Quayle et al.，2002）。而在麦克默多干河谷地区，1986 至 2000 年气温平均每 10 年下降 0.7℃，湖泊初级生产力平均每年下降 6%～9%（Doran et al.，2002）。因此，气候变化对敏感的南极地表湖泊的影响可能是复杂多变的，需要进一步深入研究。

参 考 文 献

曹建廷, 秦大河, 康尔泗, 等. 2005. 青藏高原外流区主要河流的径流变化. 科学通报, 21: 89-94.
常国刚, 李林, 朱西德, 等. 2007. 黄河源区地表水资源变化及其影响因子. 地理学报, 62(3): 321-320.
陈德亮, 徐柏青, 姚檀栋, 等. 2015. 青藏高原环境变化科学评估: 过去、现在与未来. 科学通报, 60(32): 3025-3035.
陈亚宁, 崔旺诚, 李卫红, 等. 2003. 塔里木河的水资源利用与生态保护. 地理学报, 58(2): 215-222.
陈媛, 王文圣, 陶春华, 等. 2012. 雅砻江流域气候变化对径流的影响分析. 人民长江, (s2): 24-29.
邓铭江. 2009. 中国塔里木河治水理论与实践. 北京: 科学出版社.
董晓辉, 姚治君, 陈传友. 2007. 黄河源区径流变化及其对降水的响应. 资源科学, 29(3): 67-73.
傅丽昕, 陈亚宁, 李卫红, 等. 2010. 塔里木河源流区近 50a 径流量与气候变化关系研究. 中国沙漠, 30(1): 204-209.
胡文俊, 杨建基, 黄河清. 2010. 印度河流域水资源开发利用国际合作与纠纷处理的经验及启示. 资源科学, 32(10): 1918-1925.
贾建伟, 蒋鸣, 吕孙云, 等. 2014. 中缅境内怒江-萨尔温江水文特性对比分析. 人民长江, 45(S2): 9-11.
阚宝云, 苏凤阁, 童凯, 等. 2013. 四套降水资料在喀喇昆仑山叶尔羌河上游流域的适用性分析. 冰川冻土, 35(3): 710-722.
刘翀, 朱立平, 王君波, 等. 2017. 基于 MODIS 的青藏高原湖泊透明度遥感反演. 地理科学进展, 36(5): 597-609.

刘天仇. 1999. 雅鲁藏布江水文特征. 地理学报, S1: 157-164.
罗贤, 何大明, 季漩, 等. 2016. 近 50 年怒江流域中上游枯季径流变化及其对气候变化的响应. 地理科学, 36(1): 107-113.
孙广友. 1988. 长江正源再考. 地理科学, 8: 250-258, 296.
王光焰, 王远见, 桂东伟. 2018. 塔里木河流域水资源研究进展. 干旱区地理, 41(6): 11-19.
王磊, 李秀萍, 周璟, 等. 2014. 青藏高原水文模拟的现状及未来. 地球科学进展, 29(6): 674-682.
徐长江, 范可旭, 肖天国. 2010. 金沙江流域径流特征及变化趋势分析. 人民长江, 41(7): 10-14.
徐祥德, 陈联寿. 2006. 青藏高原大气科学试验研究进展. 应用气象学报, 17(6): 756-772.
燕华云. 2000. 黄河源区地表水资源特点初步研究. 水资源与水工程学报, 11(1): 31-34.
杨志刚, 卓玛, 路红亚, 等. 2014. 1961—2010 年西藏雅鲁藏布江流域降水量变化特征及其对径流的影响分析. 冰川冻土, 36(1): 166-172.
姚檀栋, 刘时银, 蒲健辰, 等. 2004. 高亚洲冰川的近期退缩及其对西北水资源的影响. 中国科学:地球科学, 34(6): 535-543.
姚檀栋, 秦大河, 沈永平, 等. 2013. 青藏高原冰冻圈变化及其对区域水循环和生态条件的影响. 自然杂志, 35(3): 179-186.
张建云, 刘九夫, 金君良, 等. 2019. 青藏高原水资源演变与趋势分析. 中国科学院院刊, 34(11), doi:10.16418/j.issn.1000-3045.2019.11.009.
张永勇, 张士锋, 翟晓燕, 等. 2012. 三江源区径流演变及其对气候变化的响应. 地理学报, 22(05): 781-794.
赵文焕, 高袁. 2011. 金沙江流域径流年代际变化特性分析. 人民长江, 42(6): 98-100.
周陈超, 贾绍凤, 燕华云, 等. 2005. 近 50a 以来青海省水资源变化趋势分析. 冰川冻土, 27(03): 432-437.
朱立平, 张国庆, 杨瑞敏, 等. 2019. 青藏高原最近 40 年湖泊变化的主要表现与发展趋势. 中国科学院院刊, 34(11): 1254-1263.
Allen R G, Pereira L S, Raes D, et al. 1998. Crop evapotranspiration-Guidelines for computing crop water requirements. United Nations Food and Agriculture Organization, Irrigation and Drainage Paper 56. Rome, Italy.
Bai L Y, Rong Y S. 2012. Impacts of climate change on water resources in source regions of Yangtze River and Yellow River. Water Resources Protecttion, 28(1): 46-70.
Boike J, Grau T, Heim B, et al. 2016. Satellite-derived changes in the permafrost landscape of central Yakutia, 2000–2011: Wetting, drying, and fires. Global and Planetary Change, 139: 116-127.
Bolch T, Pieczonka T, Mukherjee K, et al. 2017. Brief communication: Glaciers in the Hunza catchment(Karakoram)have been nearly in balance since the 1970s. The Cryosphere, 11(1): 531-539.
Bowling J S, Livingstone S J, Sole A J, et al. 2019. Distribution and dynamics of Greenland subglacial lakes. Nature Communications, 10: 2810.

Brun F, Berthier E, Wagnon P, et al. 2017. A spatially resolved estimate of High Mountain Asia glacier mass balances from 2000 to 2016. Nature Geoscience, 10(9): 668-673.

Cai Y, Ke C, Li X, et al. 2019. Variations of lake ice phenology on the Tibetan Plateau from 2001 to 2017 based on MODIS Data. Journal of Geophysical Research: Atmospheres, 124(2): 825-843.

Caron L, Ivins E R, Larour E, et al. 2018. GIA Model Statistics for GRACE Hydrology, Cryosphere, and Ocean Science. Geophysical Research Letters, 45: 2203-2212.

Carroll M L, Townshend J R G, DiMiceli C M, et al. 2011. Shrinking lakes of the Arctic: Spatial relationships and trajectory of change. Geophysical Research Letters, 38(20): L20406.

Chen J L, Wilson C R, Li J, et al. 2015. Reducing leakage error in GRACE-observed long-term ice mass change: a case study in West Antarctica. Journal of Geodesy, 89: 925-940.

Chen J L, Wilson C R, Seo K W. 2006a. Optimized smoothing of Gravity Recovery and Climate Experiment(GRACE)time-variable gravity observations. Journal of Geophysical Research: Solid Earth, 111(B6): B06408.

Chen S, Liu Y, Thomas A. 2006b. Climatic change on the Tibetan Plateau: Potential evapotranspiration trends from 1961-2000. Climatic Change, 76: 291-319.

Cuo L, Zhang Y. 2017. Spatial patterns of wet season precipitation vertical gradients on the Tibetan Plateau and the surroundings. Scientific Reports, 7(1): 5057.

Cuo L, Zhang Y, Bohn T J, et al. 2015. Frozen soil degradation and its effects on surface hydrology in the northern Tibetan Plateau. Journal of Geophysical Research-Atmospheres, 120(16): 8276-8298.

Cuo L, Zhang Y, Gao Y, et al. 2013. The impacts of climate change and land cover/use transition on the hydrology in the upper yellow river basin, China. Journal of Hydrology, 502: 37-52.

Cuo L, Zhang Y, Zhu F, et al. 2014. Characteristics and changes of streamflow on the Tibetan Plateau: A review. Journal of Hydrology: Regional Studies, 2: 49-68.

Doran P T, Priscu J C, Lyons W B, et al. 2002. Antarctic climate cooling and terrestrial ecosystem response. Nature, 415: 517-520.

Fretwell P, Pritchard H D, Vaughan D G, et al. 2013. Bedmap2: improved ice bed, surface and thickness datasets for Antarctica. The Cryosphere, 7: 375-393.

Gao H L, Tang Q H, Ferguson C R, et al. 2010. Estimating the water budget of major US river basins via remote sensing. International Journal of Remote Sensing, 31(14): 3955-3978.

Gao Z, He J, Dong K, et al. 2017. Trends in reference evapotranspiration and their causative factors in the West Liao River basin, China. Agricultural and Forest Meteorology, 232: 106-117.

Gardelle J, Berthier E, Arnaud Y, et al, 2013. Region-wide glacier mass balances over the Pamir-Karakoram-Himalaya during 1999-2011. The Cryosphere, 7(4): 1263-1286.

Gardner A S, Moholdt G, Cogley J G, et al. 2013. A reconciled estimate of glacier contributions to sea level rise: 2003 to 2009. Science, 340(6134): 852-857.

Gautier E, Dépret T, Costard F, et al. 2018. Going with the flow: Hydrologic response of middle Lena

River(Siberia)to the climate variability and change. Journal of Hydrology, 557: 475-488.

Grabs W E, Fortmann F, de Couuel T. 2000. Discharge observation networks in Arctic regions: Computation of the river runoff into the Arctic Ocean, its seasonality and variability//Lewis E L et al., The Freshwater Budget of the Arctic Ocean. Kluwer Academic, 249-268.

Groh A, Horwath M, Horvath A, et al. 2019. Evaluating GRACE Mass Change Time Series for the Antarctic and Greenland Ice Sheet—Methods and Results. Geosciences, 9: 415.

Gu H, Yu Z, Yang C, et al. 2018. Projected changes in hydrological extremes in the yangtze river basin with an ensemble of regional climate simulations. Water, 10(9): 1279.

Han P, Long D, Han Z, et al. 2019. Improved understanding of snowmelt runoff from the headwaters of China's Yangtze River using remotely sensed snow products and hydrological modeling. Remote Sensing of Environment, 224: 44-59.

Harris R B. 2010. Rangeland degradation on the Qinghai-Tibetan plateau: A review of the evidence of its magnitude and causes. Journal of Arid Environments, 74(1): 1-12.

Hewitt K. 2005. The Karakoram Anomaly? Glacier expansion and the 'Elevation Effect, ' Karakoram Himalaya. Mountain Research & Development, 25(4): 332-340.

Hoang L P, Lauri H, Kummu M, et al. 2016. Mekong River flow and hydrological extremes under climate change. Hydrology and Earth System Sciences, 20: 3027-3041.

Hobbins M T, Ramírez J A, Brown T C. 2004. Trends in pan evaporation and actual evapotranspiration across the conterminous U S: Paradoxical or complementary? Geophysical Research Letters, 31: L13503.

Immerzeel W W, Droogers P, de Jong S M, et al. 2009. Large-scale monitoring of snow cover and runoff simulation in Himalayan river basins using remote sensing. Remote Sensing of Environment, 113(1): 40-49.

Immerzeel W W, Lutz A F, Andrade M, et al. 2020. Importance and vulnerability of the world's water towers. Nature, 577(7790): 364-369.

Immerzeel W W, Van Beek L P, Bierkens M F. 2010. Climate change will affect the Asian water towers. Science, 328(5984): 1382-1385.

Ivins E R, James T S, Wahr J, et al. 2013. Antarctic contribution to sea level rise observed by GRACE with improved GIA correction. Journal of Geophysical Research Solid Earth, 118(6): 3126-3141.

Jacob T, Wahr J, Pfeffer W T, et al. 2012. Recent contributions of glaciers and ice caps to sea level rise. Nature, 482(7386): 514-518.

Jekeli C. 1981. Alternative Methods to Smooth the Earth's Gravity Field. Ohio State University.

Jepsen S M, Voss C I, Walvoord M A, et al. 2013. Linkages between lake shrinkage/expansion and sublacustrine permafrost distribution determined from remote sensing of interior Alaska, USA. Geophysical Research Letters, 40: 882-887.

Kazutoshi O, Junichi T, Hiroshi K, et al. 2007. The JRA-25 Reanalysis. Journal of the Meteorological

Society of Japan, 85(3): 369-432.

Kuang X, Jiao J J. 2016. Review on climate change on the Tibetan Plateau during the last half century. Journal of Geophysical Research-Atmospheres, 121: 3979-4007.

Lammers R, Shiklomanov A, Vorosmarty C, et al. 2001. Assessment of contemporary arctic river runoff based on observational discharge records. Journal of Geophysical Research-Atmospheres, 106(D4): 3321-3334.

Lantz T C, Turner K W. 2015. Changes in lake area in response to thermokarst processes and climate in Old Crow Flats, Yukon. Journal of Geophysical Research-Biogeoscience, 120: 513-524.

Lehner B, Döll P. 2004. Development and validation of a global database of lakes, reservoirs and wetlands. Journal of Hydrology, 296: 1-22.

Li J, Chen J, Li Z, et al. 2017a. Ellipsoidal Correction in GRACE Surface Mass Change Estimation. Journal of Geophysical Research: Solid Earth, 122: 9437-9460.

Li J, Liu D, Wang T, et al. 2017b. Grassland restoration reduces water yield in the headstream region of Yangtze River. Scientific Reports, 7(1): 2162.

Li X, Wang L, Chen D, et al. 2014. Seasonal evapotranspiration changes(1983–2006)of four large basins on the Tibetan Plateau. Journal of Geophysical Research Atmospheres, 119: 13079-13095.

Lin L, Shen H, Dai S, et al. 2011. Response to climate change and prediction of runoff in the Source Region of Yellow River. Acta Geographica Sinica, 66: 1261-1269.

Ling H, Xu H, Zhang Q. 2012. Nonlinear analysis of runoff change and climate factors in the headstream of Keriya River, Xinjiang. Geographical Research, 31(5): 792-802.

Liu C H, Su W J, Yang Y H. 2012. Impacts of Climate change on the runoff and estimation on the future climatic trends in the headwater regions of the Yellow River. Journal of Arid Land Resources and Environment, 26(4): 97-101.

Loomis B D, Rachlin K E, Wiese D N, et al, 2020. Replacing GRACE/GRACE-FO C30 with satellite laser ranging: impacts on Antarctic ice sheet mass change. Geophysical Research Letters, 47: e2019GL085488.

Luo Y, Wang X, Piao S, et al. 2018. Contrasting streamflow regimes induced by melting glaciers across the Tien Shan – Pamir – North Karakoram. Scientific Reports, 8(1): 16470.

Lutz A F, Immerzeel W W, Kraaijenbrink P D, et al. 2016. Climate change impacts on the upper Indus hydrology: sources, shifts and extremes. Plos One, 11(11): 1-33.

Matsuo K, Heki K. 2010. Time-variable ice loss in Asian high mountains from satellite gravimetry. Earth and Planetary Science Letters, 290(1-2): 30-36.

Morlighem M, Williams C N, Rignot E, et al. 2017. BedMachine v3: complete bed topography and ocean bathymetry mapping of Greenland from multibeam echo sounding combined with mass conservation. Geophysical Research Letters, 44: 11051-11061.

Mouginot J, Rignot E, Bjørk A A, et al. 2019. Forty-six years of Greenland Ice Sheet mass balance from 1972 to 2018. Proceedings of the National Academy of Sciences of the United States of America, 116: 9239-9244.

Mu Q, Heinsch F A, Zhao M, et al. 2007. Development of a global evapotranspiration algorithm based on MODIS and global meteorology data. Remote Sensing of Environment, 111(4): 519-536.

Mukhopadhyay B, Khan A. 2015. A reevaluation of the snowmelt and glacial melt in river flows within Upper Indus Basin and its significance in a changing climate. Journal of Hydrology, 527: 119-132.

Nijssen B, Odonnell G, Hamlet A F, et al. 2001. Hydrologic Sensitivity of Global Rivers to Climate Change. Climatic Change, 50(1): 143-175.

Nitze I, Grosse G, Jones B, et al. 2017. Landsat-based trend analysis of lake dynamics across northern permafrost regions. Remote Sensing, 9: 640.

Paltan H, Dash J, Edwards M. 2015. A refined mapping of Arctic lakes using Landsat imagery. International Journal of Remote Sensing, 36: 5970-5982.

Peltier W R, Argus D F, Drummond R. 2018. Comment on "An Assessment of the ICE-6G_C (VM5a) Glacial Isostatic Adjustment Model" by Purcell et al. Journal of Geophysical Research: Solid Earth, 123(2): 2019-2028.

Peterson B I, Holmes R M, McClelland J W, et al. 2002. Increasing river discharge to the Arctic Ocean. Science, 298: 2171-2173.

Pritchard H D. 2019. Asia's shrinking glaciers protect large populations from drought stress. Nature, 569(7758): 649-654.

Qi J, Wang L, Zhou J, et al. 2019. Coupled snow and frozen ground physics improves cold region hydrological simulations: an evaluation at the upper Yangtze River Basin(Tibetan Plateau). Journal of Geophysical Research: Atmospheres, 124(23): 12985-13004.

Qin J, Liu Y, Chang Y, et al. 2016a. Regional runoff variation and its response to climate change and human activities in Northwest China. Environmental Earth Sciences, 75(20): 1-14.

Qin Y, Lei H, Yang D, et al. 2016b. Long-term change in the depth of seasonally frozen ground and its ecohydrological impacts in the Qilian Mountains, northeastern Tibetan Plateau. Journal of hydrology, 542: 204-221.

Quayle W C. 2002. Extreme responses to climate change in antarctic lakes. Science, 295: 645.

Rawlins M A, Ye H, Yang D, et al. 2009. Divergence in seasonal hydrology across northern Eurasia: Emerging trends and water cycle linkages. Journal of Geophysical Research: Atmospheres, 114: 1-14.

Rodell M, Famiglietti J S, Chen J, et al. 2004b. Basin scale estimates of evapotranspiration using GRACE and other observations. Geophysical Research Letters, 31: L20504.

Rodell M, Houser P R, Jambor U, et al. 2004a. The Global Land Data Assimilation System, Bulletin of the American Meteorological Society, 85(3): 381-394.

Rutishauser A, Blankenship D D, Sharp M, et al. 2018. Discovery of a hypersaline subglacial lake complex beneath Devon Ice Cap, Canadian Arctic. Science Advances, 4: eaar4353.

Serreze M C, Bromwich D H, Clark M P, et al. 2002. Large-scale hydro-climatology of the terrestrial Arctic drainage system. Journal of Geophysical Research-Atmospheres, 108: 8160.

Shean D E, Bhushan S, Montesano P, et al. 2020. A systematic, regional assessment of high mountain Asia glacier mass balance. Frontiers in Earth Science, 7: 363.

Sheffield J, Ferguson C R, Troy T J, et al. 2009. Closing the terrestrial water budget from satellite remote sensing. Geophysical Research Letters, 36: L07403.

Sheng Y, Shah C A, Smith L C. 2008. Automated image registration for hydrologic change detection in the lake - rich Arctic. IEEE Geoscience and Remote Sensing Letters, 5(3): 414-418.

Shepherd A, Ivins E, Rignot E, et al. 2018. Mass balance of the Antarctic Ice Sheet from 1992 to 2017. Nature, 558: 219-222.

Shepherd A, Ivins E, Rignot E, et al. 2020. Mass balance of the Greenland Ice Sheet from 1992 to 2018. Nature, 579: 233-239.

Smith L C, Sheng Y, Macdonald G M, et al. 2005. Disappearing Arctic Lakes. Science, 308(5727): 1429.

Smol J P, Douglas M S. 2007. Crossing the final ecological threshold in high Arctic ponds. Proceedings of the National Academy of Sciences, 104: 12395-12397.

Stewart I T. 2009. Changes in snowpack and snowmelt runoff for key mountain regions. Hydrological Processes, 23(1): 78-94.

Sun Y, Riva R, Ditmar P. 2016. Optimizing estimates of annual variations and trends in geocenter motion and J2 from a combination of GRACE data and geophysical models. Journal of Geophysical Research: Solid Earth, 121: 8352-8370.

Tapley B D, Bettadpur S, Ries J C, et al. 2004. GRACE measurements of mass variability in the earth system. Science, 305(5683): 503-505.

Teixeira da Encarnação J, Visser P, Arnold D, et al. 2020. Description of the multi-approach gravity field models from Swarm GPS data. Earth System Science Data, 12: 1385-1417.

Vörösmarty C J, Sharma K, Fekete B, et al. 1997. The storage and aging of continental runoff in large reservoir systems of the world. Ambio, 26: 210-219.

Wang J, Liang Z, Wang D, et al. 2016. Impact of Climate Change on Hydrologic Extremes in the Upper Basin of the Yellow River Basin of China. Advances in Meteorology, 1-13.

Wang L, Sichangi A W, Zeng T, et al. 2019. New methods designed to estimate the daily discharges of rivers in the Tibetan Plateau. Science Bulletin, 64: 418-421.

Wang W, Xing W, Shao Q, et al. 2013. Changes in reference evapotranspiration across the Tibetan Plateau: Observations and future projections based on statistical downscaling. Journal of Geophysical Research-Atmospheres, 118(10): 4049-4068.

WCRP Global Sea Level Budget Group. 2018. Global sea-level budget 1993–present. Earth System Science Data, 10: 1551-1590.

Wu P, Wood R A, Stott P A. 2005. Human influence on increasing Arctic river discharges. Geophysical Research Letters, 32(2): L02703.

Xue B L, Wang L, Li X P, et al. 2013. Evaluation of evapotranspiration estimates for two river basins on the Tibetan Plateau by a water balance method. Journal of Hydrology, 492(7): 290-297.

Yang D, Kane D L, Hinzman L D, et al. 2002. Siberian Lena River hydrologic regime and recent change. Journal of Geophysical Research-Atmospheres, 107: 4694.

Yang D, Koike T, Tanizawa H. 2004a. Application of a distributed hydrological model and weather radar observations for flood management in the upper Tone River of Japan. Hydrological Processes, 18(16): 3119-3132.

Yang D, Robinson D A, Zhao Y, et al. 2003. Streamflow response to seasonal snow cover extent changes in large Siberian watersheds. Journal of Geophysical Research-Atmospheres, 108: 4578.

Yang D, Shi X, Marsh P. 2015. Variability and extreme of Mackenzie River daily discharge during 1973–2011. Quaternary International, 380: 159-168.

Yang D, Ye B, Shiklomanov A. 2004b. Discharge characteristics and changes over the Ob River watershed in Siberia. Journal of Hydrometeorology, 5(4): 595-610.

Yang D, Zhao Y, Armstrong R, et al. 2007. Streamflow response to seasonal snow cover mass changes over large Siberian watersheds. Journal of Geophysical Research: Earth Surface, 112(F2): F02S22.

Yang D, Zhao Y, Armstrong R, et al. 2009. Yukon River streamflow response to seasonal snow cover changes. Hydrological Processes, 23(1): 109-121.

Yao T, Thompson L, Yang W, et al. 2012. Different glacier status with atmospheric circulations in Tibetan Plateau and surroundings. Nature Climate Change, 2(9): 663-667.

Yao T, Xue Y, Chen D, et al. 2019. Recent Third Pole's rapid warming accompanies cryospheric melt and water cycle intensification and interactions between monsoon and environment: multi-disciplinary approach with observation, modeling and analysis. Bulletin of the American Meteorological Society, 100(3): 423-444.

Ye B, Yang D, Kane D L. 2003. Changes in Lena river streamflow hydrology: Human impacts vs. natural variations. Water Resources Research, 39: 1200-1215.

Ye B, Yang D, Zhang Z, et al. 2009. Variation of hydrological regime with permafrost coverage over Lena Basin in Siberia. Journal of Geophysical Research: Atmospheres, 114: D07102.

Yi S, Sun W. 2014. Evaluation of glacier changes in high-mountain Asia based on 10 year GRACE RL05 models. Journal of Geophysical Research Solid Earth, 119(3): 2504-2517.

Zhang G, Chen W, Xie H. 2019. Tibetan Plateau's lake level and volume changes from NASA's ICESat/ICESat-2 and Landsat missions. Geophysical Research Letters, 46: 13107-13118.

Zhang G, Kang S, Fujita K, et al. 2013. Energy and mass balance of Zhadang glacier surface, central Tibetan Plateau. Journal of Glaciology, 59(213): 137-148.

Zhang G, Xie H, Kang S, et al. 2011. Monitoring lake level changes on the Tibetan Plateau using

ICESat altimetry data(2003–2009). Remote Sensing of Environment, 115(7): 1733-1742.

Zhang G, Yao T, Piao S, et al. 2017a. Extensive and drastically different alpine lake changes on Asia's high plateaus during the past four decades. Geophysical Research Letters, 44(1): 252-260.

Zhang G, Yao T, Shum C K, et al. 2017b. Lake volume and groundwater storage variations in Tibetan Plateau's endorheic basin. Geophysical Research Letters, 44(11): 5550-5560.

Zhang G, Yao T, Xie H, et al. 2014a. Estimating surface temperature changes of lakes in the Tibetan Plateau using MODIS LST data. Journal of Geophysical Research: Atmospheres, 119(14): 8552-8567.

Zhang G, Yao T, Xie H, et al. 2014b. Lakes' state and abundance across the Tibetan Plateau. Science Bulletin, 59(24): 3010-3021.

Zhang K, Kimball J S, Nemani R R, et al. 2010. A continuous satellite-derived global record of land surface evapotranspiration from 1983 to 2006. Water Resources Research, 46: W09522.

Zhang Y, Qin B, Shi K, et al. 2020. Radiation dimming and decreasing water clarity fuel underwater darkening in lakes. Science Bulletin, 65(19): 1675-1684.

Zhao Q, Ding Y, Wang J. 2019. Projecting climate change impacts on hydrological processes on the Tibetan Plateau with model calibration against the glacier inventory data and observed streamflow. Journal of Hydrology, 573: 60-81.

Zheng D, van der Velde R, Su Z, et al. 2018. Impact of soil freeze-thaw mechanism on the runoff dynamics of two Tibetan rivers. Journal of Hydrology, 563: 382-394.

Zhou J, Wang L, Zhang Y, et al. 2015. Exploring the water storage changes in the largest lake(Selin Co)over the Tibetan Plateau during 2003–2012 from a basin-wide hydrological modeling. Water Resources Research, 51(10): 8060-8086.

Zwally H J, Li J, Brenner A C, et al. 2011. Greenland ice sheet mass balance: distribution of increased mass loss with climate warming; 2003–07 versus 1992–2002. Journal of Glaciology, 57: 88-102.

第 6 章

面向极地治理战略的应对与措施建议

雪龙 2 号极地考察船　素材提供：黄嵘

本章作者名单

首席作者

李　新，中国科学院青藏高原研究所

主要作者

安培浚，中国科学院西北生态环境资源研究院
晋　锐，中国科学院西北生态环境资源研究院
潘小多，中国科学院青藏高原研究所
车　涛，中国科学院西北生态环境资源研究院
牛富俊，中国科学院西北生态环境资源研究院
吴阿丹，中国科学院西北生态环境资源研究院
周玉杉，中国科学院青藏高原研究所
曹　斌，中国科学院青藏高原研究所
赵泽斌，中国科学院西北生态环境资源研究院
苏　阳，中国科学院西北生态环境资源研究院

本章基于三极研究的科学事实，面向三极治理提出应对措施与建议，以期能为我国三极相关科学研究和国家战略制定提供参考。三极环境变化表现为：①升温异质性：北极升温存在放大效应，南极无明显变化趋势，第三极升温速率存在海拔依赖性；②冰冻圈快速退化：冰川和冰盖加速消融，海冰面积减少，积雪面积减少，多年冻土活动层加深，河湖冰覆盖时长缩短；③生态系统结构发生改变：植被生长季节延长，生长速度变快，覆盖度变大，微生物丰度增加，但碳储量减少。④水循环提速：冰库水资源较少，河流径流增加，潜在蒸散发增强，北极湖泊面积缩小而第三极扩张。

我们建议：①针对三极数据匮乏的现状，进一步加强自主的空-天-地观测系统及数据平台建设，提升三极大数据技术，建立三极信息基础设施；②加强对“冰上丝绸之路”的科学支撑，研发北极航道智能决策系统，加强对极地重大工程（特别是冻土工程）与生态环境相互影响的前瞻性研究，为全球极地治理提供中国方案；③基于联合国可持续发展目标和三极特殊的自然与人文环境，因地制宜地设计可持续发展路径，研建可持续发展决策支持系统，助推人类命运共同体使命在三极地区的实现；④创新三极协同与对比研究新范式，协力推进三极研究计划，攀登三极地球系统科学多圈层耦合研究及“未来地球”自然-社会科学交叉研究的制高点。

6.1　三极环境多要素变化

本章概要总结了“时空三极环境”项目在三极气候、冰冻圈、水文水资源、生态系统变化研究方面的进展，在综合近期国际、国内三极研究最新数据基础上，以地球三极对比为主线，初步得出三极变化的全景图像，并分析了引起这些变化的机制，得出以下主要结论（图 6.1）。

6.1.1　三极气温变化

1. 北极增暖放大效应

北极地区增温存在“北极放大”效应，即增温幅度比全球平均快 2～3 倍，利用更加翔实的观测数据重建的北极（60°～90°N）地表气温表明，在 1998～2012 年的全球变暖停滞期间（hiatus period），北极并没有升温减缓现象，该时期的升温速率为每 10 年增加 0.76±0.11°C，约为同期全球升温速率（每 10 年增加 0.11±0.01℃）的 6.7 倍（Huang et al.，2017）。阿拉斯加地区观测结果显示，1976～2015 年，该区域的升温速率（每 10 年增加 0.78℃）约为全球同期速率的 3.4 倍（Wang et al.，2017）。

图 6.1　三极各要素状态与变化

2. 南极变化趋势不明

由于南极长时间序列观测数据稀少，目前南极大陆的温度变化趋势具有非常大的不确定性。现有观测表明，南极半岛气温经历了先升高（每 10 年增加 0.32±0.20℃，1979～1999 年）后降低（每 10 年降低 0.47±0.25℃，1999～2014 年）的趋势；南极西部区域经历了显著升温（每 10 年增加 0.22±0.12℃，1958～2012 年），而在东部区域，升温主要发生在秋季（每 10 年增加 0.14±0.13℃，1958～2012 年），全年和其他季节则无明显变化趋势。

3. 第三极升温存在海拔依赖性

“全球增暖停滞”期间，第三极仍在加速增温（Duan and Xiao，2015），其增暖幅度远大于北半球同纬度其他地区。同时，第三极升温速率以海拔约 4000～4500 m 为临界点，表现出明显差异，即升温与海拔存在显著的相关性。具体而言，中高海拔地区（2500～4000 m）升温速率随海拔升高，从每 10 年增加 0.31℃增长到每 10 年增加 0.36℃。而在高海拔地区（>4000 m）其升温速率表现为随海拔升高而降低，7500 m 以上地区仅为每 10 年增加 0.10℃（Qin, 2009；Gao et al.，2018，2019；You et al.，2020）。目前关于第三极升温海拔特征的机制存在争议，未来亟须加强高海拔地区地面观测并改进气温重建方法。

4. 三极相互影响的可能机制

北极和第三极升温均与晴空向下辐射增加和下垫面反照率降低有关，而南极的气温变化则是由反照率和热储存驱动。北极地区海洋升温主要由海冰面积减少，反照率降低，海洋吸收辐射增加导致。在较低频时间尺度上，南北极气候表现出“两极跷跷板”现象，即南极和格陵兰岛的气温变化在末次冰期呈现显著负相关。然而现代过程（1958～2011 年）的气候研究发现，北大西洋异常偏冷可以迫使热带辐合带南移，导致南半球副热带急流减弱，极锋急流加强，南大洋表层西风加强有利于大气经圈环流增强。目前第三极与南北极的相互影响机制还存在很大的不确定性，未来需要进一步借助观测和地球系统模式加强这方面的研究。

6.1.2　冰冻圈

1. 冰川和冰盖

北极格陵兰冰盖和南极冰盖自 20 世纪 70 年代以来整体上呈现出加速消融的趋势，特别是 2000 年以后这种趋势尤为显著。近 10 年（2006～2015 年）格陵兰冰盖的物质损失速率（–278±11 Gt/a）约为南极冰盖（–155±19 Gt/a）的两倍，对海平面上升的贡献分别为 0.77±0.03 mm/a 和 0.43±0.05 mm/a。青藏高原冰川在过去近 50 年面积退缩显著，整体上物质流失加速，其中在 2000～2018 年期间整体的冰川物质流失速率为–19.00±2.50 Gt/a。

2. 海冰

北极海冰面积全年所有月份都呈减少趋势（1979～2018 年），其中 9 月趋势最强（减少速率为–83000 km^2/a）；同时海冰厚度在 2000 年以来呈先显著减薄 [2000～2012 年间减薄速率为每 10 年减少 0.58±0.07 m（Lindsay and Schweiger，2015）]；后趋于稳定（2011～2019 年间厚度变化很小）的态势。南极海冰面积在 1979～2018 年间总体呈增加趋势，但在 2014～2017 年间显著减少。南极海冰厚度无长期观测数据，但在 2013～2018 年间呈先上升后下降的趋势。

3. 积雪

北极春季积雪范围 1970 年代以来大幅减少，其中 6 月的变化速率为每 10 年减少 13.4%±5.4%。北极海冰表面的积雪深度过去 50 年内（1950 年代至 2010 年代）呈下降趋势，其中阿拉斯加西侧水域海冰上的积雪减薄最为显著（积雪深度减少了 50%）。南极西部沿海区域年积雪量自 20 世纪以来呈增加趋势（速率为 1.5 cm/100a）。同时南极海冰表面的积雪深度在近 15 年来呈缓慢减薄趋势。青藏高原积雪面积在 1980 年代和 1990 年代较大，2000 年以后显著减少；年平均积雪深度在 1980～2016 年间总体呈下降趋势，且存在空间异质性。

4. 冻土

长期观测表明，多年冻土温度正在持续升高。2007～2016 年间，全球多年冻土温度平均升高 0.29±0.12℃，其中北极和南极多年冻土因本身地温较低，升温较为显著（速率分别为每 10 年增加 0.37±0.10℃和 0.39±0.15℃），而青藏高原多年冻土地温较高，升温较为平缓（速率为每 10 年增加 0.08～0.24℃）。同时，多年冻土季节融化层厚度增加，空间差异明显，其中青藏高原冻土活动层加深速率为每 10 年加深 15.2～67.2 cm（Cheng and Wu，2007；Hock et al.，2019）。

5. 河湖冰

全球河湖冰（主要指北半球）自 19 世纪中叶以来（1846～1995 年）整体上表现为冻结日期推迟（速率为 5.8 d/100a）、融化日期提前（速率为 6.5 d/100a）、冰覆盖时长缩短的趋势。同时在进入 21 世纪以来这种变化趋势变得更为显著，北极湖冰融化日期以 0.10～1.05 d/a（2000～2013 年）的速率提前，青藏高原大多数湖泊冰覆盖时长以 0.8 d/a（2001～2017 年）的速率在缩短。湖冰厚度也呈现出变薄的趋势（Engram et al.，2018）。此外，全球河冰在 1984～2018 年间面积减少 2.5%。

6.1.3 生态

1. 植被变化

1982～2014 年间，北极植被的生长季节延长速率约为 2.60 d/10a。北极地区广泛分布的常绿植物正以 0.1～2.0 cm/a 的速率增高（图 6.1），同时苔原生态系统中的灌木正在扩张。南极植物以地衣和苔藓为主，但其仅占到南极陆地面积的 0.3%，该地区自 1950 年以来，苔藓的生长速度约增长了 4 倍，并且变绿的趋势很可能会持续下去。随着温度升高，南极发草分布面积扩张。第三极地区的归一化植被指数和植被盖度均呈现增长趋势，返青期在 1980 年代和 1990 年代提前了 15～18 天，约为中高纬度同期速率的 3 倍左右，但 2000 年以来的变化趋势还存在争议。另外，第三极地区的树线上升速率为 2.9±2.9 m/10a（Liang et al.，2016）。

2. 碳储量及其变化

北极碳主要储存在多年冻土中，其中陆地多年冻土碳储量约为 1460～1600 Pg。南极碳主要储藏在深部低温海水中，但目前无相关定量估算结果。第三极地区，冻土表层（0～3m）碳含量约为 15.31（13.03～17.77）Pg（Ding et al.，2016），深部（>3m）碳含量则高达 127.2±37.3 Pg（Mu et al.，2015）。尽管冻土碳储量丰富，但是其释放能力往往取决于长期（数十年至世纪尺度）的冻土退化（Wang et al.，2020）。阿拉斯加区域由于海岸侵蚀导致的碳释放速率为 5.84～46.54 Pg C/a。在南极，海冰减少可能会减弱海洋固碳能力。青藏高原高寒生态系统在 1980～2002 年间，形成平均每年 2300 万 t 的净碳汇，约占全国增加碳汇的 10%左右。

3. 微生物

南北极海水中约 15%的微生物是一致的，超过 85%的微生物为南北极特有。同时，海冰中有超过 75%微生物完全一致。变形菌门在北极土壤中占微生物总量的 20%以上，是主要微生物类群。青藏高原土壤微生物变化主要受到降水的影响，表现出自东南向西北递减的趋势。

6.1.4 水文变化

1. 冰库水资源

2000～2019 年间，全球冰库水资源急剧减少，其中北极格陵兰冰盖质量损失速率最快（–234.7±0.5 Gt/a），南极冰盖次之（–126.0±5.1 Gt/a），青藏高原冰川质量损失速率最慢（–19.00±2.50 Gt/a）。

2. 河流径流

北极 6 条大河（鄂毕河、叶尼塞河、勒拿河、科雷马河、马更些河和育空河）自 1970 年代以来年径流量均呈增加趋势，增速为每 10 年 4.11～23.16 km^3，其中春季（主要在 5 月）径流增加明显，只有夏季（主要在 6～7 月）呈下降趋势。在青藏高原地区，过去 50 年各河流源区的径流变化趋势呈现出较强的空间差异。

3. 蒸散发

北极大河流域在过去 60 年（1957～2014 年）的年潜在蒸散发量均呈增加趋势，其中大部分站点的变化率介于 0～2 mm/a，同时亚洲大河流域（鄂毕河、叶尼塞河、勒拿河）的变化率约为北美洲大河流域（马更些河）的两倍多。青藏高原的参考蒸散量在过去 40 年（1971～2015 年）有 60%的站点在年际尺度呈现上升趋势（平均变化率为每 10 年增加 1.06%），其中秋季和冬季变化率较大（分别为每 10 年增加 1.47%和 2.00%）。同时参考蒸散量变化与海拔存在相关性，即高海拔地区的站点变化较弱，而低海拔站点则相反。

4. 湖泊

北极湖泊面积和数量在过去数十年内总体呈减少趋势，且存在明显的空间分异，其中阿拉斯加中部地区湖泊萎缩最为显著，面积减少 31%。南极湖泊常年被冰覆盖，当前没有湖泊面积及数量变化的相关研究。青藏高原湖泊数量和面积在过去近 50 年（1970 年代至 2018 年）总体上呈扩张态势（其中在 1995 年以前呈轻微下降，而后显著上升），湖泊数量增加 344 个，湖泊面积约增加 10000 km^2，平均增幅约为每 10 年 5%。湖泊水位在近 15 年来（2003～2018 年）整体呈上升趋势，平均速率为 0.28±0.03 m/a。湖面温度也呈上升趋势，平均变化率为 0.013℃/a。湖泊透明度整体呈增加态势，2000～2017 年间青藏高原（共监测 152 个湖泊）60%湖泊的透明度增加（速率为 0.09 m/a），40%湖泊的透明度下降（速率为–0.04 m/a）。

6.2　对极地观测系统建设及我国贡献的建议

极地观测系统和极地科考是三极研究和极地治理的重要数据基础和决策信息来源，我国在青藏高原占据天时地利人和，已建立较为完善的第三极观测系统。我国南极考察积 30 余年之功，已建立 5 个科考站，开展 36 次南极科学考察，是南极事务的重要参与者和贡献者。我国是北极理事会正式观察员国，已建立黄河站，并启动北极冰冻圈监测网络的建设，北极科考和建站在近年呈加速布局的态势。总体上，我国已初步搭建起三极综合观测系统的宏伟框架，为长期开展综合观测提供了重要的基础设施平台。针对全球已有的三极观测系统的现状、空白和我国可能做出的贡献，我们提出以下几方面的建议。

6.2.1　南极

目前，世界上有 31 个国家在南极洲建立了 84 个常年科学考察站，但绝大多数科考站建立在南极洲大陆沿岸和海岛夏季裸岩区，只有中国、美国、俄罗斯、日本、法国、意大利和德国共 7 个国家，在南极内陆地区建立了 6 个内陆科考站。

我国在南极洲已建成有长城站、中山站两个常年科学考察站；昆仑站、泰山站两个度夏科学考察站。我国每年都在长城站和中山站派驻越冬考察队员，越冬期间的常规观测项目主要涉及气象、高空大气物理、电离层、固体潮、地磁和地震。第 5 个站选址罗斯海地区的恩科斯堡岛，于 2018 年 2 月 7 日奠基，预计 2022 年建成（图 6.2）。我国南极建站数量目前与英国并列，位居第四。

1984 年中国南极考察队于上海起航，正式拉开了南极科考的帷幕，我国南极科考主要侧重于地质、冰川、气象、天文、测绘、生物等领域；迄今已连续开展 36 次南极科学考察，全域覆盖南极大陆和南大洋，已形成两船五站、海陆空立体化的综合观测，其规模已跻身国际一流梯队。

我国已构建起初具规模和影响力的南极科考技术支撑保障体系和观测基础设施平台。着眼于未来长期发展，建议从国家层面持续、稳定增加投入，有计划地长期推进南极考察站的建设，更加系统、长期、全面地获取南极多学科综合观测数据；协调国际卫星计划协同获取多源遥感观测信息，并加快启动南极航空探测计划；扩展我国在南极的科学考察范围和学科领域，并形成区域优势；实质性推进国际合作，探索极地科学研究前沿，提高极地研究水平和国际地位。

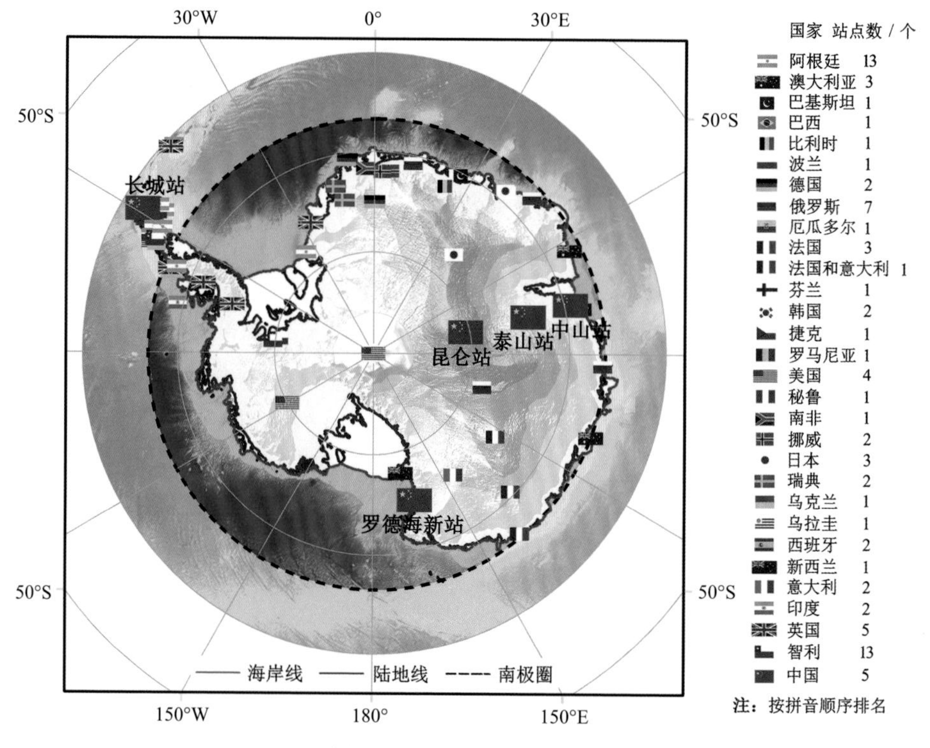

图 6.2　南极观测站分布图

6.2.2　北极

美国、欧盟、俄罗斯在北极都有较为完善的观测系统。北极委员会通过北极可持续观测网络（SAON）系统地协调各个国家和国际组织的北极观测，确保北极观测和研究资料的开放共享。2019 年启动的北极气候研究多学科漂流观测计划是国际上迄今为止，学科和支撑保障能力最为完备的一个北冰洋国际合作观测计划，我国共派出 18 名科研人员参与 5 个航段的考察工作，并由雪龙 2 号科考破冰船承担物资补给和保障任务。北极综合观测系统 INTAROS 是迄今为止北极观测领域投入最大的项目，旨在综合集成欧盟及各个国家的北极观测数据，并填补观测空白；中国科学院、自然资源部及中国极地研究中心为中方正式参与单位。此外，美国国家科学基金委也进一步加强对北极观测的支持，定期编制北极研究政策，建立北极圈区域观测网，力争北极研究的领先地位（图 6.3）。

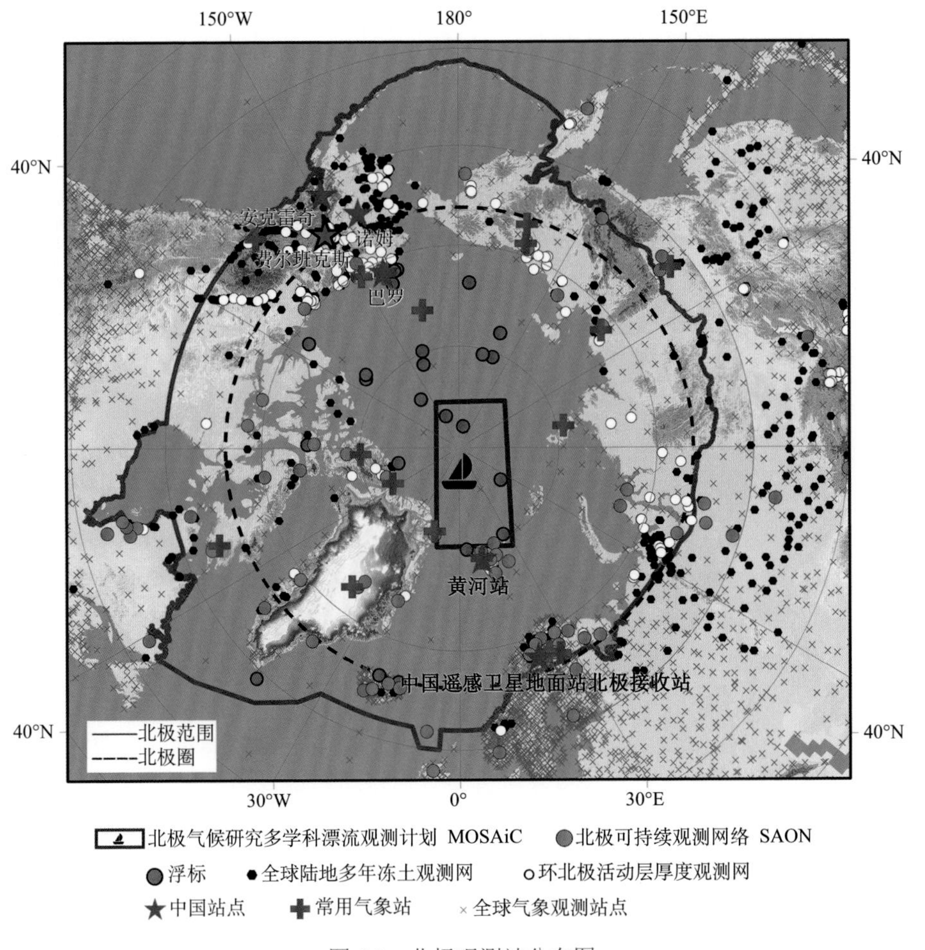

图 6.3　北极观测站分布图

目前，我国在北极斯瓦尔巴群岛建立了黄河站；中国遥感卫星地面站在芬兰建设有北极接收站。2018 年起，中国科学院西北生态环境资源研究院启动了北极冰冻圈监测网络的建设，包括巴罗、诺姆和安克雷奇三个观测区域，将重点关注阿拉斯加和西伯利亚地区的海冰、湖冰、冰川、积雪、多年冻土与碳，以及相关气象、水文和生态的综合监测。2018 年 10 月，中国科学院空天信息创新研究院还与芬兰气象局北极空间中心合作在北极圈内设立了“北极联合观测中心”开展数据、联合研究和能力建设。然而，在观测方面，我国在北极只有零星站点，从覆盖区域、学科等来看，系统性和持续性还远远不够。

为了进一步加强我国北极观测，支持北极研究和对北极事务的参与，我们建议：将探索和认知北极作为当前我国北极活动的优先方向和重点领域，鼓励深度参与重要的国际大型计划，在科研、科考、观测等多方面加强全方位、多层次、宽领域的国际合作；以北极建站和科研活动为突破，择机选址建立野外固定站网，实现长期观测，使其成为保护我国北极利益的重要手段。建立多边合作机制，构建北极地区综合观测网络和数据信息平台，促进北极数据的合作、共享和信息服务能力。推进针对冰冻圈科学研究的极地观测卫星计划，增强北极的空-天-地综合观测能力建设。通过广泛深入的国际合作，为我国培养大型国际科学计划的管理、科研和支撑团队，为在今后牵头发起国际极地大科学计划提供实践经验，为认知和治理北极贡献中国智慧和力量。

6.2.3 青藏高原

青藏高原是我国历来非常重视且有先天地域优势的研究区域。1950 年代开展的区域性和专题性的野外工作为之后的科学考察研究奠定了基础；1970 年代，我国正式成立中国科学院青藏高原综合科学考察队，拉开了对青藏高原大规模科考的序幕，开展了第一次青藏高原综合科学考察（1973～1980 年）；2017 年，我国启动了第二次青藏高原综合科学考察研究，在对第一次青藏科考系统总结和全面科学论证的基础上，更加关注过去 50 年来青藏高原环境变化的过程与机制及其对人类社会的影响，并引入三新技术支撑智能科考（Yao et al.，2019）。在观测建站方面，1996～2004 年间，中日合作开展的全球能量水循环亚洲季风青藏高原试验研究和全球协调加强计划之亚澳季风青藏高原试验研究开启了第三极陆气相互作用地面综合观测的先河，重点在藏北那曲地区建立综合观测体系，为青藏高原地气相互作用观测系统建立奠定了基础。经过 20 余年飞速发展，中国科学院牵头成立了中国高寒区地表过程与环境观测研究网络，涵盖所属单位已有的 17 个野外观测站（点）（Ma et al.，2020）。针对冰冻圈核心要素，科学界也陆续建立了关键冰川物质平衡观测点、青藏高原多年冻土监测系统、同位素等专业性观测站（图 6.4）。

经过持续几十年的长期投入，青藏高原观测系统从无到有、从少到多，覆盖地域范围逐渐扩展，观测要素逐渐丰富，观测体系逐渐完善，各种信息化技术也被尝试应用。但是，观测系统在整体布局上主要集中在东部、东南部地区；高原腹地相对薄弱，中西部严重缺乏观测资料；在观测内容上，针对青藏高原水、土、气、生、矿及高原演化方面均有涉及，但多为单一性专题观测，缺乏对青藏高原自然资源的综合观测系统。此外，青藏高原还存在大范围无手机/网络信号覆盖区域，也阻碍了观测信息化能力的提升。

建议国家层面统筹管理和协调青藏高原现有观测系统，并以此为基础，全局优化观测系统建设，实现“东部融合，中部提升，西部添建”（杨斌等，2020），并特别关注无人区和山地综合观测系统的建设。注重新型观测技术的研发和应用，发射青藏高原专项观测卫星和观测物联网通信卫星，全面提高青藏高原观测系统的信息化水平。以我国第三极学科优势为出发点，把地域范围延展至泛第三极，逐步建立泛第三极综合观测系统。

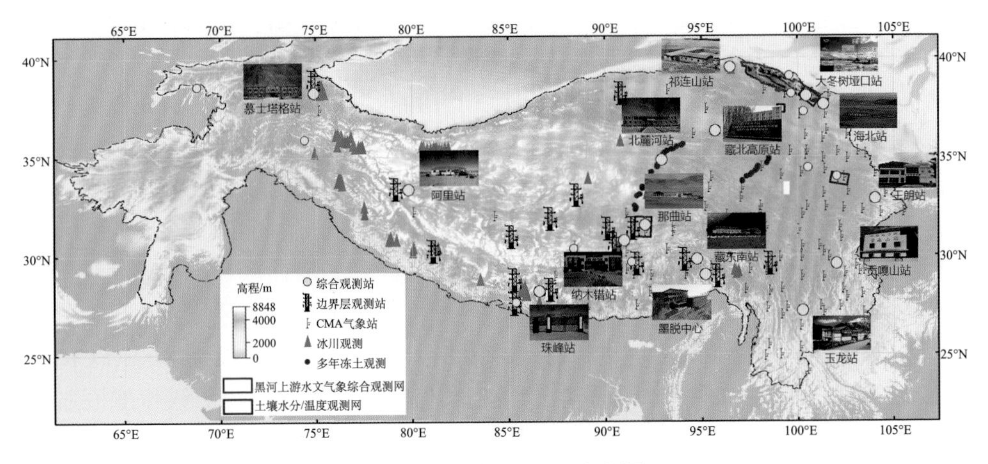

图 6.4　第三极观测站分布图

6.3　建立三极信息基础设施的建议

极地信息基础设施以服务三极地球系统科学研究及极地治理和可持续发展为目标，应用最新的地球观测技术、信息技术、大数据技术，把三极观测系统和科考物联网传输、极地多源数据的云存储和互操作、极地环境变化的在线分析、模拟和可视化，打造成一个全球共同参与的信息化基础设施，支撑对全球变化下极地多圈层相互作用的科学认知，促进极地治理和极地可持续发展。目前还没有这样一个涵盖北极、南极和第三极的极地信息基础设施，我们建议主要从以下三个方面着手建设。

6.3.1　完善三极大数据平台

中国、美国、英国、加拿大、日本、芬兰、挪威、澳大利亚等国都建有南极、北极数据中心，我国则有第三极数据中心，这些数据中心各自的数据丰富、种类齐全、覆盖面广，但是三极科学数据存储依然存在数据资源集成度低、互操作程度低等问题，特别是互操作程度低严重制约了数据资源的交叉访问和共享，阻碍三极多圈层协同和对比研究，成为极地气候及生态环境变化综合研究的瓶颈。目前国际上正在开始建设由 26 个南极成员国联盟的南极数据主目录系统（SCAR-AMD），由 60 多个北极相关数据中心联合的北极和北半球门户，以及世界气象组织倡导的全球冰冻圈综合信息系统。这些系统的建设有利于形成统一的极地数据信息系统。

在这些极地信息系统的建设中，我国应该发挥更大的领导作用。建议我国在第三极的地域优势和研究基础上，加快建设三极科学数据体系，以中国科学院地球大数据工程专项中的“时空三极环境”项目为契机，依托国家青藏高原数据中心及相关数据中心，通过与其他国家和国际组织的深度合作，共同建立国际三极数据的互操作机制（数据存储、数据结构、元数据标准、平台接口和互操作协议），规范三极科学数据管理（数据标识、数据分发协议、数据引用和数据服务），打破三极数据分散局面，形成极地科学数据联盟（Li et al., 2021）。近期，建议我国应更加积极参与国际上的三极信息基础设施项目，在泛第三极地区信息基础设施建设中发挥领导作用，并逐步通过地球观测组织的全球寒区监测计划（GEO CRI）、世界气象组织倡导的全球冰冻圈综合信息系统（IGCryoIS）、全球冰冻圈观测（GCW）计划等，在全球极地信息基础设施建设中发挥更重要作用。

6.3.2 发展三极大数据分析

三极大数据具有和其他地学大数据一样的海量、多源、异构、多时相、多尺度、非平稳等特性。然而，三极大数据分析目前还处在早期探索阶段，没有针对三极形成可挖掘、可预测的大数据分析方法库和模型库，从而制约我们进一步深入挖掘三极大数据中所蕴含的三极时空关联、远程耦合的信息。

为了挖掘蕴含在极地大数据里的三极时空异步性、同步性和遥相关信息，建议充分利用机器学习和深度学习等技术，进一步发展和集成适合于地学研究的多时空尺度关联的三极大数据分析方法，联合物理过程模型，开发基于三极大数据阐释的因果关系模型，提高极地中长期（如季节）的预报能力，实现数据和机理模型双重驱动的极地地球系统科学大数据分析（Reichstein，2019）。

6.3.3 集成三极信息基础设施

总体上，无论是三极整体协同研究，还是三极治理，对于三极信息基础设施的要求都非常迫切。然而，如前所述，目前还存在三极观测、数据、分析、模型、可视化、决策支持集成度低的瓶颈，还没有形成统一的三极信息基础设施。

因此，建议重点加强以下研究（图 6.5）：进一步整合三极对地观测能力，并基于数字孪生技术，建立三极虚拟观测系统；依托卫星物联网等新技术，实现三极极端环境条件下的观测物联网系统，突破三极地区数据难以实时传输的瓶颈；深化集数据管理、共享、在线分析、模拟和预测一体化的三极大数据平台；开发虚拟现实和增强现实相融合的可视化系统，支持三极虚拟科考；完善三极高分辨率多圈层地球系统模拟和预报系统并集成大数据分析方法；最终实现集观测、数据传输、数据管理、数据分析、模拟和决策支持为一体的三极信息基础设施，更好地服务于三极地球系统科学研究和极地治理。

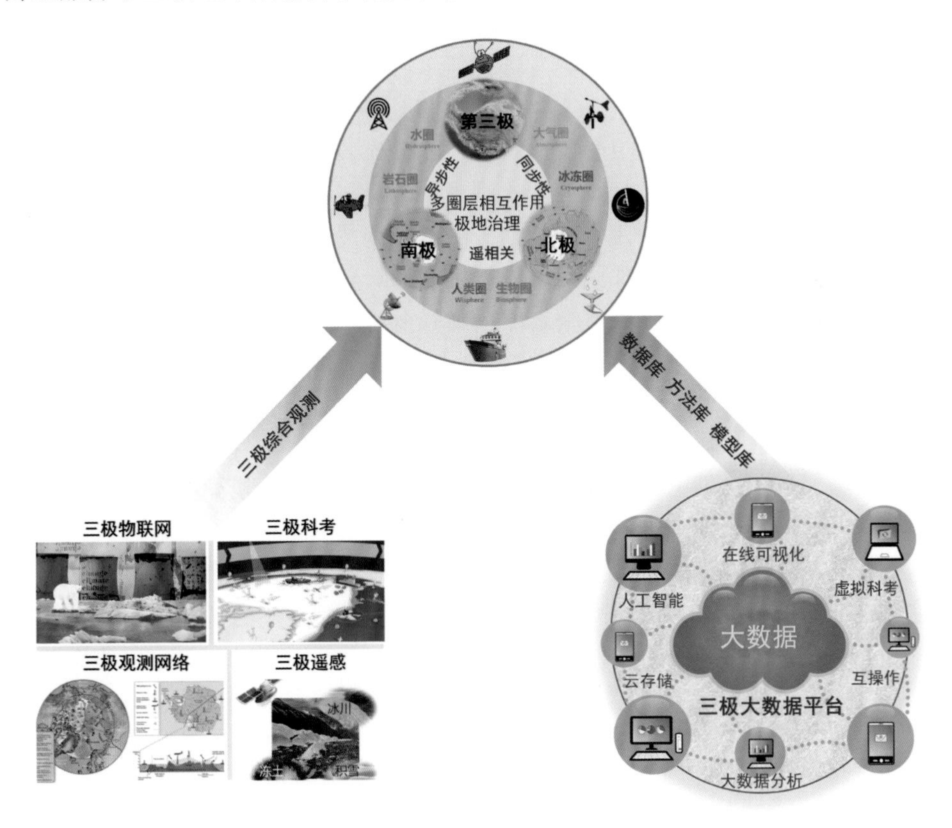

图 6.5　极地信息基础设施建设愿景

6.4　三极整体研究支持极地治理：应对与措施建议

三极整体协同研究不仅是三极地球系统科学研究的前沿，同时，对于支持三极治理、构建人类命运共同体也起到重要作用。基于已获得的研究成果，本节对三极治理提出针对性的应对措施和建议。

6.4.1 冰上丝绸之路

“冰上丝绸之路”是我国参与极地治理的战略性举措。最早自2030年开始，北极可能出现夏季无冰现象[①]，往返东北亚和欧洲西部的船只，可以不借助破冰船穿越北极海域，相比传统的北极航线，将缩短约30%，航行时间将会减少20天左右，燃油节省约50%，货运量将增加2000万t（张婷婷，2018年）。北极地区所展现出的航道开发潜力引起了全世界的关注，开发利用北极成为许多国家的重要战略，北极地区也将成为世界发展的新重心。

2018年《中国的北极政策》白皮书[②]发布，进一步阐明了中国与各方共建“冰上丝绸之路”的主张，将通过与泛北极国家的合作，深入开展北极科学研究与开发利用，并积极与北欧“北极走廊”计划对接，参与北极治理，促进整个北极地区政治经济安全的繁荣与稳定，推动北极的可持续发展。正是在这种背景下，对北极航道开展前瞻性研究，加强战略资源投入的针对性，做好战略布局和谋划具有重要意义。我们建议，冰上丝绸之路应加强以下研究。

1. 发展精细化的北极冰区航行风险量化模型

北极冰区的航行风险量化方法逐步向精细化方向发展，目前的模型已可根据实时冰情与船舶破冰能力实现风险量化。但目前的风险量化模型考虑的因素主要是海冰厚度和密集度，未来应考虑北极航道冰情、船况因素、气温、风速、风向等气象条件，以及水深和洋流等水文环境信息，进一步开发综合性、精细化的风险量化模型。这些改进将促使冰区航行风险的量化模型更具有实际应用价值。

2. 结合多源遥感观测与大数据技术，构建更加高效的冰情实时提取方法体系

被动微波遥感的卫星海冰密集度产品是目前获取海冰实际状况和利用数值模式进行预报的重要数据基础，但目前海冰密集度遥感数据产品的分辨率大多为4～25km之间，不能满足实际航道监测的需求。因此，未来应该考虑利用分辨率更高的光学影像、合成孔径雷达（SAR）影像实现局部冰情信息的精细提取。尤其是利用SAR数据能够克服被动微波数据分辨率低，光学数据受云影响较大的缺点，有望显著提高海冰监测的准确度，进而为极地运航安全提供更有效的数据支持。此外，应进一步加强大数据技术与遥感信息的结合，实现北极航道冰情信息的自动、高效、实时获取。

---

① Arctic Council. 2009. Arctic Marine Shipping Assessment 2009 Report.

② 2018年1月26日，国务院新闻办公室发表《中国的北极政策》白皮书

3. 发展更加智能的冰区通航路径规划方法

基于精细量化的冰区航行风险数据，可进一步对船舶在特定区域的安全航速进行设计，并针对不同船舶类型规划其可通行路径。未来应结合机器学习并综合考虑影响船舶通航的主要因素，发展可用于船舶航线设计的启发式航段寻径方法，实现最优航道的实时计算及预测，从宏观角度为开展船舶通航性分析提供依据。

4. 开发北极航道智能决策支持系统

当前各国冰服务机构提供了丰富的海冰数据产品，但是还没有集成不同来源的海冰数据，也未能与航道规划相关联，因此，无法为东北航道航行提供及时信息，并且不同服务机构发布的数据在数据格式、数据内容、时间间隔等方面也存在差异，不同信息源提供的同一海区同一时期的海冰形态和分布范围也不尽相同。需要尽早建立实时的北极航道智能决策支持系统，为我国开发和利用北极航道，打造“冰上丝绸之路”服务。在此基础上，进一步集成海冰信息自动提取、数据实时传输、通航风险量化评估、通航路径智能规划、三维可视化、智能决策方法，研建北极航道智能决策支持系统（图 6.6），显著提高北极航道通航的决策支持能力和智能化水平。

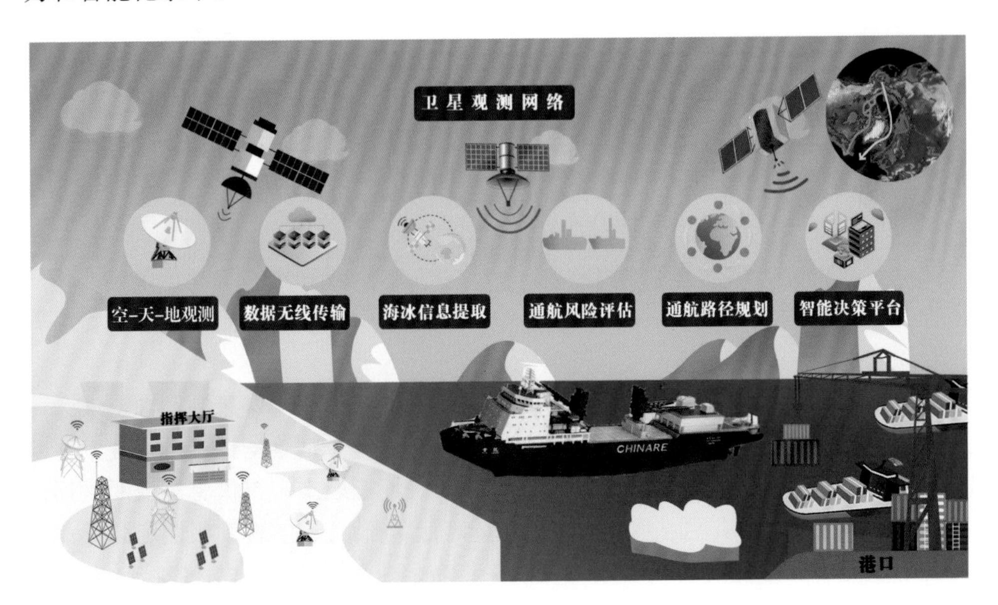

图 6.6　北极航道适航性智能决策支持系统示意图

6.4.2 极地工程

极地工程是我国参与极地治理的战略依托。按照“一带一路”倡议，设想中的六大经济走廊带有四条地处寒区，未来极地基础工程建设中，与我国关系密切的包括极地冻土区的铁路、输油/输气管道等线性工程以及港口和码头建设。冻土线性工程一般规模大、跨越距离长，在空间上穿越不同环境、土质、地温和含冰量的多年冻土（图 6.7），除了工程建设中岩土体稳定性的问题外，还要考虑对脆弱多年冻土环境产生的连续干扰，以及由此产生的对生态环境的长期影响。

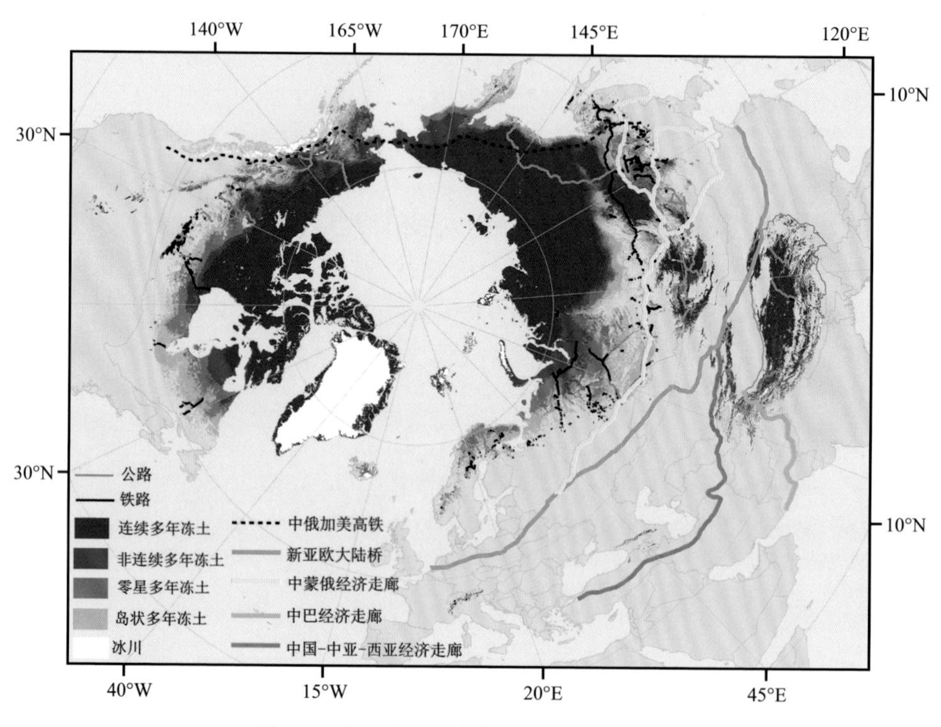

图 6.7 多年冻土影响的主要极地重大工程

在全球气候变化背景下，人类活动加剧将进一步造成多年冻土的退化，影响三极水文、生态、气候乃至人居和工程环境（Cheng et al.，2007）。冻土与环境间高度的相互依赖关系决定了冻土工程具有对气候环境变化的敏感性和热不稳定性，以及冻土工程病害的周期性、长期性和复杂性。正是由于多年冻土对气候变化和工程扰动的敏感性，世界上修筑于多年冻土区的众多工程的病害率都长期居高不下，给工程设计、施工、维护和管理带来了极大的难度。青藏铁路建设之前，世界上包括西伯利亚铁路、贝阿铁路、青藏公路等在内的多年冻土区道路整体病害率均在 30%以上（马巍等，2016），部分地区甚至高达 45%。因此，冻土工程依然是一个长期的世界性难题，若再考虑全球变暖导致的冻土退化灾害效应影响，则更加困难。

2015 年中国和俄罗斯共同提出建设从北京至莫斯科高速铁路（京莫高铁）的倡议。京莫高铁将是历史上规模最大的基础设施项目，其沿线的冻土和冻融灾害是工程建设面临的最大挑战（马巍，2018）。工程规划要充分考虑多年冻土及季节冻土生态环境承载力问题，工程措施可以借鉴以青藏铁路为主体代表的多年冻土区冻土工程、以哈大高速铁路为主的季节冻土区冻土工程以及中俄石油管线、阿拉斯加输油管线等解决冻土工程问题的多种手段。结合国家“一路一带”倡议及能源开发需求，针对目前以及未来极地冻土工程维护与建设，需要着重从以下几个方面加强研究。

1. 监测和模拟三极冻土演化过程

多年冻土作为冰冻圈的主要组成部分，在不同的时空尺度上极易受到气候变化的影响，反过来，多年冻土热状况的变化往往是气候变化的指标，会直接和间接影响极地基础设施工程建设与运营管理。因此，建议进一步加强多年冻土监测网建设，监测冻土活动层厚度、活动层深度、土体温度、水分含量、热通量和多年冻土地温等冻土要素及变化过程控制要素，以及气温、降水、蒸发、太阳辐射、CO_2 通量、风速、风向、积雪等环境参数；开展高纬度冻土区多种气候变化情境下未来 50～100 年多年冻土变化趋势预测，揭示多年冻土增温过程和幅度、活动层厚度增加速率以及地下冰消融程度等。这些研究对保障和维护冻土区基础设施安全具有重要支撑意义。

2. 开展三极重大工程与生态环境的相互影响研究

冻土活动层周期性冻融状态、含水状态的改变以及厚度发生变化，都直接影响着其上基础工程热、力学稳定性；而下伏多年冻土地温及厚度的变化，也直接影响着地基承载强度及变形行为。二者共同影响着工程基础整体长期稳定性和服役性能。因此，需加强重大工程建设和安全运营与环境因素变化之间的关系研究，为综合评估极地冻土区已运营铁路、公路和油气管道等各类线性工程的服役性能提供支撑；开展气候变化及工程活动影响下多年冻土退化、融化所诱发的一系列冻融地质灾害，如热融滑塌、融冻泥流、热喀斯特湖、冻胀丘、冻融风化等的发育机理、发展过程、演化趋势和致灾效应，服务于极地多年冻土区未来重大冻土工程规划与相关决策。

3. 大数据支持极地重大冻土工程建造技术及环境评估

开展极地重大工程环境适应性、工程建设可行性、工程技术可靠性等研究，结合极地整体环境、局地要素影响方式研发工程稳定性安全保障核心关键技术；开展三极重大工程与多年冻土间相互热作用机制及其环境响应机制，提出冻土区冻融灾害、构筑物稳定性和工程服役性能的评价方法与理论；强化极地地区研究的国际合作，通过数据共享、联合调查、空-天-地一体化监测、大数据挖掘，开展极地地区已建重大冻土工程稳定性及服役性能评估；针对性开展未来京莫高铁、中俄美加高铁、极地输油气管道等重大线性工程沿线冻土问题、环境影响、灾害效应研究；关注油气、矿产等资源开发中的冻土影响和灾害效应，建立基础性数据信息系统和信息服务，支撑极地新建、拟建重大工程规划选址（线）和适应性对策，以及科学化、智慧化管控建议。

6.4.3 三极人类命运共同体

“极地治理”也是我国政府倡导的共筑“人类命运共同体”的重要组成部分，应把“深海、极地、外空、互联网等领域打造成各方合作的新疆域”。人类命运共同体理念作为中国外交的新思维，为三极治理的机制创新提供了新思路，也为中国参与极地治理提供了依据（丁煌，2018；李振福等，2019）。中国作为人类命运共同体理念的积极倡导者和极地利益攸关者，有责任和义务推动构建三极命运共同体，使更广泛的国家共同参与三极治理，有效解决三极环境保护、资源分配以及治理体系化等问题，实现人类的共同利益。由于三极同属环境极端脆弱地区，但同时三极在全球环境变化应对气候变化中有着牵一发而动全身的作用，因此，三极治理需要环境保护优先，应始终以加强三极可持续性为基本出发点。据此，我们建议加强以下研究。

1. 加强极地可持续性科学基础研究，特别关注环境可持续性

我国在第三极可持续发展研究方面走在了国际前列（姚檀栋等，2015）。针对极地可持续发展的特殊性，我国科学家也率先提出了冰冻圈功能和服务理论框架，系统研究冰冻圈为人类社会带来的直接或间接的、物质性或非物质性的惠益（Qin et al.，2018；效存德等，2020）。未来，应针对三极地区地域遥远、人口稀少、基础设施不完备、观测稀缺、本地居民利益和关切必须得到优先尊重的特点，进一步加强三极可持续研究，特别是加强三极可持续性的远程耦合效应（三极可持续性对全球其他区域的影响以及全球环境变化对极地的影响，及协同与平衡关系）、极地可持续发展中可能的突变与阈值、极地生态服务和冰冻圈服务、极地可持续

性的恢复力研究。具体来讲，北极应以“冰上丝绸之路”为参与北极环境保护的切入点，寻求与“冰上丝绸之路”合作国家展开深层次合作，把“冰上丝绸之路”建设为一条环境优先的可持续发展之路。南极因其相对独立的自然体、无定居人口和《南极条约》等系列条约体系的限制，其本身的社会经济可持续发展问题不显著，但环境可持续性特别是其全球影响却意义重大，因此，应进一步加强南极环境可持续性的远程耦合和全球效应研究，此外，还应关注南极旅游业对南极可持续性的影响（Havnes et al.，2020）。第三极可持续性是全球和区域关注的焦点，第三极地区普遍存在上游与中下游可持续性的联动问题、山地实现环境可持续性与社会发展的双赢问题，因此，第三极地区实现可持续性依然充满挑战（Wester et al.，2019），建议以绿色丝绸之路建设为契机，通过跨境合作，在实现区域社会经济大发展的同时，保障区域绿色发展，为全球山地地区实现可持续性提供样板（Makino et al.，2019）。同时，发展山地可持续性决策支持系统，搭起科学、政策和实践的桥梁。

2. 助推三极地区联合国可持续发展目标的实现

2015 年 9 月，联合国 193 个会员国通过了“改变我们的世界：2030 年可持续发展议程”，提出了可持续发展目标（SDGs），庄严承诺“让世界走上可持续的、有复原力的道路。在踏上这一共同征途时，我们保证，不让一个人掉队”。在极地地区实施 SDG，比其他地区挑战更大，这主要是因为：极地地区的环境极端、人口稀疏，导致 SDG 指标需要区域化后才能更加适用于极地（Nilsson and Larsen，2020）；极地地区可用于 SDG 指标计算的数据远少于其他地区（Malinauskaite et al.，2019）；南北极需要把陆地、海洋、冰冻圈作为一个整体进行综合评价；极地地区牵一发而动全身，对于全球实现 SDG 有重要影响，因此，极地 SDG 目标的实现更需要考虑远程耦合效应。针对三极地区实现 SDG 的特殊性，我们建议加强以下研究：设计符合北极、南极和第三极区域特点的 SDGs，响应 SDG 中的山区可持续发展目标（Makino et al.，2019）；优先考虑极端气候与山地灾害、教育机会、人类健康、基础设施、减少/消除不平等、陆地生态、海洋生态、科学和研究促进可持续发展、可持续能源、运输联系、水和卫生服务、海洋生物多样性、旅游等方面的 SDG 指标（图 6.8）；完善并充实数据源，特别是注重大数据方法的应用，建立适合三极的 SDGs 指标评估方法；最后，正如所有可持续发展目标的实现，集体行动都是关键，在三极地区尤为重要，因此，三极可持续特别需要落实和加强 SDG 17 目标——重振可持续发展的全球伙伴关系[①]（联合国，2020）。

① 联合国. 2020. 2020 年可持续发展目标报告.

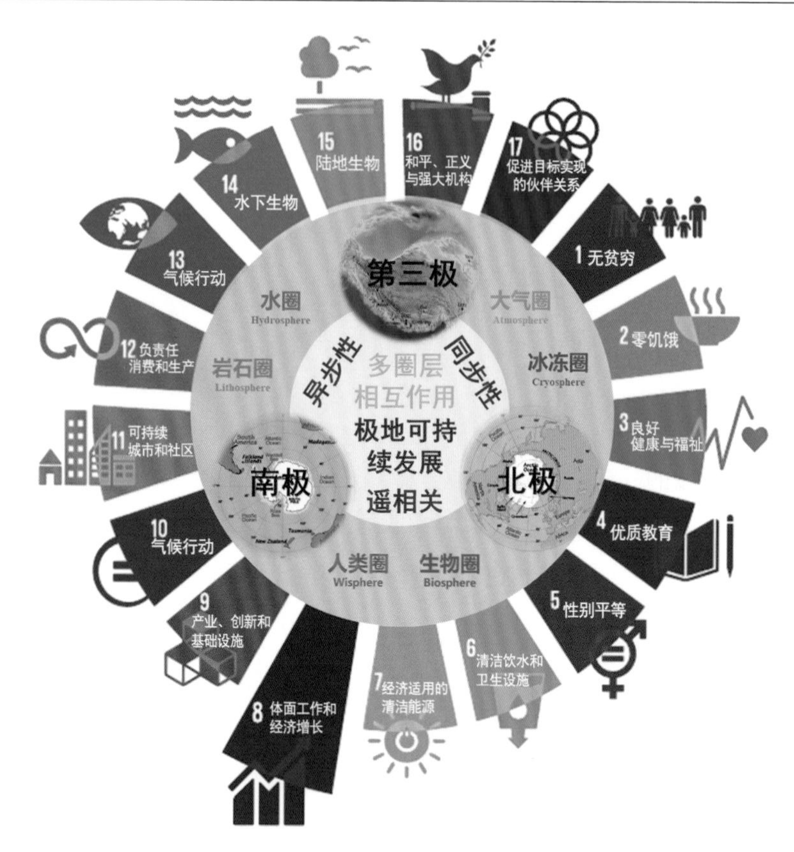

图 6.8　三极研究助推可持续发展目标实现

6.4.4　进一步加强三极整体性协同研究

极地善治，科学先行。本书清晰阐明：三极研究是地球系统科学多圈层耦合研究及“未来地球”自然—社会科学交叉研究的制高点。因此，将三极作为一个整体，进一步加强三极系统性、关联性、全局性多要素协同研究，全面掌握三极地区的生态环境变化、冰冻圈变化及其全球影响，集成三极研究的成果，形成系统性的大数据平台，科学评估三极地区应对气候变化的脆弱性，预测三极环境时空变化，不仅能大力推动我国在三极研究中的权威性和话语权，并有可能占据未来三极研究领域的制高点，为国家决策提供更坚实的科学支撑。

我国三极研究正在形成把三极作为一个整体，开展协同研究的趋势。下一步，应着重加强以下研究工作。

1. 创新三极协同与对比研究新范式

地球三极对全球变化的响应和反馈存在差异，如同步/异步性、关联性和遥相关等，其科学机理关联性理解尚不清晰。目前，空间对地观测技术已获取了三极地区大范围、长时间和多尺度的对地观测数据，并越来越呈现出大数据特征；模型研究也发现了南极通过大气和海洋桥调控第三极气候的机制。此外，三极的深极耦合，是如何通过深海（温盐环流）、深空（平流层）进一步联系起来的，还是未知的挑战。在此方面，空间对地观测、地球系统模型与大数据方法相结合为三极协同与对比提供了新的研究范式（Guo et al.，2020；Li et al.，2020），并有潜力发挥极地研究在科学发现和决策中的关键作用。通过建设包含资源、环境、生物、生态等多个领域的三极大数据科学平台，开展三极各要素的基础与应用研究，推动地球系统科学技术创新、重大突破和科学发现（图 6.9），为“一带一路”倡议、人类命运共同体和联合国可持续发展等国内外重大战略提供科技支撑和决策支持。

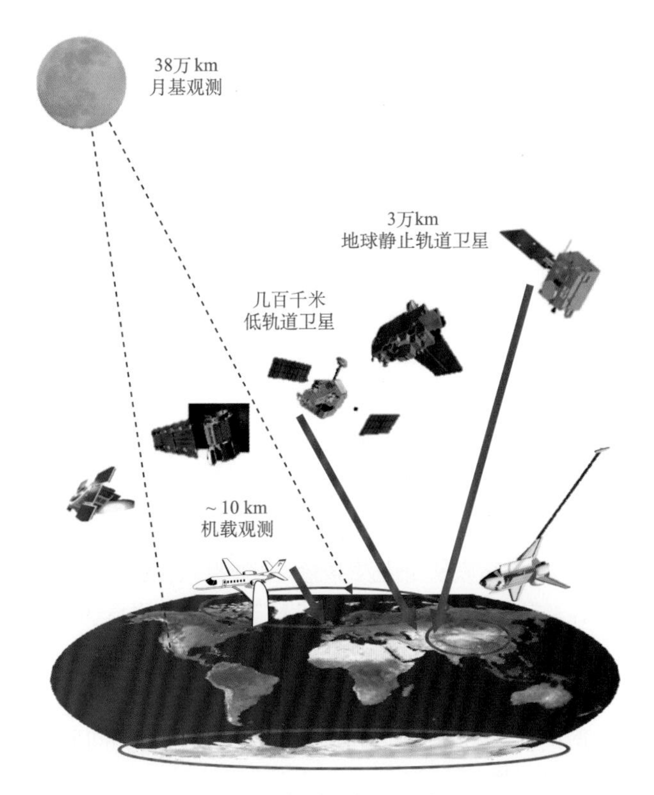

图 6.9　地球大数据支持三极整体协同研究（Guo et al., 2020）

2. 完善三极遥感观测系统

美国、欧洲和加拿大的极地卫星已实现了对极地的大范围连续观测，并基本实现了千米级分辨率的每日重复和10米级分辨率的每旬重复。欧洲和美国还分别发展了针对极地的测高卫星，能实现对极地冰层的厘米级精度的高程变化测量，对理解极地冰川和海冰变化具有重要意义。虽然近年来我国发射了一些专门针对极区观测的小卫星，但总体上并没有改变极区观测系统缺乏的局面。我国亟须在三极卫星观测系统方面形成关键突破，形成自主的极地遥感观测能力，完善各种可相互协同的全球对地观测系统，及时地提供多种三极对地观测数据产品，为解决三极科学问题和服务三极可持续发展提供重要支撑。

针对三极地区的特殊观测手段和技术方法，可以加强如下方面：①充分利用现有卫星数据，制备极地基础地理信息和生态环境数据集。如利用高分辨率遥感数据摸清极地地形、海情、冰情、植被等基础地理环境信息，利用中低分辨率但时间序列较长的遥感数据获取历史时期冰川、冰盖、积雪、海冰等冰冻圈和生态环境变化信息，为开展三极科学研究奠定基础数据支撑。②发展针对冰冻圈科学研究的专门卫星遥感技术。微波波段的优势在于其穿透性，可以考虑发射低频波段（如P波段）微波辐射计或者SAR卫星，开展以往探测不到的冰冻圈要素如冰川厚度、冰盖层析结构、冻土活动层厚度等观测。③在提高极地环境观测重访周期方面，可以开展双星联合观测或者卫星组网观测，实现对极地海冰、冰川和冰盖等的快速变化监测。通过双星联合或者卫星组网还可以大大提高干涉SAR测量数据质量，实现三极地区表面地形和形变监测（车涛等，2020）。

3. 协力推进三极研究计划

我国科学家近年来呼吁发起三极科学计划，并得到了国际科学界的广泛响应。其总体目标包括："构建三极环境与气候天空地冰海一体化观测系统，揭示三极多圈层环境与气候变化机理，预测、预估三极与全球气候环境的未来，为应对气候变化、保障极地安全、构建人类命运共同体提供科技支撑"①。通过发起全球性国际三极科学计划，将存在密切联系但尚未被认知的三极作为全球环境与气候变化的一个整体，开展系统的多学科交叉研究和综合科学评估，将拓展地球系统研究的全球尺度，提升我国科学研究思路，扩大我国的科技影响力，树立科技大国的形象，提升我国应对区域与全球气候变化和环境外交的话语权。

三极计划，不仅是地球系统科学各分支学科高度交叉的前沿计划，是地球大

① https://www.sciping. com/32302.html

数据可以发挥关键作用的新范式实践，也是造福“人类命运共同体”的合作计划，因此，广泛和深入的国内外协力，是推进三极计划的必由之路。在国际合作方面，我国没有南北极国土权益，距离南北极也比较远；此外，与北极、南极研究的先进国家相比，也还有较大差距。因此，加强国际科学界的合作，通过第三极研究的优势走向三极协同研究的优势，成为我国顺利开展三极计划的重要前提。在国内合作方面，如何进一步凝聚地球系统科学、遥感、大数据、高新技术的优势力量，协力共同设计、共同完成、共同分享三极科学研究成果，攀登地球系统科学研究制高点，服务极地治理，也是开展三极计划应该加强的顶层设计。

本书系统地总结了中国科学院“地球大数据科学工程”专项中“时空三极环境”项目在三极气候、冰川/冰盖、海冰、积雪、多年冻土、河湖冰、植被、微生物、碳储量、河流径流、蒸散发、湖泊变化方面的发现；初步提出了三极相互作用以及三极对全球变化的影响和反馈机制；并提出了加强三极整体研究的应对与措施建议。我们殷切希望本书能够有助于形成三极大数据集成的共识，激起三极大数据范式创新的涟漪，并服务三极科学不断开拓中的新疆域。

参 考 文 献

车涛, 李新, 李新武, 等. 2020. 冰冻圈遥感：助力“三极”大科学计划. 中国科学院院刊, 35(4): 484-493.

陈德亮, 徐柏青, 姚檀栋, 等. 2015. 青藏高原环境变化科学评估：过去、现在与未来. 科学通报, 60(32): 3025-3035.

丁煌. 2018. 极地治理与中国参与. 北京：科学出版社.

李振福, 李香栋, 彭琰, 等. 2019. “冰上丝绸之路”与北极命运共同体构建研究. 社会科学前沿, 8(8): 1417-1427.

马巍. 2018. 北京—莫斯科高铁工程走廊寒区工程问题与防治对策研究. 中国科学院院刊, 33(Z2): 30-33.

马巍, 周国庆, 牛富俊, 等. 2016. 青藏高原重大冻土工程的基础研究进展与展望. 中国基础科学, 6: 9-17.

效存德, 王晓明, 苏勃. 2020. 冰冻圈人文社会学的重要视角：功能与服务. 中国科学院院刊, 35(4): 504-513.

杨斌, 谭昌海, 赵阳刚, 等. 2020. 青藏高原自然资源要素综合观测试点 2020 年度进展报告. 中国地质调查局应用地质研究中心.

张婷婷, 陈晓晨. 2018. 中俄共建“冰上丝绸之路”支点港口研究. 当代世界,(3): 60-65.

Cheng G D, Wu T H. 2007. Responses of permafrost to climate change and their environmental significance, Qinghai-Tibet Plateau. Journal of Geophysical Research-Earth Surface, 112: F02S03, doi: 10.1029/2006JF000631.

Ding J Z, Li F, Yang G B, et al. 2016. The permafrost carbon inventory on the Tibetan Plateau: a new evaluation using deep sediment cores. Global Change Biology, 22(8): 2688-2701.

Duan A M, Xiao Z X. 2015. Does the climate warming hiatus exist over the Tibetan Plateau. Scientific Reports, 5: 13711.

Elmendorf S, Henry G, Hollister R, et al. 2012. Plot-scale evidence of tundra vegetation change and links to recent summer warming. Nature Climate Change, 2: 453-457.

Engram M, Arp C D, Jones B M, et al. 2018. Analyzing floating and bedfast lake ice regimes across Arctic Alaska using 25 years of space-borne SAR imagery. Remote Sensing of Environment, 209: 660-676.

Gao Y, Chen F, Lettenmaier D P, et al. 2018. Does elevation-dependent warming hold true above 5000 m elevation? Lessons from the Tibetan Plateau. NPJ Climate and Atmospheric Science, 1: 19.

Guo D, Sun J, Yang K, et al. 2019. Revisiting recent elevation - dependent warming on the Tibetan Plateau using satellite - based data sets. Journal of Geophysical Research: Atmospheres, 124: 8511-8521.

Guo H D, Li X W, Qiu Y B. 2020. Comparison of global change at the Earth’s three poles using spaceborne Earth observation. Science Bulletin, 65(16): 1320-1323.

Havnes H. 2020. The Polar Silk Road and China’s role in Arctic governance. Journal of Infrastructure, Policy and Development, 4(1): 121-138.

Hock R, Rasul G, Adler C, et al. 2019. High Mountain Areas//Pörtner H O, Roberts D C, Masson-Delmotte V, et al. IPCC Special Report on the Ocean and Cryosphere in a Changing Climate.

Huang J, Zhang X, Zhang Q, et al. 2018. Publisher Correction: Recently amplified arctic warming has contributed to a continual global warming trend. Nature Climate Change, 8(4): 345.

Li X, Che T, Li X W, et al. 2020. CASEarth Poles: Big data for the Three Poles. Bulletin of the American Meteorological Society, 101(6): E1475-E1491.

Li X, Cheng G D, Wang L X, et al. 2021. Boosting geoscience data sharing in China. Nature Geoscience, 14: 541-542.

Liang E, Wang Y, Piao S, et al. 2016. Species interactions slow warming-induced upward shifts of treelines on the Tibetan Plateau. Proceedings of the National Academy of Sciences, 113(16): 4380-4385.

Lindsay R, Schweiger A. 2015. Arctic sea ice thickness loss determined using subsurface, aircraft, and satellite observations. The Cryosphere, 9(1): 269-283.

Ma Y M, Hu Z Y, Xie Z, et al. 2020. A long-term(2005-2016)dataset of hourly integrated land-atmosphere interaction observations on the Tibetan Plateau. Earth System Science Data, 12: 2937-2957.

Makino Y, Manuelli S, Hook L. 2019. Accelerating the movement for mountain peoples and policies. Science, 365(6458): 1084-1086.

Malinauskaite L, Cook D, Davíðsdóttir B, et al. 2019. Ecosystem services in the Arctic: a thematic review. Ecosystem Services, 36: 100898.

Nilsson A E, Larsen J N. 2020. Making regional sense of global sustainable development indicators for the Arctic. Sustainability, 12(3): 1027.

Qin D, Ding Y, Xiao C, et al. 2018. Cryospheric Science: research framework and disciplinary system. National Science Review, 5(2): 255-268.

Qin J, Yang K, Liang S, et al. 2009. The altitudinal dependence of recent rapid warming over the Tibetan Plateau. Climatic Change, 97(1-2): 321.

Reichstein M, Camps-Valls G, Stevens B, et al. 2019. Deep learning and process understanding for data-driven Earth system science. Nature, 566(7743): 195-204.

Wang K, Zhang T, Zhang X, et al. 2017. Continuously amplified warming in the Alaskan Arctic: Implications for estimating global warming hiatus. Geophysical Research Letters, 44: 9029-9038.

Wang T H, Yang D W, Yang Y T, et al. 2020. Permafrost thawing puts the frozen carbon at risk over the Tibetan Plateau. Science Advances, 6(19): eaaz3513.

Wester P, Mishra A, Mukherji A, et al. 2019. The Hindu Kush Himalaya Assessment: Mountains, Climate Change, Sustainability and People. Berlin: Springer.

Yao T D. 2019. Tackling on environmental changes in Tibetan Plateau with focus on water, ecosystem and adaptation. Science Bulletin, 64(7): 417.

You Q L, Chen D L, Wu F Y, et al. 2020. Elevation dependent warming over the Tibetan Plateau: Patterns, mechanisms and perspectives. Earth-Science Reviews, 210: 103349.

中外文缩略词表

（由首字母 A-Z 排列）

AADC，Australian Antarctic Data Centre，澳大利亚南极数据中心
AAO，Antarctic oscillation，南极涛动
AboVE，Arctic-boreal vulnerability experiment，北极圈脆弱性实验
ACC，Antarctic circumpolar current，南极绕极流
ACIA，Arctic climate impact assessment，北极气候影响评估
AMAP，Arctic monitoring and assessment programme，北极监测和评估计划
AMD，Antarctic master directory，南极数据主目录
AMOC，Atlantic meridional over- turning circulation，大西洋经圈翻转环流
ASAR，advanced synthetic aperture radar，先进合成孔径雷达
ASL，Amundsen Sea low，阿蒙森海低压
ASTER，advanced spaceborne thermal emission and reflection radiometer，先进星载热辐射与反射辐射计
AVHRR，advanced very high resolution radiometer，先进型甚高分辨辐射仪
BAS，British Antarctic Survey，英国南极调查局
CALM，circular-polar active layer monitoring network，环极地活动层监测网
CASA，carnegie-ames-stanford approach，光能利用率模型
CBMP，circumpolar biodiversity monitoring programme，环北极生物多样性监测计划
CliC，climate and cryosphere，气候和冰冻圈计划
CMA，China Meteorological Administration，中国气象局
CMIP，coupled model intercomparison project，耦合模式比较计划
CSR，Center for Space Research，德州大学奥斯汀空间研究中心
DEM，digital elevation model，数字高程模型
DFG，Deutsche Forschungsgemeinschaft，德国科学基金会
DIC，dissolved inorganic carbon，溶解无机碳
DLR，German Aerospace Center，德国宇航局
DNA，deoxyribo nucleic acid，脱氧核糖核酸

DOC，dissolved organic carbon，溶解有机碳
DOE，United States Department of Energy，美国能源部
EDW，elevation dependent warming，海拔依赖升温
ENSO，El Niño/southern oscillation，厄尔尼诺/南方涛动
EnviSat，environmental sattellite，环境卫星
ERA-Interim，ECMWF re-analysis-interim，欧洲中尺度天气预报中心再分析资料
ESA，European Space Agency，欧洲航天局
ET，evapotranspiration，蒸散发
FAO，Food and Agriculture of United States，联合国粮农组织
GBEHM，geomorphology-based eco-hydrological model，基于地形学的生态水文模型
GCM，general circulation model，全球大气环流模式
GCMD，global change master directory，全球变化主目录
GEO CRI，group on Earth observations, cold regions initiative，全球寒区监测计划
GFZ，German Research Centre for Geosciences，德国地学研究中心
GGM05C，Mexican gravimetric geoid，墨西哥重力大地水准面
GIA，glacial isostatic adjustment，冰川均衡调整
GIMMS，global inventory modeling and mapping studies，全球监测与模型研究组
GLDAS，global land data assimilation systems，全球陆地数据同化系统
GLIMS，global land ice measurements from space，全球陆地冰空间观测计划
GLORIA，global observation research initiative in alpine environments，全球高山生态环境观测研究计划
GNSS，global navigation satellite system，全球导航卫星系统
GPP，gross primary productivity，初级生产力
GPS，global positioning system，全球定位系统
GRACE，gravity recovery and climate experiment，重力场恢复和气候试验卫星
GRACE-FO，gravity recovery and climate experiment follow-on，重力场恢复和气候试验的后续卫星
GTN-P，global terrestrial network for permafrost，全球陆地多年冻土观测网
IASOA，international Arctic systems for observing the atmosphere，国际北极大气观测系统
ICESat，NASA ice, cloud and land elevation satellite，NASA 冰、云和陆地高度卫星
INTAROS，integrated Arctic observation system，北极综合观测系统
IPCC，Intergovernmental Panel on Climate Change，联合国政府间气候变化专门委

员会

IPY，international polar year，国际极地年

IR，long-wave radiation，长波辐射

ITEX，international tundra experiment，国际苔原实验

JPL，Jet Propulsion Laboratory，美国宇航局喷气推进实验室

JSPS，Japan Society for the Promotion of Science，日本学术振兴会

LIA，little ice age，小冰期

LST，land surface temperatures，地表温度

MAR，modèle atmosphérique régional，区域大气模式

MaxNDVI，maximum normalized difference vegetation index，最大归一化植被指数

MCA，medieval climate anomaly，中世纪气候异常期

MEaSUREs，making Earth system data records for use in research environments，促进地球系统数据记录在研究环境中的应用

MERRA-2，modern-era retrospective analysis for research and applications version 2，服务于研究和应用的全球现代再分析资料第 2 版

MODIS，moderate resolution imaging spectroradiometer，中等分辨率成像光谱仪

MOSAiC，multidisciplinary drifting observatory for the study of Arctic climate，北极气候研究多学科漂流观测计划

MSA，methanesulfonic acid，甲基磺酸

NAO，North Atlantic oscillation，北大西洋涛动

NASA，National Aeronautics and Space Administration，美国国家航空航天局

NCAR，National Center for Atmospheric Research，美国国家大气研究中心

NCEP，National Centers for Environmental Prediction，美国国家环境预测中心

NCSCD，Northern Circum-polar soil carbon database，环北极土壤碳数据库

NDVI，normalized difference vegetation index，归一化植被指数

NERC，Natural Environment Research Council，英国自然环境研究委员会

NHSD，long-term daily snow depth in Northern Hemisphere，北半球长时间序列逐日雪深

NOAA，National Oceanic and Atmospheric Administration，美国国家海洋和大气管理局

Noah LSM，Noah land surface model，NoaH 陆面模型

NPP，net primary production，净初级生产力

NSF，National Science Foundation，美国国家科学基金委员会

NSFC，National Natural Science Foundation of China，中国国家自然科学基金委员会

NSIDC，National Snow and Ice Data Center，美国国家雪冰数据中心
OSU，Ohio State University，俄亥俄州立大学
pH，Hydrogen ion concentration，氢离子浓度指数
POC，particulate organic carbon，颗粒有机碳
PSC，Polar Science Center，极地科学中心
RCP，representative concentration pathway，典型浓度路径
Re，ecosystem respiration，生态系统呼吸
RET，reference evapotranspiration，参考蒸散发
RGI，Randolph glacier inventory，Randolph 冰川编目
RNA，ribose nucleic acid，核糖核酸
SAM，southern annular mode，南半球环状模
SAON，sustaining Arctic observing networks，北极可持续观测网络
SAR，synthetic aperture radar，合成孔径雷达
SAT，surface air temperature，地表气温
SCAR，Scientific Committee on Antarctic Research，南极研究科学委员会
SDGs，sustainable development goals，可持续发展目标
SHAW，simultaneous heat and water model，同步水热耦合模型
SIC，sea ice concentration，海冰密集度
SLR，satellite laser ranging，卫星激光测距
SMB，surface mass balance，表面物质平衡
SOC，soil organic carbon，土壤有机碳
SOCCOM，Southern Ocean carbon and climate observations and modeling，南大洋碳和气候观测与建模
SOS，start of growing season，生长季开始时间
SRM，snowmelt runoff model，融雪径流模型
SRTM，shuttle radar topography mission，航天飞机雷达地形探测任务
SST，sea surface temperature，海面温度
SWC，soil water content，土壤含水量
SWI，summer warmth indices，夏季温暖指数
TI-NDVI，time-integrated normalized difference vegetation index，时间积分的归一化植被指数
TPE，Third pole environment，第三极环境计划
UB，Ural blocking，乌拉尔阻塞
USAP-DC，United States Antarctic Program Data Center，美国南极计划数据中心

USARC，United States Antarctic Resource Center，美国南极资源中心

USGS，United States Geological Survey，美国地质调查局

VIC，variable infiltration capacity，可变下渗能力模型

VPD，vapour pressure deficit，水汽压差

WEB-DHM，water and energy budget based distributed hydrological model，基于水和能量平衡的分布式水文模型

WGMS，World Glacier Monitoring Service，世界冰川监测服务处